紫外光

散射机理与应用技术

赵太飞　姜凤娇　高　鹏
———— 著 ————

化学工业出版社

·北京·

内容简介

无线紫外光（Ultraviolet, UV）通信是通过大气分子、气溶胶等微粒散射实现非直视通信，具有抗干扰能力强、保密性高等优点。本书详细介绍了无线"日盲"紫外光的散射特性，分析了降雨粒子和烟尘团簇粒子紫外光散射信道特性、无线紫外光信道估计、信道均衡、编码调制技术和 MIMO（多输入多输出）技术，研究了基于深度学习的无线紫外光信道估计技术、大气气溶胶对紫外光散射性能影响和紫外光散射信道非线性最优均衡算法及其改进算法。将紫外光散射机理应用于反演测量雾霾粒子、探测电力线电晕以及协作无人机编队，研究无线紫外光散射通信、雾霾粒子浓度的紫外光散射测量方法、紫外探测的无人机巡检放电定位方法、基于 RSSI（接收信号强度指示）的无线紫外光测距方法以及无线紫外光协作无人机编队控制方法等，并设计了高压输电线路电晕放电检测系统。重点分析了紫外光散射应用技术，为无线紫外光在散射通信、粒子测量、电晕探测、无人机协作等应用提供理论支撑和工程参考。

本书可作为相关研究人员和工程技术人员通信网络设计和系统开发的参考用书，也可作为高等院校通信工程、电子信息等相关专业的高年级本科生、研究生的教学用书。

图书在版编目（CIP）数据

紫外光散射机理与应用技术/赵太飞，姜凤娇，高鹏著. —北京：化学工业出版社，2024.3
ISBN 978-7-122-44769-2

Ⅰ.①紫… Ⅱ.①赵… ②姜… ③高… Ⅲ.①紫外线通信
Ⅳ.①TN929.1

中国国家版本馆 CIP 数据核字（2024）第 001463 号

责任编辑：张海丽　　　　　　　　　　文字编辑：郑云海
责任校对：边　涛　　　　　　　　　　装帧设计：刘丽华

出版发行：化学工业出版社
　　　　　（北京市东城区青年湖南街 13 号　邮政编码 100011）
印　　装：大厂聚鑫印刷有限责任公司
710mm×1000mm　1/16　印张 18　字数 329 千字
2024 年 4 月北京第 1 版第 1 次印刷

购书咨询：010-64518888　　　　　　售后服务：010-64518899
网　　址：http://www.cip.com.cn
凡购买本书，如有缺损质量问题，本社销售中心负责调换。

定　　价：108.00 元　　　　　　　　版权所有　违者必究

前　言

　　伴随着社会经济的不断发展以及信息化发展的不断深入，现代化通信技术有着飞速的发展，无线光通信技术越来越受到人们的关注。由于传统的无线光通信技术需要满足光的直线传播才得以实现，而无线"日盲"紫外光可以利用大气散射实现非直视通信，能够有效克服其他无线光通信的不足，并且具有抗干扰能力强、全天候全方位工作等优点。

　　无线紫外光通信利用大气中分子、气溶胶等微粒的散射作用实现信息传输，与大气激光通信相比，无需严格的捕获、对准、跟踪，能实现非直视通信，在特殊地形和复杂电磁环境中具有独特优势。本书系统研究了无线日盲紫外光通信模型、散射特性以及信道估计技术和信道均衡技术。重点分析了无线日盲紫外光测量雾霾粒子、测电力线电晕以及无人机编队通信中的定位、测距以及碰避问题。

　　本书对无线日盲紫外光通信相关理论进行了深入的探索，介绍了无线日盲紫外光通信原理及散射理论，分析了紫外光通信的信道模型、信道估计技术、信道均衡技术和编码调制技术，在此基础上，将无线日盲紫外光应用于测量雾霾粒子、测电力线电晕和无人机编队通信中，具有广泛的实际应用意义。

　　本书共计8章，涉及无线日盲紫外光通信的理论基础，无线日盲紫外光通信模型和信道模型，无线日盲紫外光信道估计和均衡技术以及无线紫外光通信的编码调制技术。在理论分析的基础上，提出了用无线日盲紫外光测量雾霾粒子、探测电力线电晕的方法，以及无线日盲紫外光在无人机编队通信中的测距和定位方法。

　　全书由赵太飞教授统一定稿，第1～4章由西安理工大学的赵太飞教授编写；第5章由西安理工大学的博士研究生高鹏编写；第6～8章由上海农林职业技术学院的姜凤娇教授编写。本书是西安理工大学西安市无线光通信与网络研究重点实验室集体研究的成果，赵思婷、段钰桢、冷昱欣、雷洋飞、刘龙飞、吕鑫喆、屈瑶、包鹤、王婵、王世奇、康博伦、李晗辰、侯鹏、郭嘉文、解颖、余叙叙等参与了本课题的研究。西安工程大学宋鹏教授、中国航天科技集团公司第五研究院的谭庆贵研究员对作者的研究工作一直关心和支持，提出了许多宝贵的意见，在此表示深切的谢意！

本书的有关工作得到了国家自然科学基金（61971345、U1433110、61001069）、陕西省重点研发计划一般项目（2021GY-044）、人工智能四川省重点实验室开放基金（2022RYY01）、辽宁省自然科学基金（2022-KF-18-04）、上海市教育委员会项目（C2024090）、西安市科学计划项目［CXY1835（4）］、榆林市科技计划项目（2019-145）、西安市碑林区科技计划项目（GX1921）、西安理工大学教育教学改革研究项目（xjy2124）、西安理工大学工程训练国家级实验教学示范中心开放课题（2021ETYB19）、上海农林职业技术学院课题［JY6(2)-0000-23-03、KY（6）2-0000-23-13］等基金的支持，在此一并表示感谢。

本书是我们进行紫外光散射机理与应用技术研究工作的初步总结，由于水平有限，书中难免存在不妥之处，欢迎读者不吝指正。

著　者

2023 年 5 月

目　录

第 **1** 章
无线日盲紫外光概述

1.1 无线日盲紫外光传输模型

紫外光波长范围为 $10\sim400\text{nm}$，图 1.1 为紫外光的光谱分布图[1]，其中波长在 $315\sim400\text{nm}$、$280\sim315\text{nm}$、$10\sim280\text{nm}$ 范围内分别被划分为 A 射线、B 射线和 C 射线（简称 UVA、UVB、UVC）。

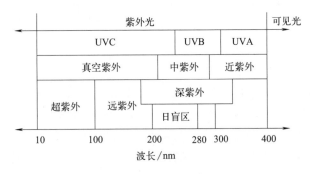

图 1.1　紫外光的光谱分布图

无线紫外光通信是选用低背景噪声的"日盲区"（$200\sim280\text{nm}$）紫外光作为通信媒介[2]。无线紫外光通信是一种新型的通信方式，能够通过大气分子、气溶胶等微粒的散射和吸收作用实现有效的信息传输，无线紫外光通信原理[1] 如图 1.2 所示。

无线紫外光通信也因为其传输过程中特有的强散射特性，其信号被捕捉和窃听的可能性被大大降低，并能实现非直视通信方式，该方式能够克服传统激光通信单向传输的缺点，且无须考虑收发端对准等问题，因而紫外光通信在战场等复杂保密环境中具有独特的优势：

(1) 传输保密性好，抗干扰能力强

紫外光通信是通过其强烈的散射作用进行通信的。光的传输方向相比电磁波

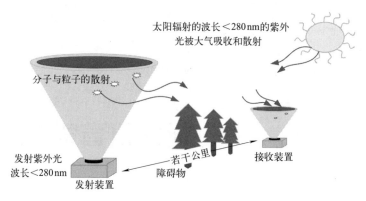

图 1.2　无线紫外光通信示意图

更易于控制,利用窄波束以极低的发射功率实现小范围的保密通信,即使发现紫外光信号,也无法判断具体位置。如果发生核爆炸以及在电磁静默的环境下,无线电通信会发生中断,但是紫外光通信却不受其影响,核爆炸产生的光辐射属于非相干光,能量大但是不集中[3],即使进入紫外光接收端,影响也是微乎其微。此外,由于大气中的臭氧分子对阳光中的"日盲"段紫外光具有强烈的吸收作用,所以近地面的紫外光通信可以看作无背景噪声干扰[4]。

因此,无线紫外光通信从信道上排除了泄密和受干扰的可能,将为军事通信开辟广阔的新天地。

(2) 强架设简单、灵活便携

无线紫外光通信是通过光信号作为信息载体来进行信息传输的,光学天线简单轻巧,方便移动,架设简单,重量一般仅为几公斤,此外,紫外光通信所选用的光源一般为 LED、激光器等,具有发光效率高、功耗低的优点,相比微波天线,不需要庞大的能源供给。利用紫外光可以很快地建立通信链路,由于其非直视通信的独特优点,使其可以绕过障碍物进行信号传输[5],能够适应复杂的地形环境,并且不需要捕获对准跟踪 (Acquisition Pointing Tracking,APT) 系统。这些优点非常适合现代战场的通信要求。

1.1.1　无线日盲紫外光散射模型

紫外光通信可以分为两种工作方式:直视方式 (Line-of-Sight,LOS) 和非直视方式 (Non-Line-of-Sight,NLOS)。直视方式指的是紫外光通信系统的收发端之间不存在障碍物,紫外光信号可直接被接收端接收;非直视方式是指紫外光信号可以绕开收发端之间障碍物,利用大气中粒子的散射作用进行信息传输。

(1) 无线日盲紫外光直视通信模型

根据发射端光束的发散角和接收视场角的对应关系,无线紫外光直视通信可以分为三种类型：直视通信下的（a）类通信方式 LOS（a）、直视通信下的（b）类通信方式 LOS（b）、直视通信下的（c）类通信方式 LOS（c）。无线紫外光直视通信模型[1] 如图 1.3 所示。

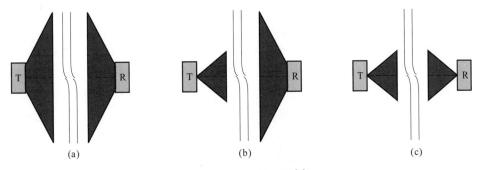

图 1.3 无线紫外光直视通信 [1]

三种类型通信方式的特点分别是：宽发散角发送-宽视场角（Field of View，FOV）接收、窄发散角发送-宽视场角接收和窄发散角发送-窄视场角接收。

无线紫外光直视链路在大气自由空间中的功率衰减呈指数衰减。自由空间路径损耗与 r^2 成正比，通信距离 r 越大，路径损耗越大，接收到的能量与 r^2 成反比，即 $\left(\dfrac{\lambda}{4\pi r^2}\right)^2$。大气衰减可表示为 $\mathrm{e}^{-K_e r}$，探测器的接收增益为 $\dfrac{4\pi A_r}{\lambda^2}$。综合这些因素的影响，直视情况下无线紫外光通信链路的接收光功率的表达式[6] 如下所示：

$$P_r = P_t \left(\frac{\lambda}{4\pi r}\right)^2 \mathrm{e}^{-K_e r} \frac{4\pi A_r}{\lambda^2} \tag{1.1}$$

式（1.1）可以简化为：

$$P_r = \frac{P_t A_r}{4\pi r^2} \mathrm{e}^{-K_e r} \tag{1.2}$$

式中，P_t 是发射光功率；r 是发射端与接收端之间的基线距离；λ 是无线紫外光的波长；K_e 是大气信道衰减系数；A_r 为接收端孔径面积。由式（1.2）可知，直视通信下的接收光功率通过 K_e 依赖于无线紫外光波长，接收光功率与 r^2 成反比。

在紫外光通信中，路径损耗（Path Loss）定义为发送功率与接收功率的比值，因而 LOS 通信链路的路径损耗可表示为：

$$P_{\mathrm{Loss}} = \frac{P_t}{P_r} = \frac{4\pi r^2}{A_r \mathrm{e}^{-K_e r}} \tag{1.3}$$

路径损耗表征了信号在发射机和接收机之间传输时信号衰减的大小。

(2) 无线日盲紫外光非直视通信模型

根据发射端光束发散角、接收视场角、发送仰角、接收仰角的不同，无线紫外光非直视通信分为 NLOS（a）、NLOS（b）、NLOS（c）三种类型[1]，如图 1.4 所示。其中，图 1.4（a）为非直视下的（a）类通信方式示意图，这种通信方式的发射仰角和接收仰角都为 90°，对收发端的位置和方向要求最低，但是信道的时延扩展较大，因此能够获取的信道带宽最小；图 1.4（b）为非直视下的（b）类通信方式示意图，这种通信方式的特点是接收仰角为 90°，只对发射端的方向和散射角有要求，信道的时延扩展一般，能够获取的信道带宽处于中等；图 1.4（c）为非直视下的（c）类通信方式示意图，这种通信方式的发送仰角和接收仰角都小于 90°，对收发端的方向和角度都有比较高的要求，信道的时延扩展最小，能够获取的信道带宽较高。

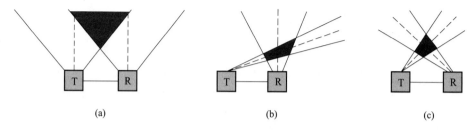

图 1.4　无线紫外光非直视通信

由于大气信道中气溶胶等微粒的散射作用，使得紫外光能够工作在非直视（NLOS）情况下。在非直视通信情况下，由于接收端接收到的光能量主要来自光子的单次散射，因此，在忽略二次或多次散射作用的前提下，可用紫外光单次散射模型对无线紫外光通信进行研究，紫外光非直视通信单次散射模型[7] 如图 1.5 所示。

图 1.5 中，θ_1 是发射机的仰角；θ_2 是探测接收机的仰角；ϕ_1 是发射光束孔径角；ϕ_2 是接收机视场角；φ_1 是发射端偏轴角；φ_2 是接收端偏轴角；α_1 是发散角半角；α_2 是接收视场角半角；V 是发射仰角和接收仰角交叉部分的有效散射体体积；r 是发射机 T_x 到探测接收机 R_x 的距离；r_1 是发射机 T_x 到 V 的距离；r_2 是探测接收机 R_x 到 V 的距离。散射角 θ_s 是 θ_1 与 θ_2 的夹角，且 $\theta_s = \theta_1 + \theta_2$。

在无线紫外光非直视通信中，假定发射机的发射功率为 P_t，则单位立体角的能量为 $\dfrac{P_t}{\Omega_1}$，在无线紫外光 NLOS 单次散射通信链路中，考虑路径损耗和信号的衰减，发送功率 P_t 经 r_1 传输后衰减为 $\dfrac{P_t}{\Omega_1} \times \dfrac{\mathrm{e}^{-K_e r_1}}{r_1^2}$，经过有效散射体的散射

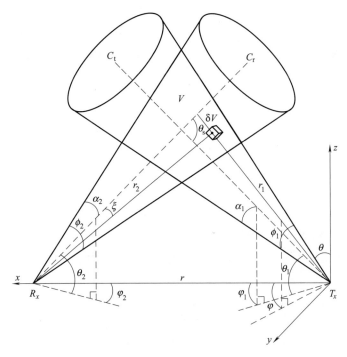

图 1.5　紫外光非直视通信单次散射模型

后变为 $\dfrac{P_{\mathrm{t}}}{\Omega_1}\times\dfrac{\mathrm{e}^{-K_e r_1}}{r_1^2}\times\dfrac{K_{\mathrm{s}}}{4\pi}P_{\mathrm{s}}V$，散射后的光束到接收端的通信链路可看作 LOS 传输，其中的影响因素包括大气衰减和空间链路损耗，分别为 $\mathrm{e}^{-K_e r_2}$ 和 $\left(\dfrac{\lambda}{4\pi r_2}\right)^2$，探测器的接收增益为 $\dfrac{4\pi A_{\mathrm{r}}}{\lambda^2}$。

　　综上，无线紫外光非直视通信的单次散射过程可以分为三个部分：首先从发送端 T_x 到有效散射体 V 的路径 r_1 可视为 LOS 链路，然后紫外光信号在有效散射体 V 内进行散射，最后从公共散射体 V 到达接收端 R_x 的路径 r_2 也可以作为 LOS 链路处理。紫外光非直视通信的接收光功率表达式为[6]：

$$P_{\mathrm{r}}=\left(\dfrac{P_{\mathrm{t}}}{\Omega_1}\right)\left(\dfrac{\mathrm{e}^{-K_e r_1}}{r_1^2}\right)\left(\dfrac{K_{\mathrm{s}}}{4\pi}P_{\mathrm{s}}V\right)\left(\dfrac{\lambda}{4\pi r_2}\right)^2\mathrm{e}^{-K_e r_2}\dfrac{4\pi A_{\mathrm{r}}}{\lambda^2} \tag{1.4}$$

式中，$\Omega_1=2\pi[1-\cos(\phi_1/2)]^{[8]}$；$r_1=r\sin\theta_2/\sin\theta_{\mathrm{s}}$；$r_2=r\sin\theta_1/\sin\theta_{\mathrm{s}}$；$\theta_{\mathrm{s}}=\theta_1+\theta_2$；公共散射体 $V\approx r_2\phi_2 r^{2[9]}$。代入式（1.4）化简可得到：

$$P_{\mathrm{r}}=\dfrac{P_{\mathrm{t}}A_{\mathrm{r}}K_{\mathrm{s}}P_{\mathrm{s}}\phi_2\phi_1^2\sin(\theta_1+\theta_2)}{32\pi^3 r\sin\theta_1\left(1-\cos\dfrac{\phi_1}{2}\right)}\mathrm{e}^{-\frac{K_e r(\sin\theta_1+\sin\theta_2)}{\sin(\theta_1+\theta_2)}} \tag{1.5}$$

式中，r 是通信基线距离；λ 是紫外光波长；P_t 是发射功率；K_e 是大气信道衰减系数且 $K_e = K_a + K_s$，其中 K_a 是大气吸收系数，K_s 是大气散射系数；A_r 是接收孔径面积；Ω_1 是发送立体角；V 是有效散射体体积；P_s 是散射角 θ_s 的相函数。

无线"日盲"紫外光 NLOS 通信的路径损耗为：

$$L = \frac{P_t}{P_r} = \frac{32\pi^3 r \sin\theta_1 \left(1 - \cos\frac{\phi_1}{2}\right)}{A_r K_s P_s \phi_2 \phi_1^2 \sin(\theta_1 + \theta_2) e^{-\frac{K_e r(\sin\theta_1 + \sin\theta_2)}{\sin(\theta_1 + \theta_2)}}} \tag{1.6}$$

在通信理论中，信噪比（Signal-Noise Ratio，SNR）的定义为 $10\lg\frac{P_s}{P_n}$，其中 P_s 和 P_n 分别代表信号功率和噪声功率。在实际的通信中，紫外光通信是多次散射的，但以第一次散射为主。紫外光非直视通信中基于单次散射模型的近似信道脉冲响应为[10]：

$$h(t) = \frac{K_s \phi_2 \phi_1^2 \sin(\theta_1 + \theta_2) e^{-K_e ct}}{32\pi^3 r \sin\theta_1 \left(1 - \cos\frac{\phi_2}{2}\right)} \tag{1.7}$$

式中，c 表示光速。对信道脉冲响应 $h(t)$ 进行傅里叶变换得到信道的幅频响应，信道的带宽可以用幅频函数的 3dB 截止频率来表示：

$$B = \frac{K_e c}{2\pi} \tag{1.8}$$

(3) 紫外光 LOS 和 NLOS 通信性能分析

无线紫外光 LOS 和 NLOS 通信方式下的性能如表 1.1[1] 所示。由表可看出，直视通信方式下的通信方向性较强，发射端和接收端在同一水平线上，通信距离能达到 2～10km，通信带宽最宽。非直视通信方式下的（a）类通信方式的全方位性最好，公共散射体区域为无限，但是它的通信带宽最窄，通信距离仅能达到 1km。非直视通信方式下的（b）类通信方式的全方位性较好，公共散射体区域为无限，通信距离能达到 1.5～2km，通信带宽较宽。非直视通信方式下的（c）类通信方式的全方位性差，公共散射体区域有限，通信距离能达到 2～5km，通信带宽相比于（a）类和（b）类通信方式较宽。在实际的通信场景中，可以根据带宽和通信距离的需求来选择合适的通信方式。

⊡ 表 1.1　无线紫外光不同通信方式下的性能

通信方式	发射仰角/(°)	接收仰角/(°)	全方位性	通信距离/km	有效散射区域	通信带宽
LOS	—	—	无	2～10	有限	最宽

通信方式	发射仰角/(°)	接收仰角/(°)	全方位性	通信距离/km	有效散射区域	通信带宽
NLOS(a)	90	90	最好	1	无限	最窄
NLOS(b)	<90	90	较好	1.5～2	有限	较宽
NLOS(c)	<90	<90	差	2～5	有限	宽

1.1.2 无线紫外光通信覆盖类型

无线紫外光通信网络中，只有当两个节点在彼此的覆盖范围内才可完成通信[11]，本节介绍三种非直视工作模式下的通信覆盖范围。

(1) 紫外光 NLOS (a) 类通信方式

NLOS (a) 类通信方式覆盖图如图 1.6 所示[1]，点 A 为发射端，发散角为 ϕ_1，其通信空间覆盖范围是一个高为 h、圆顶角为 ϕ_1 的倒立圆锥区域，在地面上的投影区域是一个圆形。NLOS (a) 类通信方式具有全向通信的特点，但其传输距离受限。

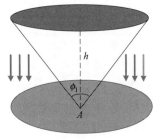

图 1.6 NLOS（a）类立体投影图

(2) 紫外光 NLOS (b) 类通信方式

NLOS (b) 类通信方式覆盖图如图 1.7 所示[1]，NLOS (b) 既有前向散射又有后向散射。图中，点 A 为发射端，发散角为 ϕ_2，其前向散射区域即扇形区域 $AEDFA$，同时，在发射端会形成一个后向散射区域 $AGPHA$，通信以前向散射为主。

(3) 紫外光 NLOS (c) 类通信方式

NLOS (c) 类通信方式覆盖范围如图 1.8 所示[1]。图中，点 A 为发射端，

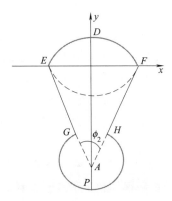

图 1.7 NLOS（b）类立体投影图

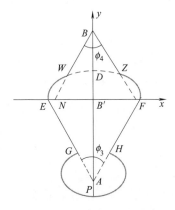

图 1.8 NLOS（c）类立体投影图

B 为定向接收端，发射仰角为 ϕ_3，接收仰角为 ϕ_4，发射端和接收端会形成一个重叠区域。其覆盖示意图相比 NLOS（b）类通信方式多了 $BWDZB$ 区域。NLOS（c）类通信具有定向传播、节约能耗的特点。

1.2 无线日盲紫外光研究现状

1.2.1 无线日盲紫外光通信研究现状

20 世纪 60 年代，美国开始了紫外光户外通信的研究，主要对无线紫外光非直视链路的散射特点进行了研究[6]。

1976 年，Reilly[12] 研究了中紫外下的大气光通信，文章介绍了氧分子和臭氧在该波段下的吸收截面和效率等参数，除此之外还介绍了 Mic 散射、各向同性下的 Rayleigh 散射等。

美国加州大学河边分校的 WIT 实验室从 2007 年开始，对紫外光散射信道特性从理论分析和实验验证两方面进行了考证[13]，通过多组实验数据证明了多次散射模型建立的正确性。

2009 年，Ding 等人[14] 建立了紫外光非直视散射信道模型，通过将两种信道模型与实验结果相对比，表明多次散射能够更加接近真实结果，证明了该模型的正确性和准确性。

2010 年，Wang 等人[15] 研究了无线紫外光网络模型和非共面时的紫外光通信系统性能，Wang 等人首先通过实验验证了多次散射和任意非共面几何指向下的路径损耗模型，并讨论了在该模型下如何实现全双工通信。

2010 年，加利福尼亚大学的 Ding 等人[16] 研究了紫外光非直视多次散射信道模型，该模型建立在随机迁移的理论之上，研究结果表明该模型与蒙特卡罗模型的仿真结果相吻合，验证了该模型的正确性和可用性。

2011 年，Drost 等人[17] 建立了基于蒙特卡罗方法的紫外光非直视通信方式下的多次散射信道模型，研究了发射机波束形状和接收机灵敏度路径损耗的影响，以及三种多重散射的双工最优通信方式。

2012 年，Ding 团队[18] 研究了紫外光非视距散射通信的信道模型。2012 年，Gupta 等人[19] 利用数值分析法分析了紫外光非直视单次散射信道模型下的脉冲响应和路径损耗，并提出了路径损耗的近似闭合表达式。

2013 年，Zuo 等人[20] 提出了非直视紫外光单次散射传输的路径损耗模型的闭合表达形式，并给出了不同收发仰角、发散角和视场角下的路径损耗，将该模型与原有近似模型相比较，可得该模型比原有模型更接近实际的通信结果。

2015 年，Liao 等人[21] 对紫外光在 4km 通信时的散射信道进行了仿真和实验，分别对路径损耗和误码率等参数进行了分析，实测了脉冲响应和路径损耗，通过蒙特卡罗多次散射模型与实测结果对比，验证了蒙特卡罗模型的可用性。

2015 年，Xu 等人[22] 研究了紫外光在典型障碍物下的非直视散射信道特性。研究结果表明，路径损耗受障碍物的几何形状、传输距离和收发仰角的影响，其中，距离和仰角的最佳选择取决于障碍物的形状和在散射信道中的位置。

2015 年，Ardakani 等人[23] 研究了大气湍流下的非直视紫外光信道特性，文章将非直视通信链路处理为两段直视链路来进行分析和研究，最终得到了非直视通信在大气湍流下的闭合表达式，并仿真分析了紫外光在不同湍流强度下的误码率。

2016 年，Zhang 等人[24] 研究了紫外光和红外光在长距离非直视通信方式下的散射衰减。研究结果表明，在非直视通信方式下，当通信距离小于 4.27km 时，紫外光的衰减比红外光的衰减小，但是紫外光路径损耗比红外光增大得快；当通信距离大于 4.27km 时，紫外光通信的衰减比红外光大。

2018 年，Wang 等人[25] 设计了一套非直视紫外光通信系统，该通信系统将激光器和多个光电倍增管作为发射机和探测器，利用该系统完成了通信实测。实测结果表明，该系统能够在通信距离为 1km 时，系统吞吐量能够达到 1Mbps。

北京理工大学是我国最早开展紫外光通信科研的学校，早在 20 世纪末就开始用汞灯来模拟光源，调制方式采用脉冲调频调制，搭建了国内首台紫外光短距离通信系统样机。北京邮电大学近几年同样在紫外光通信领域做出了不俗的研究成果，该校独立自主实现了紫外光通信平台的设计与实现，并对紫外光通信质量进行了大量实验，同时对紫外光湍流信道进行了分析。

2007 年，电子科技大学的张静等人[26] 利用 Luettgen 提出的非直视单次散射模型，仿真分析了不同仰角、光束孔径角情况下，紫外光非直视通信的路径损耗、时延和脉冲展宽的变化规律。

2010 年，重庆大学赵明等人[27] 利用自行设计研发的紫外光 LED（Light Emitting Diodes，LED）通信系统实现了 10m 的通信实测实验。

2011 年，Zhang 等人[28] 采用蒙特卡罗多次散射信道模型研究了障碍物对紫外光非直视散射通信的影响。研究结果表明，路径损耗随着发射机或接收机离障碍物距离减小而增大，最佳接收距离随发射机与障碍物距离的增加而减小。该工作的研究对紫外光在山区、建筑物等复杂地理环境下的通信有指导意义。

2012 年，北京邮电大学韩大海团队[29] 使用光电倍增管和紫外 LED 分别作为收发端，对比了四种调制方式下的信道参数。2017 年，韩大海团队[30] 又继续研究了紫外光 MIMO（Multiple-Input Multiple-Output，MIMO）散射信道中使用脉冲位置对称正交空时分组编码的优化方案（PSP-OSTBC）和 M 脉冲位置调制技术。实验结果表明，该方法能够突破 Alamouti 码的局限性，并能获得更高的分集增益和编码增益。

2012 年，北京邮电大学的肖后飞团队[31] 提出了一种紫外光非直视非共面的单次散射信道模型，研究了收发端任意指向时的散射信道特性，详细分析了接收光功率和路径损耗等信道参数，最后通过蒙特卡罗方法验证了该模型的有效性和正确性。

2015 年，空军工程大学的强若馨等人[32] 研究了高空大气对紫外光散射通信的影响，高空大气环境对紫外光的消光系数主要由吸收系数决定；高空中散射作用较弱因此其通信时延比近地面低，信噪比和信道容量都随着高度的增加而减小；总体来讲紫外光在高空大气中能够实现低速语音通信。同年，强若馨等人[33] 又继续研究了脉冲展宽对紫外光通信的影响，研究结果表明，直视通信在距离 5km 时，符号速率须小于 9.25×10^7 Baud；非直视通信在距离为 1km 时，收发仰角同为 20°、30° 和 40° 时，对应的符号速率须小于 4.0×10^7 Baud、6.0×10^6 Baud 和 3.6×10^5 Baud。因此，紫外光在进行低速通信时可忽略码间串扰的影响。

近年来，西安理工大学光电技术实验室的柯熙政、赵太飞等人[34-39] 对紫外光通信的基本理论和组网等进行了深入的研究，主要集中在无线紫外光语音图像平台的搭建和实验、无线紫外光非直视多次散射通信覆盖范围的研究、直升机助降中无线紫外光喷泉码引导方法研究、无线紫外光信道快速分配及网络接入协议，并在搭建的无线紫外光通信系统上进行了大气传输性能研究等工作。2016 年，Song 等人[40] 对紫外光非直视非共面通信场景下的路径损耗，以及紫外光非直视通信网络中的多用户干扰进行了研究。

此外，国内如清华大学、中国科学技术大学、北京航空航天大学等单位在紫外光通信相关领域也有所研究。

1.2.2　气溶胶光散射的国内外研究现状

早在 1966 年，Shifrin 等人[41] 就提出了可以使用光散射法测量气溶胶粒子的建议，光散射法的优点在于可以很容易实现自动化测量，缺点是球形和均匀性的假设不能满足实际气溶胶粒子的分布情况。1974 年，Gorchakov[42] 分析了大气灰霾光散射矩阵各分量的角依赖关系。

1996 年，Hegg 等人[43] 根据微观物理学模型计算表明，云和灰霾中都有较高的硫酸盐含量，但只有在云中才会对粒子光散射产生显著影响。

2002 年，Dubovik 等人[44] 提出了一种基于随机取向多分散非球形混合模型的气溶胶光学性质反演方法，与基于 Mie 散射的反演方法相比，该方法在气溶胶粒子的散射相函数、尺寸分布和折射率等方面都有了显著改善。

2007 年，Wen 等人[45] 分析了灰霾天气条件下多次散射对大气激光通信的影响。分析结果表明，前向散射对激光通信的影响很小，该理论可以为大气激光通信系统的设计提供参考。

2009 年至 2014 年，武汉市测绘遥感信息工程城市实验室对华中地区的气溶胶光学特性进行了连续监测。监测结果表明，气溶胶的散射和消光系数在冬季变化比较明显，单次散射反照率在整个年度呈轻微变化[46]。

2013 年，魏佩瑜等人[47] 基于 T 矩阵方法，研究了椭球形和圆柱形生物气溶胶的散射偏振特性，并提出可以使用激光的散射偏振特性对生物气溶胶进行反演。

2014 年，Smith 等人[48] 研究认为，相对于实部，复折射率虚部对尘埃气溶胶的光散射特性影响更大，设置合理的虚部更重要。在利用可见光反演尘埃气溶胶时，将复折射率设置为 1.53＋0.001i 更为合适。

2015 年，Wang 等人[49] 基于实际测量，描述了城市气溶胶粒子的物理、化学和光学特性的演变，并根据后向散射比和不对称参数推断出气溶胶粒子相对数量的增加。研究结果表明，亚微米级气溶胶的有机成分在灰霾期间的能见度下降中起到重要作用。

2016 年，Gu 等人[50] 利用团聚体信号幅值分布的气溶胶质量浓度分形模型来提高气溶胶质量浓度的反演精度。结果表明，该模型反演结果与标准参考仪器测得的结果很相近，相对误差在 6％以内。同年，Damov 等人[51] 在实验室利用激光散射技术测量了有限体积内高浓度气溶胶的运动黏度和质量密度。

2017 年，Hu 等人[52] 利用一种基于时域多分辨方法的非球形气溶胶散射模型来分析气溶胶粒子的散射特性。结果表明，该模型计算得到的相函数的相对误差小于 5％。

2017 年，Zhang 等人[53] 提出了一种基于 PSO-BP 的神经网络算法，该算法可以减小相对湿度对气溶胶浓度测量造成的误差。同年，Zuo 等人[54] 利用 13 种常见的气溶胶分析了折射率对粒子光散射法测量结果的影响。分析结果表明，在接收光含有前向散射光时，折射率的影响不大。

2018 年，He 等人[55] 利用偏振光蒙特卡洛模型模拟了红外光在海面气溶胶粒子中的散射过程，生成了不同环境及不同探测参数条件下的海面偏振红外图像，该研究结果可以用于指导海洋环境探测。

2018 年，Miroshnichenko 等人[56] 根据球形粒子散射结果推广得出，对于任意有限散射体，其最大部分吸收截面不能超过三维均匀球面和二维圆柱的相应值。

2018 年，Cheng 等人[57] 提出了一种提取时变消光系数的新算法，用于对灰霾天气下能见度的估计。实验结果表明，该算法的估计误差在 10％ 以内。同年，项衍等人[58] 分析了激光雷达系统设计和反演算法参数等因素对灰霾探测精度的影响。

2019 年，Tian 等人[59] 利用带有去偏振模块的光学粒子计数器，研究了西北太平洋和北冰洋上空气溶胶粒子的退偏比和尺寸分布的时空变化。研究结果表明，北冰洋地区的高浓度气溶胶颗粒主要是由深海气旋引起的，而西北太平洋地区的高浓度气溶胶颗粒则主要是来自欧洲大陆的污染物。

2019 年，张鑫等人[60] 利用激光雷达实测数据，对霸州上空的大气光学厚度的时空特性进行了分析，得到了该地区大气污染物的时空分布。该研究结果可为当地大气污染防治提供便利。

1.2.3　放电紫外探测研究现状

国内外学者通过研究得到了多种放电检测方法，不仅有直接检测放电信号的检测方法，还有从能量转换的角度出发，研究放电时出现的各类反应及其产生的物质，进而通过探测放电伴生物质来反推放电的检测方法。

早在 20 世纪 70 年代末期，国外便已经开始研究伴随着放电而产生的光信号的检测。到了 20 世纪 80 年代，率先将紫外成像技术应用于交流高压输变电线路和设备外部绝缘状态的是苏联新西伯利亚电力科学研究院[61]。随后美国电力科学研究院也将紫外检测技术应用于发电机线圈和高压电力输电线路的表面放电检测[62]。

20 世纪末至 21 世纪初，国内外研究人员开始将放电情况与其产生的光辐射联系起来，对放电产生的光波进行分析并以此为根据研制各类放电光学检测仪器。其中，较为成熟的是 Lindner 等人[63] 根据电气设备放电时会产生出因臭氧层的吸收致使地表难以出现的"日盲"紫外光的原理，研制出一种用于放电检测的"日盲"紫外相机。

2005 年，Pinnangudi 等人[64] 针对非陶瓷绝缘子放电现象进行建模，对其放电强弱给出了定量的研究结果。结果表明，使用紫外光敏相机对放电绝缘子拍照，所得图片上的光斑大小与绝缘子放电强弱有着良好的对应关系。

2007 年，清华大学王灿林等人[65] 使用光电倍增管作为探测工具，对针-板、复合绝缘子两种放电模型进行研究。研究结果表明，针-板和复合绝缘子的放电电流、电压脉冲与光电倍增管接收到的光子脉冲有着良好的一致性。同年，Shong 等人[66] 对额定电压为 22.9kV 的绝缘子施加不同的电压，探测其损坏程度。然后保持温度、湿度恒定，改变紫外成像仪的增益监测绝缘子的外部放电情况，给出了紫外成像仪在不同增益情况下判别绝缘子损坏的标准。

2008年，华北电力大学刘云鹏等人[67]使用紫外探测技术分三次对特高压输电线的放电点进行探测，验证其方法的可行性。在干燥、潮湿两种环境下，使用紫外成像仪对不同放电强度、不同类型的放电体进行测试，两种环境下，探测到的紫外光子数随着放电等级的增加而增加。因此，得出紫外探测装置在干燥、潮湿两种情况下均能对特高压输电线进行放电探测并能反映放电强度。同年，华中科技大学臧春艳等人[68]使用紫外相机对针-板放电模型进行研究。研究结果表明，紫外探测装置能有效地探测到放电现象，不同大小的针端放电对探测到的紫外光子数影响不大，同时对两个放电针端进行探测，探测到的光子数大于任意一个单独探测的光子数，小于两个单独探测光子数的和。

2009年，da Costa等人[69]对高分绝缘子分别用紫外成像和红外热成像两种放电探测方法对新绝缘子、污秽绝缘子和清洗过的绝缘子进行放电检测。通过总结得出两种探测手段下这三种绝缘子的放电特征。

2010年，武汉大学周文俊等人[70]使用紫外成像仪对针-板放电模型进行研究，使用紫外图像处理技术对收集到的紫外图像进行处理，提出了一种电力设施放电的判别标准并经过场外实测得到验证：当紫外光斑面积占被监测设备面积的17.5%时，可判定该设备处在放电危险状态。同年，华北电力大学王旭光等人[71]基于朗伯定律推导紫外成像仪检测的光子数与检测距离之间的关系，最后用针-板模型验证其推导的正确性。

2011年，Kim等人[72]研发了一种电力设备放电的紫外探测装置，当绝缘子两端加载的电压为击穿电压的37.5%时，该探测装置在探测距离为5m时能够有效地探测到放电产生的紫外信号，探测的紫外信号随着绝缘子加载电压的升高而升高。

2012年，上海理工大学马立新等人[73]使用可见光和"日盲"紫外光双光学通道对放电现象进行监测，为了在可见光通道中更准确地标出紫外光探测的放电现象，提出了一种图像校正融合的方法，最后通过实验证明该方法的可行性。

2014年，重庆大学汪金刚等人[74]根据紫外探测装置收集脉冲个数来衡量电力设施放电程度的检测方法，研制出了对应的便携式放电紫外检测装置，并通过实验室和场外放电实验，证明其可行性。韩国Kwag等人[75]也在同年根据相同的检测原理研制出便携式放电紫外检测装置，能够实现十米内对电力设施放电程度的有效判断。

2016年，重庆大学李立涅等人[76]指出电力设备放电是球形放电，即同一探测距离情况下进行直视探测，探测位置对紫外成像仪的探测结果影响不大，且放电紫外光子数与探测距离的平方成反比。通过实验证实了其提出的结论并给出了在不同探测距离紫外成像仪的最佳增益。同年,重庆大学张志劲等人[77]研究了紫外成像仪的放电紫外检测性能,同时对探测光子数和探测图像中紫外光斑面积与探测距离的关系进行分析,发现紫外成像仪在高增益状态下紫外光子数信息处理不准确,相同增益下探测图像中紫外光斑面积能够更好地反映与探测距离之间的关系。同年,中国科学院深圳先进技术研究院焦国华等人[78]设计一种双光学通道的放电检测系统,并基于该系统提出了探测紫外光斑与探测距离的模型。通过实验证明,探测系统探测到的紫外光斑面积随着距离的增加而减小,与其提出的模型具有一致性。

2017年,山东大学魏建春等人[79]在不同湿度环境下,使用紫外成像仪对放电的RTV绝缘板进行研究。研究表明,环境湿度越高,放电强度越强,紫外成像仪探测到的紫外光子数就越多,即当环境湿度较高时,应该减小紫外成像仪的增益。

一直以来,放电检测的研究都是人们关注的焦点且热度居高不下。例如,Cui等人[80]推导了放电产生的紫外光子数在空气中的传播损耗模型;中国科学院长春光学精密机械与物理研究所的宁红扬[81]针对高压电力设施放电检测设计实现了手持双光谱"日盲"紫外探测仪,等等。

1.2.4 无人机飞行引导研究现状

(1) 无人机自主着陆引导

20世纪90年代以来,卡内基梅隆大学、南加州大学[82]以及清华大学等高校进行了基于机器视觉的无人机定位算法的研究,并发掘了机器视觉在无人机着陆引导方面的巨大应用[83]。

2002年,西班牙马德里理工大学的Garcia-Pardo等人[84]利用机载摄像机分析地面障碍物位置以及地面纹理,来判断起降地点和地面条件,解决了直升机自主降落时单纯依靠雷达设备的问题。但是所提出的自动着陆算法与方案只研究了视距内通过对摄像机拍摄画面的分析对起降点进行判断,并没有提出大范围信号搜索及相应的空地通信方法。

2010年,南京航空航天大学的Sheng等人[85]对飞机自动起降控制方案进行了研究,提出通过计算飞机在各方向坐标轴上的实时参数来判断飞机姿态的方法。虽然分析了直升机在最后的降落阶段中的姿态感知问题,但是却忽视了该算法对直升机操作直观性与简便性的影响。

2012年,卡内基梅隆大学的Scherer等人[86]设计了一套基于雷达感知技术的无人驾驶直升机自动起降系统,通过快速算法及配套的硬件设备来计算并判断LZS(着陆区)。解决了无人机通过雷达设备自动寻找并判断起降地点的问题。

该过程中也考虑到了飞机尺寸、地面构成等多方面的因素,但是并没有解决复杂电磁环境下的通信及定位问题。

2014 年,里斯本技术大学的 Cabecinhas 等人[87] 研究了利用四旋翼飞行器的轨迹跟踪控制技术,从中寻求解决直升机飞行、降落决策规划的系统自主性问题的方法。虽然对直升机姿态进行了分析,并设计了高效算法,但是没有将直升机飞行决策规划的背景假设为复杂环境,因此,可能由于环境、气候等客观原因导致飞行器轨迹跟踪无法正常进行的情况发生。

2014 年,墨尔本皇家理工大学的 Sabatini 等人[88] 对激光避障监控系统实验平台进行了研究,简要介绍了系统的体系结构和传感器的特点,重点介绍了系统的性能模型,在各种军事平台上进行了飞行测试实验。

2015 年,墨尔本皇家理工大学的 Ramasamy 等人[89] 对激光规避预警系统实验平台进行了研究,简要介绍了系统的体系结构和传感器的特点,重点介绍了系统的性能模型和使用开发的数据处理算法对障碍物进行检测,以及在各种军事平台上进行的飞行实验测试。

2016 年,浙江大学的张磊等人[90] 针对无人机着陆时机身相对于着陆点的精确位姿参数的需求,设计了一套基于日盲区紫外成像的无人机自主着陆引导系统。将日盲区紫外成像技术应用于基于机器视觉的定位技术中,设计了具有典型特征的紫外控制点,利用日盲区紫外成像技术消除自然光的背景干扰,大幅提高了定位引导的距离。

2016 年,海军装备研究院的丁宸聪[91] 针对无人机着舰性能要求,研究了基于紫外成像的自主着舰引导技术。构建基于紫外成像的舰载无人机自主着舰引导系统,计算分析了系统的可行性并给出该系统涉及的相关算法。

(2) 无人机编队控制方法

2017 年,北京航空航天大学的周子为等人[92] 对无人机编队的仿生飞行控制问题进行了研究,通过分析雁群长途迁徙过程中的编队飞行机制,讨论了编队飞行与雁群行为机制间的仿生映射机理,设计了一种仿雁群行为机制的多无人机紧密编队构型及控制方法,并提出了一种基于雁群行为机制的编队拓扑重构方法。2017 年,南京航空航天大学的王寅等人[93] 针对无人机编队自主重构中的最优重构航迹规划问题开展研究,通过综合考虑无人机飞行动力学特性和重构航迹代价,将其转化为多目标组合优化问题进行求解。2017 年,北京航空航天大学的张苗苗等人[94] 在非平衡拓扑下,给出了基于边 Laplacian 一致性的分布式编队控制算法。2015 年,北京航空航天大学的段海滨等人[95] 提出了一种基于捕食逃逸鸽群优化(Pigeon-inspired Optimization,PIO)的无人机紧密编队协同控制方法。2013 年,北京航空航天大学的段海滨等人[96] 建立了基于交哺网络控制的多无人机协同编队模型，设计了基于粒子群优化的协同编队控制器，给出了多无人机协同编队的交哺网络控制方法。朱旭等人[97]针对无人机编队飞行过程中无人机之间防碰撞和障碍物规避问题，提出了基于改进人工势场的编队防碰撞控制方法。2016年，国防科技大学的Chen等人[98]针对多无人机编队飞行控制问题，提出了一种基于引导点的编队飞行控制方法。2017年，合肥工业大学的Wang等人[99]提出了一种新型的基于领导者模式的无人机编队容错通信拓扑管理方法，即使在编队飞行中出现通信故障的情况下，也能保持编队形态的最小编队通信代价。但是，文章只考虑了通信故障下的无人机编队队形重构问题，对于多无人机协同编队中的自主重构问题没有进行研究。

无人机编队执行任务时外部环境和内部状态复杂多变，需要对这种空变时变环境中的无人机编队进行实时有效的控制，所以无人机队形保持、编队重构和防碰撞技术具有重要的研究价值和意义。近几年的研究中提出了几种编队控制方法，如粒子群算法，领航者模式，一致性理论和人工势场理论等。

混合粒子群优化算法可以解决多无人机编队重构问题，它结合了粒子群优化（Particle Swarm Optimization，PSO）算法和遗传算法（Genetic Algorithm，GA）的优点，可找到时间最优解[1]，该算法在解决复杂环境下的多无人机编队重构问题时性能优于常规粒子群算法。

三维空间中基于领航者编队模式的局部运动规划防碰撞方法利用轨迹跟踪控制器分析可能导致碰撞的轨迹特征，采用该方法实现三维空间的防碰撞效果[100]。但是相对于规划算法的运算速度，无人机位置和速度改变得较慢，很难保持同步状态，所以需要研究异步规划算法[101]。

一致性理论是无人机队形保持和编队重构中采用的较为广泛的方法，清华大学董希旺等人[102]研究了在无人机集群中的时变队形编队控制问题，提出了一种编队控制增益选取原则，采用一致性方法来进行编队控制，得到了无人机集群系统实现时变编队的充分必要条件。日本庆应义塾大学的栗城康弘等人[103]采用带有防碰撞性能的分布式模型预测控制算法来计算编队飞行时的输入控制信息，引入了耦合约束条件来保证所有无人机之间的一致性。基于二阶一致性理论的多无人机编队控制策略，将引导算法和协作控制算法结合来保持无人机编队队形，综合考虑了无人机的纵向运动和横向运动，有效抑制了位置测量时的误差[104]。

另外，由非合作轨迹改变影响飞行编队进而发生碰撞的问题可以采用基于飞行信息共享的模型预测控制算法来解决[105]。其他的一些方法，如基于二叉树网络的新型网络拓扑切换方法[1]、分布式级联鲁棒反馈控制方法[106]和无人机编队容错通信拓扑管理方法[107]等，此处不再赘述。

1.3 无线日盲紫外光应用研究进展

目前，紫外光应用发展方向包括电子领域、化学领域、工业领域及生物领域。在电子领域中，紫外光可用于光刻设备，用于生产电子芯片，如 EUV 光刻机采用的是 EUV 超高频紫外线（极紫外线）；在化学领域，紫外光可用于涂料固化等。在工业领域，紫外光可用于仪器分析中，如矿石、药物、食品的分析，还可用于表面清洗处理；在生物领域中，紫外光有对促进植物生长，诱杀蚊虫及灭菌效果。而无线紫外光的传输应用则更偏向于军事场景或安全应急场景，其中包括飞行器全天候的通信、输电线路放电点的定位及智慧农业助降的测距等。

1.3.1 雾霾粒子的形态分析与紫外光散射偏振模型

雾霾是一种大气污染状态，是指悬浮在大气中大量微小颗粒、硫酸盐、硝酸盐、铵盐、钙盐、含碳颗粒（如有机碳）、海盐、矿物质颗粒、有机微生物等的集合体。雾霾是对大气中各种悬浮颗粒物含量超标的笼统表述，空气动力学当量直径小于等于 $2.5\mu m$ 的颗粒物即 PM2.5 被认为是造成雾霾天气的"元凶"。

雾霾是雾和霾的组合词。雾是由大量悬浮在近地面空气中的微小水滴或冰晶组成的气溶胶系统；霾（mái），也称灰霾（烟雾），空气中的灰尘、硫酸、硝酸、有机碳氢化合物等粒子。在大城市空气严重污染的区，霾可以很频繁[108]，从光学角度来看，它的散射可以使天空蒙上明显的灰色色调。

(1) 雾霾粒子的物理特性

组成雾霾的粒子可以是单个粒子，也可以是各种粒子的混合物。同时对于雾霾粒子散射场偏振特性的研究取决于入射场的偏振特征和方向性，也与雾霾粒子尺寸参数、粒子形态、粒子的复杂折射率等物理参数有关。当雾霾粒子物理参数改变时，散射场的偏振特性会改变，需要重新计算。

① 粒子尺寸参数

粒子尺寸参数对雾霾粒子散射场的偏振特性有很大的影响，其定义为 $a = \pi D/\lambda$，D 为散射粒子直径，λ 为入射波长。雾霾粒子是由大气气溶胶组成的混合粒子，其粒径的范围比较宽，一般雾霾粒子气溶胶的半径和浓度如表 1.2 所示。

□ 表1.2　气溶胶的半径和浓度[108]

类型	半径/μm	浓度/cm^3
Aitken 核	$10^{-3} \sim 10^{-2}$	$10^{-4} \sim 10^2$
霾粒子	$10^{-2} \sim 1$	$10 \sim 10^3$
雾滴	$1 \sim 10$	$1 \sim 100$

② 粒子的复杂折射率

雾霾粒子的复杂折射率是反映出光的散射和吸收能力的一个基本参数。雾霾粒子中化学组成、矿物组成、尺度参数以及形态密切关系到复杂折射率的大小。其中，复杂折射率的实部体现粒子对光的散射能力，虚部体现粒子对光的吸收能力[109]。

雾霾粒子复杂折射率是粒子基本物理特性参数，由其化学特性、物理特性、温度水平和表面状况等参数决定其数值。计算雾霾粒子散射偏振特性的关键在于粒子的复杂折射率。对于雾霾粒子来说，一般实部的值比较稳定，虚部的值变化较大，决定光的衰减特性。对于雾霾主要成分硫酸盐、海盐、有机碳等散射性成分，复杂折射率实部基本集中在 1.51~1.55 之间[110]。

③ 粒子尺度谱分布[109]

事实上我们无法用简单的解析函数来表达雾霾粒子的粒度谱分布，大多数雾霾是多种气溶胶体系的混合物。对于雾霾粒子的粒子谱分布，单位体积单位半径间隔内的粒子数 $n(r)$ 表达式为：

$$n(r) = \frac{dN}{dr} \tag{1.9}$$

式中，dN 表示单位体积内按照分布函数 $n(r)$，半径在 r 和 $r + dr$ 间的粒子数目，N 的定义公式为：

$$N = \int_0^\infty n(r) dr \tag{1.10}$$

④ 粒子形态

雾霾天气中分布着不同形状和成分的粒子，其中，有大气气体 N_2、O_2、CO_2、稀有气体等，这些气态分子的基本形状是球形，但是雾霾粒子还有大量的粒子以非球形、链状结构等不规则的形态存在，其典型代表如烟尘粒子。对于非球形雾霾粒子的分析，一般选择椭球、圆柱和广义切比雪夫三种非球形模型模拟雾霾粒子。

雾霾粒子的粒径分布表示某粒径粒子的浓度分布，但是雾霾粒子形貌和成分多样，很多形态极不规则，不同成分的雾霾颗粒也会呈现不同雾霾形态。烟尘是雾霾的主要成分，研究表明，烟尘微粒的结构是形状规则的自由分布的链状粒子，因此，链状的雾霾粒子也是一种较常见的形态，不同链状结构的雾霾散射光的偏振状态不同，所以对于链状结构的粒子的研究对分析雾霾有重要意义。

链状结构如图 1.9 所示，图 1.9（a）为单个球形粒子，图 1.9（b）中多个球形粒子结构定义为链状结构。

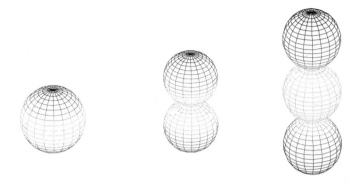

(a) 单个球形粒子   (b) 链状结构球形粒子

图 1.9　链状的球形粒子示例

⑤ 粒子成分

一般来说，雾霾粒子的主要组成基本上是极细微干尘粒，化学组成成分比较复杂。但是对于雾霾可以选取比较有代表的成分，如黑炭、吸收性有机碳、沙尘、硫酸铵以及水分[111] 等，可以用图 1.10 来表示反演雾霾的主要组成。

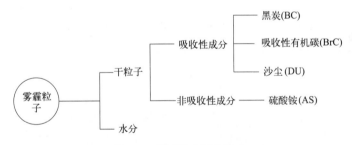

图 1.10　反演雾霾成分化学组成

（2）偏振的基本理论

Stokes 矢量法[112] 可以准确表示出光的强度及偏振状态，可以描述完全偏振光、部分偏振光和非偏振光。Stokes 矢量描述偏振光用列矩阵定义的四个参数表示，同时每一个参数都是有强度的量纲，即 Stokes 矢量定义[112] 如式（1.11）所示，且具体的表达式如式（1.12）所示。

$$\boldsymbol{S} = (I, Q, U, V)^{\mathrm{T}} \tag{1.11}$$

$$S = \begin{bmatrix} I \\ Q \\ U \\ V \end{bmatrix} = \begin{bmatrix} \langle E_l E_l + E_r E_r^* \rangle \\ \langle E_l E_l^* - E_r E_r^* \rangle \\ \langle E_l E_r^* + E_r E_l^* \rangle \\ i \langle E_l E_r^* + E_r E_l^* \rangle \end{bmatrix} \tag{1.12}$$

式中，I 表示光的总强度；Q 表示水平线偏振和垂直线偏振强度差；U 表示 +45° 和 −45° 偏振分量的强度差；V 表示右旋和左旋圆偏振分量的强度差；E_l 和 E_r 为垂直于光波传播方向平面内两相互垂直电矢量；" * "表示共轭；"$\langle \rangle$"表示总体平均。如果 Q、U 或者 V 分量不为零，则表示光波存在偏振特性[1]。不同偏振光 Stokes 矢量的值如表 1.3 所示。

▣ **表 1.3 不同偏振光 Stokes 矢量的值一览表**[1]

紫外光偏振类型	Stokes 矢量	紫外光偏振类型	Stokes 矢量
非偏振光	$(1\ \ 0\ \ 0\ \ 0)^T$	−45°线偏振光	$(1\ \ 0\ \ -1\ \ 0)^T$
水平线偏振光	$(1\ \ 1\ \ 0\ \ 0)^T$	右旋偏振光	$(1\ \ 0\ \ 0\ \ 1)^T$
垂直线偏振光	$(1\ \ -1\ \ 0\ \ 0)^T$	左旋偏振光	$(1\ \ 0\ \ 0\ \ -1)^T$
45°线偏振光	$(1\ \ 0\ \ 1\ \ 0)^T$		

一般来说，对于 Stokes 矢量各个参数的关系为：

$$I^2 \geqslant Q^2 + U^2 + V^2 \tag{1.13}$$

偏振度（Degree of Polarization，DOP）表示偏振程度的参数，表达式为式（1.14），表示偏振光在总光强中所占的比例。

$$DOP = \frac{\sqrt{Q^2 + U^2 + V^2}}{I} \tag{1.14}$$

偏振光在雾霾粒子介质中传输时，偏振状态会因其与介质之间的相互作用而发生变化，介质对其偏振光的作用可以作为一种光学的"变换"。这种介质对入射偏振光的作用过程可以等效成一个线性的"变换矩阵"，即为 Mueller 散射矩阵[113]，它适用于任意形状的颗粒的光散射，并包含所有粒子散射场的有关信息。Mueller 矩阵是 4×4 矩阵，可以用来表述散射介质的特性，与表示偏振光的 Stokes 矢量结合，更好地描述偏振光在雾霾粒子介质中传输过程。关系可表示为：

$$S' = MS \tag{1.15}$$

式中，S' 和 S 分别表示散射光和入射光的 Stokes 矢量；M 表示介质光学特性的

Mueller 矩阵[1]，$\boldsymbol{M} = \begin{bmatrix} m_{11} & m_{12} & m_{13} & m_{14} \\ m_{21} & m_{22} & m_{23} & m_{24} \\ m_{31} & m_{32} & m_{33} & m_{34} \\ m_{41} & m_{42} & m_{43} & m_{44} \end{bmatrix}$。

（3）紫外光散射偏振模型

① 紫外光直视偏振散射模型

雾霾粒子对紫外光散射作用可以分为两类：单次散射和多次散射，散射过程如图 1.11 所示。紫外光经雾霾粒子散射最终到达接收端。假如在发送端和接收端之间光子仅被散射一次，称为单次散射；若发生两次或两次以上散射，称为多次散射。

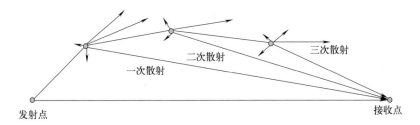

图 1.11 粒子散射类型

紫外光 LOS 单次散射的几何模型如图 1.12 中所示，光沿 Z 轴入射，散射体为球形雾霾粒子，XOZ 平面为参考平面，入射光与散射光所在的平面为散射平面，r 为散射光观察点与散射颗粒之间的距离，L 为入射光源到探测面的距离，当入射光单次散射之后 Stokes 矢量变化为：

$$\boldsymbol{S}_s = L(-\phi)M(\theta)L(\phi)\boldsymbol{S}_i \qquad (1.16)$$

式中，$\boldsymbol{S}_s$、$\boldsymbol{S}_i$ 分别表示散射前后的 Stokes 矢量，且入射光 Stokes 矢量为 $\boldsymbol{S}_i = \begin{bmatrix} 1 & 0 & 0 & 0 \end{bmatrix}$；$\theta$ 为散射角；ϕ 为参考面到散射面的旋转角；$M(\theta)$ 为 Mie 散射

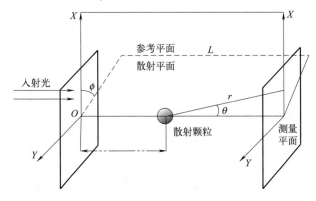

图 1.12 紫外光 LOS 单次散射几何模型

理论得到球形粒子的 Mueller 矩阵；$L(\phi)$ 为旋转矩阵，表达式为：

$$L(\phi) = \begin{bmatrix} 1 & 0 & 0 & 0 \\ 0 & \cos2\phi & \sin2\phi & 0 \\ 0 & -\sin2\phi & \cos2\phi & 0 \\ 0 & 0 & 0 & 1 \end{bmatrix} \qquad (1.17)$$

② 紫外光非直视偏振散射模型

图 1.13 中为紫外光 NLOS 散射几何模型，其中，β_T 为发送端仰角，θ_T 为发送半视场角，α_T 为发送端离轴角，β_R 为接收端仰角，θ_R 为接收半视场角，α_R 为接收端离轴角，r_0 为基线距离。

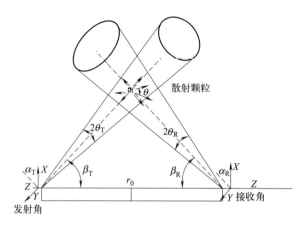

图 1.13　紫外光 NLOS 散射几何模型

假设入射光的 Stokes 矢量为 $\boldsymbol{S}_i = [1\ \ 0\ \ 0\ \ 0]$，则散射光的 Stokes 矢量可以表示为：

$$\boldsymbol{S}_s = [I_s\ \ Q_s\ \ U_s\ \ V_s] = R_M(\boldsymbol{\Psi}_R)M(\theta)R_M(\boldsymbol{\Psi}_s)\boldsymbol{S}_i \qquad (1.18)$$

式中，θ 为散射角；$M(\theta)$ 为粒子散射矩阵；$R_M(\boldsymbol{\Psi}_R)$、$R_M(\boldsymbol{\Psi}_s)$ 为旋转矩阵；$\boldsymbol{\Psi}_s$ 为发送参考平面到散射参考平面的旋转角；$\boldsymbol{\Psi}_R$ 为散射参考平面到接收参考平面的旋转角[114,115]。

1.3.2　气体放电理论与紫外光谱检测原理

(1) 气体放电理论及形式

在空气中，电流通过或击穿气体的现象称为气体导电或者气体放电[116]。放电过程从非自持放电逐渐过渡到自持放电的过程，称为气体的击穿。研究结果表明：高压输电线路中工作在不同环境的电力设备，会产生截然不同的气体放电表象，并具有不一样的放电特性。在研究高压输电线路电力设备发生气体放电现象的过程中，主要将气体放电的种类分成非自持放电和自持放电两种。非自持放电现象的特征在于只有外置放电电离源存在的条件下才能维持放电。与非自持放电现象不同的是，自持放电现象的特征在于即使去掉外置放电电离源后放电现象仍能持续发生。

当电场环境极不均匀时，如果能够满足自持放电的条件，也会因为不均匀分布的电场强度，而在电场强高的位置产生强烈的电离现象，此时因局部发生自持放电而产生的伴有发光发热的放电现象，称为电晕放电[117]。产生电晕放电现象的原因主要是电极表面曲率半径很小，从而使空间电场强度的分布极不均匀。

当发生气体击穿后，由于电源功率、电极形式、气体压力等因素的不同，会产生不同的放电形式和放电现象：当电源功率较小且气压较低时，呈现出的放电形式为辉光放电；相反，在气压较高时，放电形式则转为电弧放电或者火花。另外，在实际的电力系统中，有不少固态绝缘设备处于空气中，如绝缘子和电机定子绕组槽外部分的绝缘等，如果沿着固体绝缘设备表面发生放电，这种放电形式则表现为沿面闪络。

(2) 电晕放电理论及条件

在所有的电力设备气体放电形式中，电晕放电[118] 只是其中的一种，电场中的气体也只在电场强度足够大且分布极不均匀的条件下，才会产生电晕放电。

通常情况下在电力系统中，绝缘设备质地的分布是不均匀的，也就使很多不均匀的电场形式的形成产生了条件。随着绝缘设备间隙上所承受的电压不断增加，使得分布在大曲率电极附近的空气产生游离现象，满足产生自持放电所需要的基本条件，这时，放电现象仅仅局限在大曲率电极附近，而非整个绝缘设备间隙，电晕放电的形式就是在这种情况下产生的。伴随着强电场中空气不停地游离、复合、激励和反激励，复杂的过程中产生大量的光子，在起晕电极周边形成了薄薄的紫色光层，称之为电晕层，而在该电晕层以外的电场相对电晕层来说就很薄弱，因而也就不会产生气体游离。

电力设备发生的电晕放电现象是一种自持放电的表现形式，它与其他的放电形式有本质的区别，电晕放电的特质是由极不均匀的电场产生。

(3) 电力设备的电晕放电

电晕放电现象是一种自持放电形式，其特质是由极不均匀的电场产生，是极不均匀电场的特征之一。电力系统中所涉及的绝缘设备其质地分布大多是不均匀的[119]，不均匀电场的形式很多。通常情况下也将电力设备周围的空气视为绝缘体，电晕放电时的电流强度取决于电极外气体空间的电导而不取决于电路中的阻抗。这就取决于电力设备的工作环境，如外加电压的大小、电极形状有无尖端、电极间距离大小、气体的性质和密度等。

在输电线路的接头、绝缘子铁帽和电力设备连接处，属于开放性气体间隙放电。当电场强度刚刚超过临界场强时，电力设备会出现强烈的放电现象。另外，电力设备的工作环境的复杂度不同，会表现出不同的放电形式，从非自持放电逐渐过渡到自持放电，逐渐表现为电晕放电、闪络和电弧放电等形式。

（4）紫外光谱检测的原理与应用

紫外光的波长分布在 40～400nm，地球大气层外太阳所辐射的光中也包含紫外光，当太阳辐射的光穿过大气层照射到地面，经过臭氧层时臭氧会吸收波长在 300nm 以下的紫外光。因此，也把属于 20～300nm 波段的波长区间称为太阳盲区。而高压电力设备发生电晕放电时，恰好能够产生波长小于 280nm 的紫外光[120]。利用这一特性，紫外光谱检测系统就可以避开太阳光造成的复杂背景噪声。经多项研究结果表明：利用地球近地表面没有日盲波段紫外光这一特性，也称之为"日盲光谱区"，在这种几乎没有背景噪声的环境下研究的紫外光谱检测系统能够为电晕放电的检测提供一种新的有效的检测手段，也能获得比较理想的探测效果。可见光与高压电力设备电晕放电产生的紫外光的分布对照如图 1.14 所示。大气外界与地面的辐射通量如图 1.15 所示。

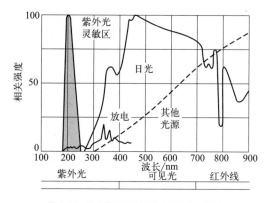

图 1.14　放电紫外光与可见光源分布对照图

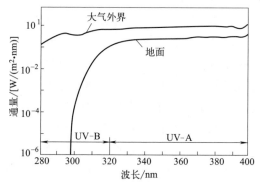

图 1.15　大气外界与地面的辐射通量

在研究高压电力设备产生的电晕放电时，把电力设备表面开始出现电晕现象时的电压称之为电晕放电的起始电压，也叫起晕电压。起晕电压一般低于发生击穿所需的击穿电压。两者的差值大小表征着电场强度的分布情况，两者的差值越大，表明电场的分布也就越不均匀[121]。

根据高压输电线路电力设备发生电晕放电的特点，放电时辐射出的日盲波段紫外光信号具有脉冲特性[122]，类似于脉冲电流检测法所检测到的电流脉冲信号[123]，通过紫外光传感器探测并采集电晕放电时辐射产生的日盲波段紫外光脉冲，将检测到的日盲波段紫外光脉冲信号转换为电流信号，便于后续的处理和分析。

清华大学王黎明、廖永力、王灿林等人[124,125]的研究报告指出，电晕放电辐射出的日盲波段紫外光信号与电晕电流脉冲信号有很强的正相关性，其统计个数特性以及幅值特性与电流脉冲信号都能很好地对应。

1.3.3　无线紫外光协作无人机编队技术

(1) 无人机编队技术

无人机编队控制技术是控制领域近几年的研究热点之一。它涉及控制学科、通信学科、人工智能以及空气动力等各个学科，具体的研究子领域有编队形成、队形保持、队形变换、防撞避碰等，各个领域已有一定成果。无人机编队执行任务时，外部环境和内部状态复杂多变，需要对强空变时变环境中的无人机编队进行实时有效的控制，每一个无人机编队都是由局部相互通信的无人机组成，在复杂和特殊环境下编队中信息指令的交互对通信要求较高[126]，针对具有虚拟长机的分布式无人机编队，利用蜂拥控制策略可以通过单个无人机的局部信息交换和相应的反应行为使得编队整体呈现一定的协调性[127]。蜂拥（Flocking）即大量个体一起运动。蜂拥群体一般都具有自组织性、并发性、交互性和鲁棒性强等特点[128]，其在工程领域的应用包括自组织移动网络、无人机编队协作侦查搜救、水下机器人探测等。研究无人机编队控制问题，就是利用无人机之间的局部通信关系建立拓扑图，再协调单机控制输入，最终要求所有无人机的速度完成匹配，机间保持一个期望的距离值自主形成编队飞行到达目的地。

无人机间通过机间信息交互保持一定的编队形状。在信息交互的控制策略方面有集中式控制（Centralized Control）、分布式控制（Distributed Control）和分散式控制（Decentralized Control）三种控制方式[129]。每一种控制方式都有其优缺点。

① 集中式控制，指定编队中某一架无人机为控制中心，无人机间无信息传输，控制中心给其他无人机发送控制指令。集中式控制方式控制效果最好，但信

息交互集中，一旦控制中心出现故障，整个编队将陷入瘫痪，且编队中无人机较多时，控制算法较为复杂。

② 分布式控制，每架无人机只需要与通信邻域内其他无人机交互自己的位置、速度、姿态等信息，减少了信息数据量和编队飞行的复杂度。相较于集中式控制方式，分布式控制方式具有更好的鲁棒性，但控制效果相对较差。

③ 分散式控制，无人机在编队飞行中不需要发送信息。每架无人机只需要保持和编队中约定点的相对位置，并且彼此之间不存在信息交换。分散式控制方式数据量较少，结构简单，但控制效果最差。

（2）无线紫外光通信自组织网络

无人机编队机间通信网络又称为航空自组网，当编队进行机间通信时，编队内部的每架无人机均能够充当通信节点来完成终端、中继转接和路由等任务。其无人机编队自组织网络示意图如图 1.16 所示，编队内部网络经过多跳来实现彼此间的通信，而移动自组织网络具备高移动性、高速率、易构建等特点，这符合无人机编队高动态、高机动、高灵活的移动特性，所以用自组织网络构建无人机编队的通信网络是非常有必要的。但由于该网络的无中心特性使得网络内部的安全问题受到考验，而无线紫外光通信时传输信号的衰减随着距离变化呈指数衰减，可根据通信距离进一步调整发射功率，避免所传输信号被敌方监听，这一特点使得无线紫外光通信在安全方面备受青睐，所以使用无线紫外光通信来构建无人机编队自组织网络已成为编队网络的发展趋势。

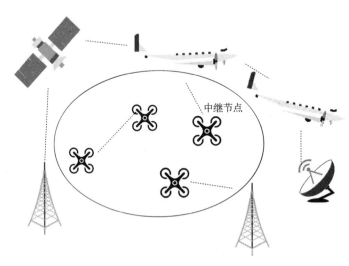

中继节点

图 1.16　无人机编队自组织网络示意图

在无线紫外光自组织网络中[1]，编队内每一架无人机通过搭载的无线紫外光收发设备可实现编队间的正常网络通信。无线紫外光自组织网络由控制分配节点、无人机节点和无人机主节点组成，无人机节点通过多跳方式与编队内部的其他无人机进行通信，通过路由转发将所有数据传送到无人机主节点当中，最后无人机主节点通过远距离传输与控制任务分配的节点进行通信，以达到控制中心对自组织网络的监控与管理。

无线紫外光在通信传输时光信号会受到大气分子的吸收导致光信号的强度有所减少，从而降低了无线紫外光通信系统的传输距离，这也将进一步限制无线紫外光通信网络的广泛应用。而为了拓宽无线紫外光通信网络的应用前景，可按照实际需求来设计具备不同功能的拓扑结构。无线紫外光通信网络[1] 可分为环形网、星形网和网状网，具体如图 1.17 所示。

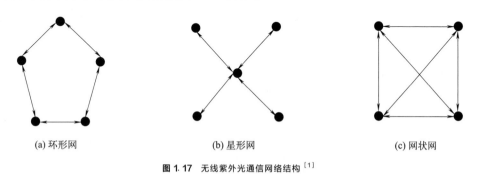

(a) 环形网　　　　　　　　　(b) 星形网　　　　　　　　　(c) 网状网

图 1.17　无线紫外光通信网络结构 [1]

图 1.17（a）是一种闭环型网络结构，该网络结构的特点是信息流从其中一个通信节点流向另一个通信节点，直至将网络中所有节点相连，实现全节点的互相连通。但由于网络中的通信节点是成环相连的，所以该网络当中的某个节点出现问题时可能会影响到整体网络运行的稳定。

图 1.17（b）是一种集中型网络结构，该网络结构中所有通信节点都会将信息流发送到中心节点，然后中心节点经过统一处理后再发送回各自通信节点。相比于环形网络结构，星形网络结构避免了因任意节点故障而导致整个网络结构出现瘫痪的问题，但由于所有通信节点都只向中心节点发送消息，使得网络中没有冗余链路，所以该网络结构存在可靠性差的问题。

图 1.17（c）是一种网状型网络结构，该网络结构中任意节点之间都可进行信息流传输，使得整个网络结构具备多跳、自组织的特点。该网络中能同时存在多条冗余链路，可以为整个网络提供冗余保护并提高网络结构的处理能力。

参 考 文 献

[1] 柯熙政. 紫外光自组织网络理论 [M]. 北京：科学出版社，2011：33-38.
[2] 张静. 非直视紫外光通信大气信道模型研究及编解码设计 [D]. 成都：电子科技大学，2007.

[3]   任德宝，潘汉校. 无线光通信的发展及其在军事通信领域的应用 [C]. 2006 军事电子信息学术会议，2006.

[4]   No-shad M，Brandt-Pearce M. NLOS UV communication systems using spectral amplitude coding [C]. GLOBECOM Workshops，IEEE，2012：843-848.

[5]   El-Shimy M A，Hranilovic S. Spatial-Diversity Imaging Receivers for Non-Line-of-Sight Solar-Blind UV Communications [J]. Journal of Lightwave Technology，2015，33（11）：2246-2255.

[6]   Xu Z. Approximate Performance Analysis of Wireless Ultraviolet Links [C]. IEEE International Conference on Acoustics，Speech and Signal Processing，IEEE，2007（3）：Ⅲ-577-Ⅲ-580.

[7]   Zuo Y，Xiao H，Wu J，et al. Closed-form path loss model of non-line-of-sight ultraviolet single-scatter propagation [J]. Optics Letters，2013，38（12）：2116-2118.

[8]   Gagliardi R M，Karp S. Optical Communications [M]. New York：John Wiley & Sons，1995：445.

[9]   Sunstein D E. A scatter communications link at ultraviolet frequencies [D]. Cambridge，MA：Massachusetts Institute of Technology，1968：30-40.

[10]   Drost R J，Moore T J，Sadler B M. Ultraviolet scattering propagation modeling：Analysis of path loss versus range [J]. Journal of the Optical Society of America A Optics Image Science and Vision，2013，30（11）：2259-2265.

[11]   宋鹏，周显礼，赵太飞，等. 紫外光移动自组网节点设计及通信性能分析 [J]. 光学学报，2018，38（3）：1-8.

[12]   Reilly D M. Atmospheric optical communications in the middle ultraviolet [J]. Massachusetts Institute of Technology，1976（5）：1-30.

[13]   Xu Z，Ding H，Sadler B M，et al. Analytical performance study of solar blind non-line-of-sight ultraviolet short-range communication links [J]. Optics Letters，2008，33（16）：1860-1862.

[14]   Ding H，Chen G，Majumdar A K，et al. Modeling of Non-Line-of-Sight Ultraviolet Scattering Channels for Communication [J]. IEEE Selected Areas in Communications，2009，27（9）：1535-1544.

[15]   Wang L，Li Y，Xu Z，et al. Wireless Ultraviolet Network Models and Performance in Noncoplanar Geometry [C]. IEEE Globecom 2010 Workshop on Optical Wireless Communications，2010，10（1）：1037-1041.

[16]   Ding H，Xu Z，Sadler B M. A Path Loss Model for Non-Line-of-Sight Ultraviolet Multiple Scattering Channels [J]. EURASIP Journal on Wireless Communications and Networking，2010，3（1）：1-12.

[17]   Drost R J，Moore T J，Sadler B M. Monte-Carlo-based multiple-scattering channel modeling for non-line-of-sight ultraviolet communications [J]. The International Society for Optical Engineering，Proc. Of SPIE，2011，8038（2）：1-9.

[18]   Ding H，Chen G，Xu Z，et al. Channel modeling and performance of non-line-of-sight ultraviolet scattering communications [J]. Communications let，2012，6（5）：514-524.

[19]   Gupta A，Noshad M，Brandt-Pearce M. NLOS UV Channel Modeling Using Numerical Integration and an Approximate Closed-Form Path Loss Model [J]. The International Society for Optical and photonics，Proc. of SPIE，2012，8517（9）：1-10.

[20]   Zuo Y，Xiao H，Wu J，et al. Closed-form path loss model of non-line-of-sight ultraviolet single-scatter propagation [J]. Optics Letters，2013，38（12）：2116-2118.

[21]   Liao L，Drost R J，Li Z，et al. Long-distance non-line-of-sight ultraviolet communication

channel analysis：Experimentation and modelling [J]. IET Optoelectronics，2015，9 (5)：223-231.

[22] Xu C，Zhang H. Monte-Carlo based modeling for ultraviolet non-line-of-sight communication channels with typical obstacles [C]. International Conference on Wireless Communications & Signal Processing，IEEE，2015，15 (7)：1-5.

[23] Ardakani M H，Heidarour A R，Uysal M. Non-Line-of-Sight Ultraviolet Communications over Atmospheric Turbulence Channels [C]. 2015 4th International Workshop on Optical Wireless Communications，2015，15 (3)：55-59.

[24] Zhang S，Wang J，Xu Z，et al. Attenuation analysis of long-haul NLOS atmospheric optical scattering communication [J]. Optics & Laser Technology，2016，80 (1)：51-55.

[25] Wang G，Wang K，Gong C，et al. A 1Mbps Real-time NLOS UV Scattering Communication System with Receiver Diversity over 1km [J]. IEEE Photonics Journal，2018，2 (1)：1-8.

[26] 张静，廖云，武保剑，等. 紫外光通信大气信道模型研究 [J]. 电子科技大学学报，2007，36 (2)：199-202.

[27] 赵明，肖沙里，王玺，等. 基于 LED 的紫外光通信系统研究 [J]. 激光与光电子学进展，2010，47 (4)：19-24.

[28] Zhang H，Yin H，Jia H，et al. Study of effects of obstacle on non-line-of-sight ultraviolet communication links [J]. Optics Express，2011，19 (22)：21216-21226.

[29] Han D，Liu Y，Zhang Z，et al. Theoretical and experimental research on diversity reception technology in NLOS UV communication system [J]. Optics Express，2012，20 (14)：15833-15842.

[30] Han D，Gu Y，Zhang M. Experimental study of an optimized PSP-OSTBC scheme with m-PPM in ultraviolet scattering channel for optical MIMO system [J]. Applied Optics，2017，56 (23)：6564-6571.

[31] Zuo Y，Xiao H，Wu J，et al. A single-scatter path loss model for non-line-of-sight ultraviolet channels [J]. Optics Express，2012，20 (9)：10359-10369.

[32] 强若馨，赵尚弘，刘韵. 高空紫外光通信信道特性 [J]. 半导体光电，2015，36 (2)：259-262.

[33] 强若馨，赵尚弘，刘韵. 脉冲展宽对紫外光通信误码率的影响 [J]. 激光与红外，2015，45 (5)：559-563.

[34] 赵太飞，冯艳玲，柯熙政，等. "日盲" 紫外光通信网络中节点覆盖范围研究 [J]. 光学学报，2010，30 (8)：2229-2235.

[35] 赵太飞，王小瑞，柯熙政. 无线紫外光散射信道通信中多信道接入技术研究 [J]. 光学学报，2012，32 (3)：14-21.

[36] 赵太飞，刘雪，娄俊鹏. 直升机起降中无线紫外光喷泉码引导方法研究 [J]. 电子与信息学报，2015，37 (10)：2452-2459.

[37] 赵太飞，刘一杰，王秀峰. 直升机降落引导中无线紫外光通信性能分析 [J]. 激光与光电子学进展，2016，53 (6)：060602-1-060602-7.

[38] Zhao T，Li Q，Song P. A Fast Channel Assignment Scheme Based on Power Control in Wireless Ultraviolet Networks [J]. Computers & Electrical Engineering，2016，56 (11)：262-276.

[39] 赵太飞，柯熙政. Monte Carlo 方法模拟非直视紫外光散射覆盖范围 [J]. 物理学报，2012，61 (11)：114208-1-114802-12.

[40] Song P，Ke X，Song F，et al. Multi-user interference in a non-line-of-sight ultraviolet communication network [J]. IET Communications，2016，10 (13)：1640-1645.

[41] Shifrin K S, Perelman A Y. Determination of particle spectrum of atmosphere aerosol by light scattering [J]. Tellus, 1966, 18 (2): 566-572.

[42] Gorchakov G I. Indirect determination of the angular dependences of the components of the light scattering matrix of atmospheric haze [J]. Journal of Wood Science, 1974, 50 (4): 321-326.

[43] Hegg D A, Majeed R, Yuen P F, et al. The impacts of SO_2 oxidation in cloud drops and in haze particles on aerosol light scattering and CCN activity [J]. Geophysical Research Letters, 1996, 23 (19): 2613-2616.

[44] Dubovik O, Holben B N, Lapyonok T, et al. Non-spherical aerosol retrieval method employing light scattering by spheroids [J]. Geophysical Research Letters, 2002, 29 (10): 541-544.

[45] Wen T, Wei J, Ma D. Analysis of effect of multiple scattering on laser communication in light haze weather [J]. Laser Technology, 2007, 31 (5): 500-502.

[46] Gong W, Zhang M, Han G, et al. An investigation of aerosol scattering and absorption properties in Wuhan, Central China [J]. Atmosphere, 2015, 6 (4): 503-520.

[47] Wei P Y, Sun X M, Wang H H, et al. Nonspherical model for biological aerosol and its application to the research of unpolarized light multiple scattering [J]. The Journal of Light Scattering, 2013, 25 (2): 121-129.

[48] Smith A J A, Grainger R G. Does variation in mineral composition alter the short-wave light scattering properties of desert dust aerosol [J]. Journal of Quantitative Spectroscopy & Radiative Transfer, 2014, 133 (2): 235-243.

[49] Wang Y, Liu Z, Zhang J, et al. Aerosol physicochemical properties and implications for visibility during an intense haze episode during winter in Beijing [J]. Atmospheric Chemistry and Physics, 2015, 15 (6): 3205-3215.

[50] Gu F, Liu Y, Zhang J, et al. Research on the fractal model and calibration of the aerosol mass concentration measurement based on the particle group light scattering [J]. Chinese Optics Letters, 2016, 14 (11): 104-109.

[51] Damov K S, Iliev M T. Application of laser light scattering for determination of the border aerosol-air in a specialized physical laboratory setup [J]. Journal of Physics Conference Series, 2016, 682 (1): 142-151.

[52] Hu S, Gao T, Li H, et al. Light scattering computation model for nonspherical aerosol particles based on multi-resolution time-domain scheme: Model development and validation [J]. Optics Express, 2017, 25 (2): 1463-1486.

[53] Zhang J, Liu Y, Gu F, et al. The Humidity Compensation for Measurement Systems of Aerosol Mass Concentrations Based on the PSO-BP Neural Network [J]. Chinese Journal of Sensors & Actuators, 2017, 30 (3): 360-367.

[54] Zuo C Z, Lv Q N, Ge B Z. Impact of refractive index of aerosol particles on particle diameter optical measurement [J]. Optics & Precision Engineering, 2017, 25 (7): 1777-1782.

[55] He S, Wang X, Xia R, et al. Polarimetric infrared imaging simulation of a synthetic sea surface with Mie scattering [J]. Applied Optics, 2018, 57 (7): 150-159.

[56] Miroshnichenko A E, Tribelsky M I. Ultimate absorption in light scattering by a finite obstacle [J]. Physical Review Letters, 2018, 120 (3): 543-551.

[57] Cheng X, Yang B, Liu G, et al. A variational approach to atmospheric visibility estimation in the weather of fog and haze [J]. Sustainable Cities and Society, 2018, 39 (5): 215-224.

[58] 项衍，刘建国，张天舒，等. 激光雷达探测气溶胶光学特性的不确定性因素研究 [J]. 激光与光电子学进展，2018，55（9）：402-411.

[59] Tian Y，Pan X，Yan J，et al. Size Distribution and depolarization properties of aerosol particles over the northwest pacific and arctic ocean from ship borne measurements during an R/V xuelong cruise [J]. Environmental Science & Technology，2019，53（14）：7984-7995.

[60] 张鑫，周鹏，杨少波，等. 激光雷达霸州地区气溶胶观测分析 [J]. 气象水文海洋仪器，2019，36（3）：4-9.

[61] Binns D F，Mufti A H，Malik N H. Optical discharge detection in SF6-insulated system [J]. IEEE Transactions on Electrical Insulation，1990，25（2）：405-414.

[62] Cosgrave J A，Vourdas A，Jones G R，et al. Acoustic monitoring of partial discharges in gas insulated substations using optical sensors [J]. IEE Proceedings A（Science，Measurement and Technology），1993，140（5）：369-374.

[63] Lindner M，Elstein S，Lindner P，et al. Daylight Corona Discharge Imager [C]. Eleventh International Symposium on High Voltage Engineering，London，1999：349-352.

[64] Pinnangudi B，Gorur R S，Kroese A J. Quantification of corona discharges on nonceramic insulators [J]. IEEE Transactions on Dielectrics and Electrical Insulation，2005，12（3）：513-523.

[65] 王灿林，廖永力，王黎明，等. 电晕紫外光脉冲与电晕电流脉冲相关性研究 [J]. 高电压技术，2007，33（7）：88-91.

[66] Shong K M，Kim Y S，Kim S G. Images Detection and Diagnosis of Corona Discharge on Porcelain Insulators at 22.9kV D/L [C]. IEEE International Symposium on Diagnostics for Electric Machines，2007：462-466.

[67] Liu Y P，Wang H B，Chen W J，et al. Test Study on Corona Onset Voltage of UHV Transmission Lines Based on UV Detection [C]. International Conference on High Voltage Engineering and Application，2008：387-390.

[68] Zang C Y. Research on Mechanism and Ultraviolet Imaging of Corona Discharge of Electric Device Faults [C]. International Symposium on Electrical Insulation，IEEE，2008：690-693.

[69] da Costa E，Ferreira T，Neri M，et al. Characterization of polymeric insulators using thermal and UV imaging under laboratory conditions [J]. IEEE Transactions on Dielectrics and Electrical Insulation，2009，16（4）：985-992.

[70] Zhou W，Li H，Yi X，et al. A Criterion for UV Detection of AC Corona Inception in a Rod-plane Air Gap [J]. IEEE Transactions on Dielectrics & Electrical Insulation，2011，18（1）：232-237.

[71] 王旭光，苏杰. 高压输电线路电晕检测中紫外成像仪示数与检测距离的关系 [J]. 华北电力大学学报，2010，37（4）：78-83.

[72] Kim Y，Shong K. The Characteristics of UV Strength According to Corona Discharge From Polymer Insulators Using a UV Sensor and Optic Lens [J]. IEEE Transactions on Power Delivery，2011，26（3）：1579-1584.

[73] 马立新，胡博，徐如钧，等. 双通道电晕放电紫外检测及其图像融合方法 [J]. 测控技术，2012，31（10）：16-19.

[74] Wang J，Chong J，Yang J. Detection of UV Pulse from Insulators and Application in Estimating the Conditions of Insulators [J]. International Journal of Emerging Electric Power Systems，2014，15（5）：443-448.

[75] Kwag D，Kim Y S. UV Detecting according to Corona Discharge Intensity using UV Sen-

sor [J]. Journal of the Korean Institute of Ⅲuminating and Electrical Installation Engineers, 2014, 28 (3): 78-83.

[76] Li Z Y, Li L C, Jiang X L, et al. Effects of Different Factors on Electrical Equipment UV Corona Discharge Detection [J]. Energies, 2016, 9 (5): 369-435.

[77] Zhang Z, Zhang W, Zhang D, et al. Comparison of different characteristic parameters acquired by UV imager in detecting corona discharge [J]. IEEE Transactions on Dielectrics and Electrical Insulation, 2016, 23 (3): 1597-1604.

[78] Jiao G H, Zhang Y Z, Dong Y M, et al. An optical system in solar-blind UV for corona discharge detection [C]. IEEE International Conference on Real-time Computing & Robotics. IEEE, 2016: 321-325.

[79] Wei J, Ren A, Sun J, et al. Influence of ambient humidity on UV imaging detection of polluted plate model discharge [C]. International Conference on Electrical Materials & Power Equipment. IEEE, 2017: 117-121.

[80] Cui H Y, Huo S J, Ma H W, et al. Effects of View Angle and Measurement Distance on Electrical Equipment UV Corona Discharge Detection [J]. Optik, 2018, 171 (1): 672-677.

[81] 宁红扬. 基于 i. MX6Q 平台的日盲紫外图像融合技术与实现方法研究 [D]. 长春: 中国科学院长春光学精密机械与物理研究所, 2019: 1-5.

[82] Saripalli S, Montgomery J E, Sukhatme G S. Vision-based autonomous landing of an unmanned aerial vehicle [C]. In Proceedings of IEEE International Conference on Robotics and Automation, 2002, (5): 2799-2804.

[83] Liu S, Hu C, Zhu J. Study on computer vision-based approaches To estimate position and orientation of unmanned helicopter [J]. Computer Engineering and Design, 2004, 25 (4): 564-568.

[84] Garcia-Pardo P J, Sukhatme G S, Montgomery J F. Towards vision-based safe landing for an autonomous helicopter [J]. Robotics and Autonomous Systems, 2002, 38 (1): 19-29.

[85] Sheng S, Mian A A, Chao Z, et al. Autonomous takeoff and landing control for a prototype unmanned helicopter [J]. Control Engineering Practice, 2010, 18 (9): 1053-1059.

[86] Scherer S, Chamberlain L, Singh S. Autonomous landing at unprepared sites by a full-scale helicopter [J]. Robotics and Autonomous Systems, 2012, 60 (12): 1545-1562.

[87] Cabecinhas D, Cunha R, Silvestre C. A nonlinear quadrotor trajectory tracking controller with disturbance rejection [J]. Control Engineering Practice, 2014, 26 (1): 1-10.

[88] Sabatini R, Gardi A, Ramasamy S. A Laser Obstacle Warning and Avoidance System for Manned and Unmanned Aircraft [C]. IEEE Metrology for Aerospace (Metro Aero Space), 2014, (9): 616-621.

[89] Ramasamy S, Gardi A, Liu J. A Laser Obstacle Detection and Avoidance System for Manned and Unmanned Aircraft Applications [C]. International Conference on Unmanned Aircraft Systems (ICUAS), 2015 (629): 355-360.

[90] 张磊, 杨甬英, 张铁林, 等. 基于日盲区紫外成像的无人机着陆引导技术研究 [J]. 中国激光, 2016, 43 (7): 168-177.

[91] 丁宸聪. 基于紫外成像引导技术的无人机自主着舰研究 [J]. 光电技术应用, 2015, 30 (5): 79-82.

[92] 周子为, 段海滨, 范彦铭. 仿雁群行为机制的多无人机紧密编队 [J]. 中国科学, 2017, 47 (3): 230-238.

[93] 王寅, 王道波, 王建宏. 基于凸优化理论的无人机编队自主重构算法研究 [J]. 中国科

学：技术科学，2017，47（3）：249-258.

[94]　张苗苗，魏晨. 基于边 Laplacian 一致性的多无人机编队控制方法 [J]. 中国科学，2017，47（3）：259-265.

[95]　段海滨，邱华鑫，范彦铭. 基于捕食逃逸鸽群优化的无人机紧密编队协同控制 [J]. 中国科学，2015，45（6）：559-572.

[96]　段海滨，罗琪楠，余亚翔. 基于交哺网络控制的多无人机协同编队方法研究 [J]. 中国科学，2015，43（7）：767-776.

[97]　朱旭，闫茂德，张昌利. 基于改进人工势场的无人机编队防碰撞控制方法 [J]. 哈尔滨工程大学学报，2017，38（6）：961-968.

[98]　Chen Q, Li Y. UAVs formation flight control based on following of the guidance points [J]. Guidance, Navigation & Control Conference, 2017 (8)：730-735

[99]　Wang G, Luo H, Hu X, et al. Fault-tolerant communication topology management based on minimum cost arborescence for leader-follower UAV formation under communication faults [J]. International Journal of Advanced Robotic Systems, 2017 (4)：1-17.

[100]　Duan H, Luo Q, Ma G. Hybrid Particle Swarm Optimization and Genetic Algorithm for Multi-UAV Formation Reconfiguration [J]. IEEE Computational intelligence magazine, 2013, 8 (3)：16-27.

[101]　Alonso-Mora J, Naegeli T, Beardsley P, et al. Collision avoidance for aerial vehicles in multi-agent scenarios [J]. Autonomous Robots, 2015, 39 (1)：101-121.

[102]　Dong X, Yu B, Shi Z, et al. Time-Varying Formation Control for Unmanned Aerial Vehicles：Theories and Applications [J]. IEEE Transactions on Control Systems Technology, 2014, 23 (1)：340-348.

[103]　Kuriki Y, Namerikawa T. Formation Control with Collision Avoidance for a Multi-UAV System Using Decentralized MPC and Consensus-Based Control [J]. SICE Journal of Control Measurement & System Integration, 2015, 8 (4)：285-294.

[104]　Yan M, Zhu X, Zhang X, et al. Consensus-based three-dimensional multi-UAV formation control strategy with high precision [J]. Frontiers of Information Technology & Electronic Engineering, 2017, 18 (7)：968-977.

[105]　Pierpaoli P, Rahmani A. UAV collision avoidance exploitation for non-cooperative trajectory modification [J]. Aerospace Science and Technology, 2018 (73)：173-183.

[106]　Zhang D, Duan H. Switching topology approach for UAV formation based on binary-tree network [J]. Journal of the Franklin Institute, 2017 (11)：1-25.

[107]　Liao F, Teo R, Wang J, et al. Distributed Formation and Reconfiguration Control of VTOL UAVs [J]. IEEE Transactions on Control Systems Technology, 2017, 25 (1)：270-277.

[108]　吴兑，吴晓京，朱小祥. 雾和霾 [M]. 北京：气象出版社，2009：7-18.

[109]　饶瑞中. 现代大气光学 [M]. 北京：科学出版社，2012：31-35.

[110]　王玲. 大气气溶胶化学成分地基遥感反演研究-以京津唐地区为例 [D]. 南京：南京大学，2013：10-11.

[111]　Massabo D, Caponi L, Bernardoni V, et al. Multi-wavelength optical determination of black and brown carbon in atmospheric aerosols [J]. Atmospheric Environment, 2015, 10 (8)：1-12.

[112]　廖延彪. 偏振光学 [M]. 北京：科学出版社，2003：47-55.

[113]　刘耀琴. MonteCarlo 法模拟研究偏振光在各种介质中的传播及光学相干断层成像 [D]. 北京：北京化工大学，2011：8-21.

[114]　Yin H W, Jia H H, Zhang H L, el at. Vectorized polarization-sensitive model of non-

line-of sight multiple-scatter propagation [J]. J. Opt. Soc. Am. A, 2011, 28 (10): 2082-2085.

[115] Zhang H Y, Huang Z X, Sun Y F. Scattering of a Gaussian Beam by a Conducting Spheroidal Particle With Non-Confocal Dielectric Coating [J]. IEEE Transactions on Antennas and Propagation, 2011, 59 (11): 4371-4374.

[116] 王胜辉. 基于紫外成像的污秽悬式绝缘子放电检测及评估 [D]. 北京: 华北电力大学, 2011.

[117] 董永超. 特高压输电线路电晕放电在线监测系统研究 [D]. 镇江: 江苏科技大学, 2012.

[118] 高瑾. 基于紫外线检测技术的绝缘子放电检测设备研究 [D]. 北京: 华北电力大学, 2013.

[119] 杨照光. 基于紫外脉冲法的绝缘子放电检测的研究 [D]. 保定: 华北电力大学（保定）, 2010.

[120] 戴日俊. 基于紫外光信号的发电厂高压电气设备放电检测方法研究 [D]. 北京: 华北电力大学, 2012.

[121] Kim Y S, Shong K M. Measurement of corona discharge on polymer insulator through the UV rays sensor including optical lens [C]. 10th IEEE International Conference on Solid Dielectrics, Potsdam, 2010: 1-4.

[122] Dai R, Lu F, Wang S. Relation of composite insulator surface discharge ultraviolet signal with electrical pulse signal [C]. 2011 International Conference on Electrical and Control Engineering (ICECE), Yichang, 2011: 282-285.

[123] Chen T, Liu H Y, An C P, et al. Application of UV-C pulse radiation detection in checking faulty insulators [C]. 2008 World Automation Congress, Hawaii, HI, 2008: 1-4.

[124] 王灿林, 廖永力, 王黎明, 等. 电晕紫外光脉冲与电晕电流脉冲相关性研究 [J]. 高电压技术, 2007, 33 (07): 88-91, 128.

[125] 王灿林, 王柯, 王黎明, 等. 基于紫外光脉冲检测技术的绝缘子电晕特性研究 [J]. 中国电机工程学报, 2007, 27 (36): 19-25.

[126] 王品, 姚佩阳, 梅权, 等. 一种基于蜂拥策略的分布式无人机编队控制方法 [J]. 飞行力学, 2016, 34 (2): 42-46.

[127] 陈世明. 群体系统蜂拥控制理论及应用研究进展 [J]. 计算机应用研究, 2009, 26 (6): 2004-2007.

[128] 苏厚胜. 多智能体蜂拥控制问题研究 [D]. 上海: 上海交通大学, 2008.

[129] Jasiunas M, Kearne D, Bowyer R. Connectivity, Resource Integration, and High Performance Reconfigurable Computing for Autonomous UAVs [C]. 2005 IEEE Aerospace Conference, 2005, 3 (3): 1-8.

第**2**章
无线紫外光散射信道特性

2.1 雨雾信道紫外光散射特性

无线紫外光通信利用 $200\sim280nm$ 波段的紫外光作为信息传输的载体，通过大气分子和气溶胶粒子等微粒对紫外光的散射作用实现信息的传递，具有抗干扰能力强、全天候工作等优点。本节首先介绍了紫外光在大气信道传输过程中的散射特性和吸收特性，以及降雨和雾粒子的基本物理特征；接着介绍了对分析球形雾粒子和非球形降雨粒子紫外光散射特性的 Mie 散射理论和 T 矩阵法；最后，结合粒子尺度谱分布，给出降雨和雾粒子吸收系数和散射系数的计算方法，并对紫外光散射通信的信道模型及其信道特性进行了简单介绍。

2.1.1 紫外光的大气传输特性

紫外光在大气传输中由于波长较短，具有较强的散射特性，并且会受到大气分子与气溶胶粒子的吸收作用，因此光束能量会发生较大的衰减，到达接收端的信号光强减弱，影响紫外光通信质量。

大气中的臭氧（O_3）、二氧化碳以及水汽对不同波段的光都具有吸收作用，臭氧对紫外光波段具有强烈的吸收特性，大气中臭氧浓度对紫外光 UVC 波段的大气透过率有直接的影响。对于 266nm 的紫外光，Tanaka 等人给出了紫外光波段臭氧吸收系数表达式为：

$$K_a|_{266nm}=0.025C(O_3) \tag{2.1}$$

式中，$C(O_3)$ 表示大气中臭氧浓度。

根据紫外光入射光波长与散射粒子尺寸大小的关系，当大气粒子尺寸与紫外光波长接近时对紫外光的散射作用越强。定义尺度参数为 $x=2\pi r_p/\lambda$，其中 r_p 表示散射粒子半径，λ 为紫外光波长。当 $x\ll1$ 时，采用 Rayleigh 散射理论进行分析；当 $0.1 < x < 50$，采用 Mie 散射理论进行处理。

（1）Rayleigh 散射

当大气中的粒子尺度参数远小于入射光波长时，发生的散射是分子散射，也称为 Rayleigh 散射。由于晴空大气中的气溶胶浓度较低，主要考虑大气分子的 Rayleigh 散射，Rayleigh 散射系数可以表示为[1]：

$$K_{SR} = \frac{8\pi[n(\lambda)^2 - 1]}{3N_A^2\lambda^4} \times \frac{6 + 3d(x)}{6 - 7d(x)} \tag{2.2}$$

式中，$n(\lambda)$ 为大气折射率，$n(\lambda) = \dfrac{0.05791817}{238.0185 - \lambda^{-2}} + \dfrac{0.00167909}{53.362 - \lambda^{-2}} + 1$；$N_A$ 表示大气粒子浓度，通常取值为 $N_A = 2.686763 \times 10^{19}\,\text{mol/cm}^3$；$d(x) = 0.035$。

散射相函数是研究散射特性的基本参量之一，Rayleigh 散射相函数表示为[1]：

$$p^R(\theta) = \frac{3[1 + 3\gamma + (1 - \gamma)\cos^2\theta]}{16\pi(1 + 2\gamma)} \tag{2.3}$$

式中，θ 为散射角；γ 取值为 0.017。图 2.1 给出 Rayleigh 散射相函数和散射角的变化关系曲线，Rayleigh 散射相函数在 0°～180°之间是对称分布的，大气分子表现出较强的前向散射和后向散射特性。

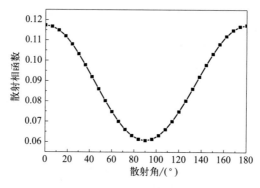

图 2.1 Rayleigh 散射相函数

（2）米氏散射

气溶胶粒子在大气中发生的散射作用为 Mie 散射，通常利用入射光波长与能见度的关系来估算紫外光的气溶胶散射，Mie 散射系数表示为[1]：

$$K_{SM} = \frac{3.91}{R_v} \times \left(\frac{\lambda_0}{\lambda}\right)^q \tag{2.4}$$

式中，R_v 表示能见度；$\lambda_0 = 550\text{nm}$；λ 为紫外光波长；q 是由 R_v 决定的修正因子。不同 R_v 对应的修正因子 q 取值如表 2.1 所示[1]。

能见度 R_v	能见度等级	气象条件	q
$R_v > 50\mathrm{km}$	9	非常晴朗	1.6
$6\mathrm{km} < R_v \leqslant 50\mathrm{km}$	6~8	晴朗	1.3
$1\mathrm{km} < R_v \leqslant 6\mathrm{km}$	4~6	霜	$0.16R_v + 0.34$
$500\mathrm{m} < R_v \leqslant 1\mathrm{km}$	3	薄雾	$R_v - 0.5$
$R_v \leqslant 500\mathrm{m}$	<3	大雾	0

Mie 散射的相函数服从 Henyey-Greenstein 函数、Cronette 与 Shanks 给出的改进 H-G1 函数，以及加入了可调修正不对称因子 g 的修正 H-G2 函数。H-G相函数可以表示为[2]：

$$p_{\mathrm{HG}}(\theta, g) = \frac{1 - g^2}{4\pi(1 + g^2 - 2g\cos\theta)^{3/2}} \tag{2.5}$$

式中，θ 表示散射角。不对称因子 g 的取值与天气条件密切相关，雾、霾以及降雨天气对应 g 的取值分别为 0.8、0.9 和 0.93[1]。

Cronette 与 Shanks 定义的 H-G1 相函数可以表示为[1]：

$$p_{\mathrm{HG1}}(\theta, g) = \frac{3}{8\pi} \times \frac{1 - g^2}{2 + g^2} \times \frac{1 + \cos^2\theta}{(1 + g^2 - 2g\cos\theta)^{3/2}} \tag{2.6}$$

修正的 H-G2 相函数可表示为[1]：

$$p_{\mathrm{HG2}}(\theta, g) = \frac{1 - g^2}{4\pi}\left[\frac{1}{(1 + g^2 - 2g\cos\theta)^{3/2}} + f\frac{0.5(3\cos^2\theta - 1)}{(1 + g^2)^{3/2}}\right] \tag{2.7}$$

式中，f 为散射因子。

图 2.2 为 H-G 散射相函数与散射角的关系曲线，图 2.3 为修正的 H-G2 散射相函数与散射角的关系曲线。从图 2.2 中可以看出，散射角小于 60° 时，散射相函数随着 g 的增大而增大。从图 2.3 中可以看出，随着散射角的增大，修正

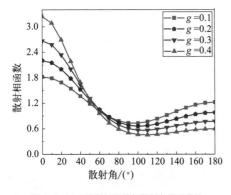

图 2.2 H-G 散射相函数与散射角关系曲线

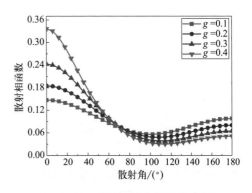

图 2.3 H-G2 散射相函数与散射角关系曲线

H-G2 散射相函数值比 H-G 相函数有所减小。修正 H-G2 相函数能够更好地描述降雨和雾天的 Mie 散射。

2.1.2　降雨和雾粒子的光散射理论

由 Mie 散射示意图 2.4 可知，当波长为 λ 的自然光照射到单个各向同性均匀的球体介质时，P 点为散射光的观测点，散射体半径为 r_p，θ 为散射角即入射光入射方向与散射方向之间的夹角，角度 ϕ 为散射平面与入射平面的夹角，入射光强为 I_0。

距离散射体 l 处的散射光强 I_s 可表示为[3]：

$$I_s = \frac{\lambda^2 I_0}{8\pi^2 r_p^2}(i_1 + i_2) \tag{2.8}$$

式中，i_1 和 i_2 分别为散射光在垂直方向和水平方向表征散射光强度的函数，可表示为：

$$\begin{cases} i_1 = S_1(m,\theta,a)S_1^*(m,\theta,a) \\ i_2 = S_2(m,\theta,a)S_2^*(m,\theta,a) \end{cases} \tag{2.9}$$

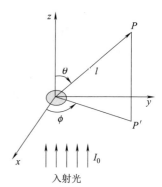

图 2.4 Mie 散射示意图[3]

式中，S_1 和 S_2 分别为散射光复振幅函数的垂直分量和水平分量；m 为复折射率；θ 为散射角；$a = 2\pi r_p / \lambda$ 表示粒子的尺度参数；λ 为入射光波长；S_1^* 和 S_2^* 分别表示 S_1 和 S_2 的共轭复数。S_1 和 S_2 可表示为无穷级数形式[3]：

$$S_1 = \sum_{n=1}^{\infty} \frac{2n+1}{n(n+1)}(a_n \Pi_n + b_n T_n) = \sum_{n=1}^{\infty} S_{1n} \tag{2.10}$$

$$S_2 = \sum_{n=1}^{\infty} \frac{2n+1}{n(n+1)}(a_n T_n + b_n \Pi_n) = \sum_{n=1}^{\infty} S_{2n} \tag{2.11}$$

式中，Mie 散射系数 a_n 和 b_n 分别表示电多级系数和磁多级系数；T_n 和 Π_n 表示角散射系数，与散射角 θ 有关。a_n 和 b_n 可表示为[3]：

$$\begin{cases} a_n = \dfrac{\Psi_n(a)\Psi_n'(ma) - m\Psi_n'(a)\Psi_n(ma)}{\zeta_n(a)\Psi_n'(ma) - m\zeta_n'(a)\Psi_n(ma)} \\ b_n = \dfrac{m\Psi_n(a)\Psi_n'(ma) - \Psi_n'(a)\Psi_n(ma)}{m\zeta_n(a)\Psi_n'(ma) - \zeta_n'(a)\Psi_n(ma)} \end{cases} \tag{2.12}$$

式中，Ψ_n 和 ζ_n 分别为贝塞尔（Bessel）函数和汉克尔（Hankel）函数。Ψ_n 和 ζ_n 可表示为：

$$\begin{cases} \Psi_n(a) = \dfrac{(2n-1)\Psi_{n-1}(a)}{a} - \Psi_{n-2}(a) \\ \zeta_n(a) = \dfrac{(2n-1)\zeta_{n-1}(a)}{a} - \zeta_{n-2}(a) \end{cases} \qquad (2.13)$$

其初始值为：

$$\begin{cases} \Psi_0(a) = \sin a \quad \Psi_1(a) = \dfrac{\sin a - a\cos a}{a^2} \\ \zeta_0(a) = -\mathrm{i}\exp(\mathrm{i}a) \quad \zeta_{n-2}(a) = -\dfrac{-\mathrm{i}-a}{a}\exp(\mathrm{i}a) \end{cases} \qquad (2.14)$$

式 (2.13) 和式 (2.14) 中的 a 可由 ma 替换，通过 Mie 散射系数 a_n 和 b_n 可得到单个粒子的散射效率因子 Q_{sca} 和消光效率因子 Q_{ext}：

$$Q_{\mathrm{sca}} = \frac{2}{x^2} \sum_{n=1}^{\infty} (2n+1)(\mid a_n \mid^2 + \mid b_n \mid^2) \qquad (2.15)$$

$$Q_{\mathrm{ext}} = \frac{2}{x^2} \sum_{n=1}^{\infty} (2n+1)\{\mathrm{Re}(a_n + b_n)\} \qquad (2.16)$$

式中，散射效率因子和消光效率因子表征粒子对入射光的散射和衰减的物理量；x 为光波数，$x = 2\pi/\lambda$。对于雾粒子引起的衰减，可结合谱分布计算公式，则满足一定谱分布单位体积内雾粒子的消光系数可表示为：

$$K_{\mathrm{ext}} = N_a \int_0^{\infty} \pi r_{\mathrm{p}}^2 Q_{\mathrm{ext}}(r_{\mathrm{p}}) n(r_{\mathrm{p}}) \mathrm{d}r_{\mathrm{p}} \qquad (2.17)$$

式中，N_a 表示雾粒子数密度；$n(r_{\mathrm{p}})$ 为雾粒子的尺度谱分布；Q_{ext} 表示单个粒子的消光效率因子，根据散射效率因子 Q_{sca} 和吸收效率因子 Q_{abs} 可得到单位体积内雾粒子的散射系数和吸收系数。

2.1.3　降雨和雾粒子的紫外光散射信道模型

紫外光通信可以分为直视方式（Line-of-Sight，LOS）和非直视方式（Non-Line-of-Sight，NLOS）。当给定收发端光学器件参数时，大气环境决定着紫外光通信的信道特性。

根据收发端仰角、发散角以及接收视场角的几何参数设置不同，紫外光非直视通信方式分为 NLOS（a）、NLOS（b）、NLOS（c）三种模式，如图 2.5 所示[4]。

紫外光 NLOS 通信方式中的接收光能量主要来源于光子在大气中的单次散射，紫外光 NLOS 单次散射信道传输模型如图 2.6 所示[5]。发射端以发散角 ϕ_1 和发射仰角 θ_1 发出紫外光信号，接收端以接收视场角 ϕ_2 和接收仰角 θ_2 接收紫

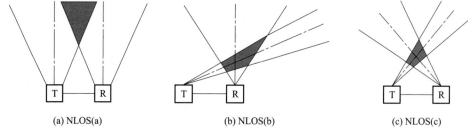

(a) NLOS(a)　　　　　　　(b) NLOS(b)　　　　　　　(c) NLOS(c)

图 2.5　紫外光非直视通信方式[4]

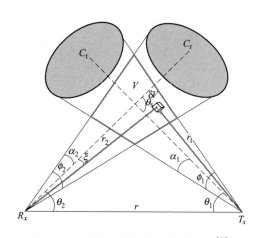

图 2.6　紫外光非直视单次散射信道传输模型[5]

外光信号，V 为有效散射体，θ_s 为散射角。r 为收发端之间的水平距离，r_1 为发射端 T_x 到散射体 V 的距离，r_2 为紫外光信号经过散射体到接收端 R_x 的距离。

在紫外光 NLOS 传输过程中，根据紫外光信号在大气传输过程中的路径损耗、大气信道衰减以及探测器接收增益，可得到紫外光 NLOS 通信方式下接收光功率表达式为[6]：

$$P_{\mathrm{r,NLOS}} = \left(\frac{P_{\mathrm{t}}}{\Omega_1}\right)\left(\frac{\mathrm{e}^{-K_{\mathrm{e}}r_1}}{r_1^2}\right)\left(\frac{K_{\mathrm{s}}}{4\pi}P_{\mathrm{s}}V\right)\left(\frac{\lambda}{4\pi r_2}\right)^2 \mathrm{e}^{-K_{\mathrm{e}}r_2}\,\frac{4\pi A_{\mathrm{r}}}{\lambda^2} \tag{2.18}$$

式中，$r_1 = r\sin\theta_2/\sin\theta_s$；$r_2 = r\sin\theta_1/\sin\theta_s$；$\theta_s = \theta_1 + \theta_2$；公共散射体 $V \approx r_2\phi_2 r^2$；Ω_1 为发送立体角，$\Omega_1 = 2\pi\left[1 - \cos\left(\phi_1/2\right)\right]$。将以上参数代入式（2.18）可以简化为：

$$P_{\mathrm{r,NLOS}} = \frac{P_{\mathrm{t}}A_{\mathrm{r}}K_{\mathrm{s}}P_{\mathrm{s}}\phi_2\phi_1^2\sin(\theta_1+\theta_2)}{32\pi^3 r\sin(\theta_1)\left(1-\cos\dfrac{\phi_1}{2}\right)}\mathrm{e}^{-\frac{K_{\mathrm{e}}r\sin(\theta_1+\theta_2)}{\sin(\theta_1+\theta_2)}} \tag{2.19}$$

式中，A_r 为接收孔径面积；P_s 表示散射相函数。由式（2.19）可以看出，给定收发仰角、发散角以及接收视场角，接收光功率与通信距离 r 成反比关系。可以看出，影响紫外光 NLOS 通信链路的因素除了收发仰角、发散角、接收视场角以及通信距离外，还与紫外光的散射信道特性有关。

紫外光与大气分子和雨雾粒子发生散射作用后，大气信道的消光系数可以表示为[1]：

$$K_e = K_{sp} + K_{ap} + K_{sg} + K_{ag} \tag{2.20}$$

式中，K_{sp}、K_{ap}、K_{sg} 和 K_{ag} 分别表示雨滴和雾粒子的散射系数以及吸收系数、气体的散射系数与吸收系数。气体散射系数通常为 $K_{sg} = 7.5 \times 10^{-4} \, \mathrm{m}^{-1}$，气体 NO_2 和 N_2 的吸收系数为 $K_{ag} = 4.9 \times 10^{-4} \, \mathrm{m}^{-1}$。

2.2 降雨粒子的紫外光散射信道特性

2.2.1 雨滴粒子的物理特性

(1) 雨滴粒子形状模型

雨滴粒子的形状与粒子尺寸大小密切相关，实验研究表明，通常雨滴粒子的直径变化范围为 0.5～8mm，随着雨滴粒径的增大，其形状为近似椭球体，底部存在凹槽。雨滴粒子向地面降落过程中，由于空气阻力作用使其形状发生变化，近似 "汉堡" 形状[7]。当雨滴粒径超过 4.76mm 时，此时较大的雨滴将破碎成许多较小的雨滴，因此需要较为复杂的数学模型进行建模。目前，用来描述雨滴形状的模型主要有 Pruppacher-Pitter 形状模型、Beard-Chuang 形状模型和近似椭球体模型。

① Pruppacher-Pitter 模型

当雨滴粒子半径大于 0.5mm 时，Pruppacher 和 Pitter 建立了用来描述雨滴形状的近似模型[7]。采用椭球体长短轴半径之比 a_r/b_r 可以近似表示雨滴粒子的形变程度，椭球体形状示意图如图 2.7 所示。椭球体是根据其长轴 a_r 和短轴 b_r 旋转形成，对应的椭球体形状描述如下[7]：

$$r(\theta_p) = a_r \left(\sin^2\theta_p + \frac{a_r^2}{b_r^2} \cos^2\theta_p \right)^{-1/2} \tag{2.21}$$

式中，θ_p 表示旋转轴与纵轴的夹角。椭球体的形状和大小可由横纵轴之比 a_r/b_r 进行描述。根据描述雨滴粒子形状的 PP 模型得到的横纵轴之比可以表示为[7]：

$$a_r/b_r = 1.05 - 0.131 r_p \tag{2.22}$$

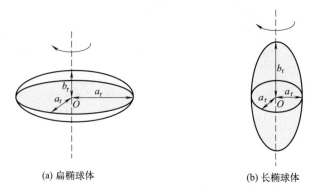

(a) 扁椭球体　　　　　　　　　　(b) 长椭球体

图 2.7　旋转对称椭球体

式中，r_p 为等效球形粒子半径，通过改变横纵轴之比可获得相比球形粒子偏离程度变化。

② Beard-Chuang 模型

1987 年，Beard 和 Chuang 提出了将通用的切比雪夫粒子用于对变形的雨滴粒子建模（简称 BC 模型），其数学表达式为[3]：

$$r(\theta_p) = r_0 \left[1 + \sum_{n_p = 0}^{10} c_n \cos(n_p \theta_p) \right] \tag{2.23}$$

式中，$r(\theta_p)$ 为不同取向角 θ_p 所对应的粒子半径；r_0 表示等面积球体半径 r_s 或等体积球体半径 r_v。$\cos(n_p \theta_p) = T_n(\cos\theta_p)$ 表示 n_p 级切比雪夫多项式。当波纹参数 $n_p \geq 2$ 时，广义切比雪夫粒子发生形变为部分凹陷，随着 n_p 的增加，波纹数量增加。图 2.8 为 BC 模型雨滴形状，其中雨滴粒子半径为 0.5～3mm，$\theta = 0°$ 时为对应雨滴粒子的降落方向[3]。

③ 近似椭球模型

对于下落过程中发生形变的雨滴粒子，文献 [8] 中将计算雨滴形状的 BC 模型近似成椭球体形状，称为近似椭球模型，并与实际雨滴粒子进行比较分析。通过考虑雨滴模型的截面对称性，利用体积相等将 BC 模型截面的面积进行近似，假设近似椭球模型截面的长轴为 a_{pr}，短轴为 c_{pr}。由于椭球截面沿横坐标轴和纵坐标轴对称，近似椭球的短轴 c_{pr} 求解即为取 BC 模型中对应纵坐

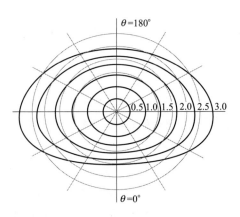

图 2.8　BC 模型[3]

标轴长度的二分之一，可表示为[8]：

$$c_{\mathrm{pr}} = \frac{1}{2} \times [r(0°) + r(180°)] = r_{\mathrm{v}}(1 + c_0 + c_2 + c_4 + c_6 + c_8 + c_{10}) \quad (2.24)$$

由于椭球模型截面的面积与 BC 模型近似相等，BC 模型垂直截面的面积表示为[8]：

$$A = r_{\mathrm{v}}^2 \int_0^{\pi} \left[1 + \sum_{n_{\mathrm{p}}=0}^{10} c_n \cos(n_{\mathrm{p}}\theta_{\mathrm{p}}) \right]^2$$

$$= \pi r_{\mathrm{v}}^2 \left(1 + 2c_0 + c_0^2 + \sum_{n_{\mathrm{p}}=1}^{10} \frac{c_n^2}{2} \right) \quad (2.25)$$

近似椭球模型的长轴 a_{pr} 可以表示为[8]：

$$a_{\mathrm{pr}} = (1.05 - 0.131 r_{\mathrm{v}})^{-\frac{1}{3}} r_{\mathrm{v}} \quad (2.26)$$

根据文献［8］可以得到，近似椭球模型与理想雨滴模型较为接近。因此，本节在此基础上利用近似椭球模型和 BC 模型来模拟雨滴粒子形状，对紫外光波段雨滴粒子的散射特性进行分析。

（2）雨滴粒子的尺寸分布

由于降雨环境中的雨滴粒子具有不同的尺度，因此需要结合粒子尺寸分布对不同粒径的雨滴粒子进行综合考虑。大量实测数据结果表明，雨滴粒子的尺寸分布可以采用负指数 M-P 雨滴谱分布模型[9]。描述降雨量的主要参数为降雨强度，用来表征单位时间内的降雨厚度，通常用单位 mm/h 表示。根据不同的降雨强度，采用负指数 M-P 雨滴谱分布对雨滴粒子粒径进行拟合，可得到不同降雨条件下雨滴粒子的尺寸分布如图 2.9 所示，其中，$N(D)$ 表示单位体积、单位半径间隔内的雨滴粒子数目。从图 2.9 可以看出，雨滴数目随着雨滴粒径的增大呈负指数分布。

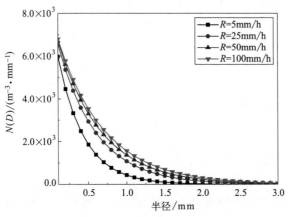

图 2.9 雨滴粒子的尺寸分布

2.2.2　降雨粒子的紫外光散射信道特性

(1) 紫外光直视和非直视通信的散射信道模型

紫外光直视通信方式下宽发散角发送-宽视场角接收通信模型如图 2.10 所示。发射端紫外 LED 以发散角 ϕ_1 发射紫外光信号，接收端光电倍增管以接收视场角 ϕ_2 接收信号，r 为通信距离。

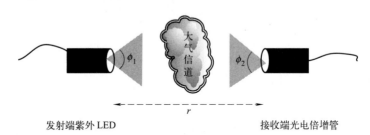

发射端紫外 LED　　　　　　　　　　　　　　　　接收端光电倍增管

图 2.10　紫外光直视通信示意图

在实际的紫外光通信过程中，通常用紫外光散射信号在发射端和接收端传输时信号衰减程度来表征路径损耗（Path Loss），定义为发射功率与接收功率比值。紫外光直视通信链路经过大气信道后的接收功率衰减呈指数衰减，直视通信方式下接收光功率为：

$$P_{\mathrm{r,LOS}} = \frac{p_t A_r}{4\pi r^2} \mathrm{e}^{-K_e r} \tag{2.27}$$

紫外光直视通信方式下通信链路的路径损耗可以表示为：

$$L_{\mathrm{LOS}} = \frac{P_t}{P_r} = \frac{4\pi r^2}{A_r \mathrm{e}^{-K_e r}} \tag{2.28}$$

紫外光非直视单次散射信道传输模型如图 2.6 所示。本节主要采用 NLOS (c) 类通信方式，该通信方式对收发端方向性要求较高，但信道能够达到较高的数据传输速率。根据非直视接收光功率，可得到非直视通信方式下的路径损耗表达式为：

$$L_{\mathrm{NLOS}} = \frac{P_t}{P_r} = \frac{32\pi^3 r \sin\theta_1 \left(1 - \cos\dfrac{\phi_1}{2}\right)}{A_r K_s P_s \phi_2 \phi_1^2 \sin(\theta_1 + \theta_2) \mathrm{e}^{-\frac{K_e r(\sin\theta_1 + \sin\theta_2)}{\sin(\theta_1 + \theta_2)}}} \tag{2.29}$$

(2) 紫外光多次散射信道模型

在进行紫外光通信实验测试时，通常收发端距离较远并且收发仰角较大，发射出的紫外光经过多次散射被接收端接收的概率增加，因此需要考虑多次散射传输模型。本节采用改进蒙特卡罗光子轨迹指向概率法解决多次散射传输问题，算法流程如图 2.11 所示。利用光子在介质传输中的随机性，通过光子在大气中的非直视传输并将接收端光子数统计输出。

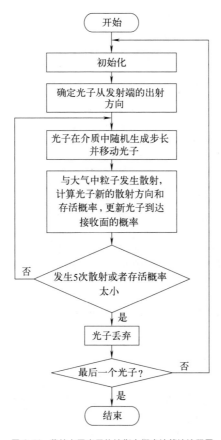

图 2.11　蒙特卡罗光子轨迹指向概率法算法流程图

通过蒙特卡罗光子轨迹指向概率法对光子在大气中的非直视传输过程进行了建模，如图 2.12 所示为紫外光非直视多次散射传输模型示意图。图中，发射端为坐标原点，θ_t 为发射仰角，θ_r 为接收仰角，ϕ_t 和 ϕ_r 分别为发散角和接收视场角半角。α_t 为发射光束所形成椎体 C_t 的偏轴角，α_r 为接收视场所形成椎体 C_r 的偏轴角。S_n 为光子发生 n 次散射的散射点，r_1 为发射端到散射点 S_1 的距离，r_2 为散射点 S_1 到接收端的距离。ζ_{S_n} 为散射点 S_n 与接收端 R_x 之间的连线与 C_r 中心轴线的夹角，β_{S_1} 为光子在 S_1 入射方向与发生散射后传输方向夹角。

采用光子轨迹指向概率法仿真雨雾天气条件下光子在大气中传输的主要过程为：确定光子发射点和发射方向，设定大气介质种类和传输距离，计算不同天气条件的大气散射系数和消光系数，作为光子行进步长的判断依据。根据修正 Mie 散射相函数，抽样得到光子发生碰撞过程中的相位角和方位角，从而确定光子的

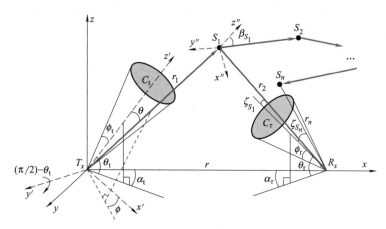

图 2.12　紫外光非直视多次散射传输模型[10]

运动方向，具体计算过程如下。

① 光子随机步长与位置坐标的确定。发射端到散射点 S_1 的随机步长 Δs 服从指数概率密度函数随机抽样，光子发生下次碰撞所需行进的步长表示为：

$$\Delta s = -(\ln\xi^{(t)})/K_e \tag{2.30}$$

式中，$\xi^{(t)}$ 为 0~1 之间的均匀分布；K_e 为雨滴或雾粒子的消光系数。散射点 S_1 在 (x, y, z) 坐标系中的坐标表示为：

$$(x_{S_1}, y_{S_1}, z_{S_1}) = P_T + \Delta s(u_x, u_y, u_z) \tag{2.31}$$

式中，P_T 为 (x, y, z) 坐标系中的原点位置；$(u_x, u_y, u_z) = (\sin\theta\cos\phi, \sin\theta\sin\phi, \cos\theta)$，其中，$\theta$ 服从 $(0, \phi_t)$ 之间的均匀分布，ϕ 服从 $(0, 2\pi)$ 之间的均匀分布。$\cos\theta$ 和 ϕ 表达式为：

$$\cos\theta = 1 - \xi^{(\theta)}(1 - \cos\phi_t) \tag{2.32}$$

$$\phi = 2\pi\xi^{(\phi)} \tag{2.33}$$

式中，$\xi^{(\theta)}$ 和 $\xi^{(\phi)}$ 为 0~1 之间均匀分布随机数。

② 散射相函数的计算。当大气中的能见度较低时，大气中粒子对紫外光的散射作用以 Mie 散射为主。由于光子在大气传输过程中 Rayleigh 散射和 Mie 散射均会发生，因此需要对 Rayleigh 散射相函数和 Mie 散射相函数进行加权求和，相函数可表示为：

$$P(\cos\beta_{sn}) = \frac{K_s^R}{K_s}P^R(\cos\beta_{sn}) + \frac{K_s^M}{K_s}P^M(\cos\beta_{sn}) \tag{2.34}$$

式中，K_s^R 为 Rayleigh 散射系数；K_s^M 为 Mie 散射系数。

③ 光子碰撞点及散射方向计算。光子在 S_1 点的入射方向与发生散射后传输方向的夹角为 β_{S_1}，其中 β_{S_1} 取决于散射相函数，可表示为：

$$\xi^{(S)} = 2\pi \int_{-1}^{\mu_{S_1}} P(\mu) \mathrm{d}\mu \qquad (2.35)$$

式中，$\mu_{S_1} = \cos\beta_{S_1}$；$\xi^{(S)}$ 服从 $[0,1]$ 区间内的均匀分布。$P(\mu)$ 可以根据式 (2.34) 计算得到。光子经过散射点 S_1 后到达散射点 S_2，以 S_1 为坐标原点，建立坐标系 (x'', y'', z'')，偏轴角 β_{S_1} 和方位角 ϕ 服从 $(0, 2\pi)$ 之间的均匀分布，根据式 (2.31) 和式 (2.32) 计算得到光子新的传输方向和到达散射点的坐标位置。

④ 光子经过 N 次散射被接收的概率计算。当散射点 S_n 位于接收端锥体 C_r 内，即 $\zeta_{S_n} < \phi_r$ 时，则光子被散射后其散射方向能够指向接收端概率可以表示为：

$$P_{1n} = \frac{A\cos\zeta_{S_n}}{4\pi r_n^2} P(\cos\beta_{S_n}) \qquad (2.36)$$

经过传输距离 r_n 后，散射光子能够到达接收面概率表示为：

$$P_{2n} = \mathrm{e}^{-K_e r_n} \qquad (2.37)$$

单个光子发生第 n 次散射被接收端所接收的概率表示为：

$$P_n = W_n P_{1n} P_{2n} \qquad (2.38)$$

式中，W_n 为光子到达 S_n 时的存活概率，即没有被大气粒子所吸收。光子到达 S_n 前存活须满足以下三个条件：光子到达散射点 S_{n-1} 前的存活概率为 W_{n-1}；到达 S_{n-1} 时没有被接收概率为 $1-P_{n-1}$；光子经过 S_{n-1} 后传输距离 $|S_n - S_{n-1}|$ 的概率为 $\mathrm{e}^{-K_a|S_n - S_{n-1}|}$。$W_n$ 可求得为：

$$W_n = (1 - P_{n-1}) \mathrm{e}^{-K_a|S_n - S_{n-1}|} W_{n-1} \qquad (2.39)$$

单个光子历经 N 次散射能够被接收端接收的总概率为：

$$P_N = \sum_{n=1}^{N} P_n \qquad (2.40)$$

第 m 个光子最多能经过 N 次散射到达接收端被接收的总概率为 $(P_N)_m$，则单光子能被接收端接收的平均概率为：

$$P = \frac{\displaystyle\sum_{m=1}^{M} (P_N)_m}{M} \qquad (2.41)$$

式中，$(P_N)_m$ 可由式 (2.40) 计算得到，从发射端到接收端光子总数为 $M \times P$，则紫外光多次散射信道的路径损耗可表示为：

$$P_L = 10\lg\left(\frac{M}{M \times P}\right) = 10\lg\left(\frac{1}{P}\right) \qquad (2.42)$$

2.3 大气气溶胶对紫外光散射信道特性影响

2.3.1 大气气溶胶

(1) 不同波长紫外光在不同气溶胶粒子的复折射率

气溶胶粒子的尺度参数对计算其散射系数有较大的影响，可表示为 $a = 2\pi r/\lambda$，r 为散射粒子半径，λ 为入射光波长。不同波长紫外光在不同气溶胶粒子的复折射率如表 2.2 所示。

⊡ 表2.2　不同波长紫外光在不同气溶胶粒子的复折射率[11]

波长/μm	水溶性		尘状物		烟尘		水	
0.2000	1.53	$-7\times10^{(-2)}$	1.53	$-7.00\times10^{(-2)}$	1.500	-0.350	1.396	$-1.10\times10^{(-7)}$
0.2500	1.53	$-3\times10^{(-2)}$	1.53	$-3.00\times10^{(-2)}$	1.620	-0.450	1.362	$-3.35\times10^{(-8)}$
0.3000	1.53	$-8\times10^{(-3)}$	1.53	$-8.00\times10^{(-3)}$	1.740	-0.470	1.349	$-1.6\times10^{(-8)}$
0.3371	1.53	$-5\times10^{(-3)}$	1.53	$-8.00\times10^{(-3)}$	1.750	-0.470	1.345	$-6.45\times10^{(-9)}$
0.4000	1.53	$-5\times10^{(-3)}$	1.53	$-8.00\times10^{(-3)}$	1.750	-0.460	1.339	$-1.86\times10^{(-9)}$
0.4000	1.53	$-5\times10^{(-3)}$	1.53	$-8.00\times10^{(-3)}$	1.750	-0.460	1.339	$-1.86\times10^{(-9)}$

(2) 气溶胶粒子的尺度谱分布

为了计算实际大气中的散射特性，需要利用气溶胶粒子尺度谱分布的知识。通过测量单位体积中每个粒子的半径，并按不同大小进行统计，就可以得到粒子的谱分布。常用的气溶胶粒径分布主要有三种[12]：Junge 谱（幂指数定律）、修正的 Gamma 分布和对数正态分布谱分布。

相对湿度下的偏振特性研究选择对数正态分布（大量的理论和实验研究表明，对数正态分布函数适用于一切随机过程，可以较好地描述一种模态的气溶胶粒子尺度分布）：

$$\frac{dN(r)}{d(r)} = \frac{1}{\sqrt{2\pi}\sigma} \times \frac{1}{r}\exp\left[-\frac{(\ln r - \ln r_0)^2}{2\sigma^2}\right]^2 \tag{2.43}$$

式中，r_0 是众数半径；σ 为标准差。

(3) 气溶胶湿度

大多数气溶胶都是吸湿性粒子（如水溶性粒子和海盐组分）。随着相对湿度增加，大气中的水蒸气凝结在吸湿性粒子上，并改变它们的大小和折射率[13]。

当相对湿度为 f 时，湿气溶胶粒子半径 $r(f)$ 与干气溶胶粒子可用经验公式[14] 表示：

$$r(f) = r(1-f)^{-\frac{1}{\mu}} \quad\quad (2.44)$$

湿气溶胶粒子的折射率是由干粒子和凝结的液水共同决定的，常用等效的均匀球形粒子的复折射率 $m_e = m_{re} - im_{ie}$ 表示。Hänel[15] 在大量实验和理论研究工作的基础上得出大气中气溶胶的物理特性与相对湿度之间的函数关系，实部和虚部等效成：

$$m_{re} = m_{rw} + (m_{r0} - m_{rw})[r(f)/r_0]^{-3} \quad\quad (2.45)$$

$$m_{ie} = (m_{re}^2 + 2)\left\{\frac{m_{iw}}{m_{rw}^2 + 2} + \left(\frac{m_{i0}}{m_{r0}^2 + 2} - \frac{m_{iw}}{m_{rw}^2 + 2}\right)[r(f)/r_0]^{-3}\right\} \quad\quad (2.46)$$

其中，下标 0 和 w 分别表示干气溶胶和水的复折射率。可见，随相对湿度增加，粒子吸湿增长并几乎变成纯水物质，其折射率也将接近水的折射率。因此，相对湿度对气溶胶折射率的影响决定于干气溶胶和水的折射指数大小。

2.3.2　光散射理论

(1) Mie 散射理论

1908 年，Mie 提出了各向同性的均匀球体对平面电磁波的电磁解，即 Mie 散射理论，Mie 散射更接近实际的大气散射过程。

根据 Mie 散射理论，分析不同颗粒粒径和不同介质对不同波长入射光散射特性的影响。Mie 散射示意图如图 2.13 所示，假设散射粒子位于坐标原点 O，Z 轴的正方向为光束的入射方向，电矢量沿 X 轴的正向，R 为散射光观察点 Q 与散射颗粒之间的距离，散射角为 θ，散射面为观察点与 Z 轴组成的平面，ϕ 为入射光振动面与散射面之间的夹角。假设入射光为光强为 I_0 的自然光，平行入射到半径 r 的均匀分布的球形粒子，其垂直方向和平行参考平面方向的散射电场分布分别为 $E_\perp^s$ 和 $E_{/\!/}^s$。

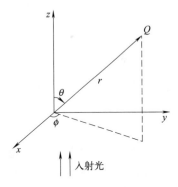

图 2.13　Mie 散射示意图

散射光的分量通过散射振幅矩阵与入射光的对应分量联系起来，公式如下：

$$\begin{bmatrix} E_\perp^s \\ E_{/\!/}^s \end{bmatrix} = \frac{e^{i(kr-z)}}{-ikr} \begin{bmatrix} S_1 & 0 \\ 0 & S_2 \end{bmatrix} \begin{bmatrix} E_\perp^i \\ E_{/\!/}^i \end{bmatrix} \quad\quad (2.47)$$

式中，k 为光波数，$k = 2\pi/\lambda$；λ 为入射波长；入射光的垂直偏振和水平偏振分量为 $E_\perp^i$、$E_{/\!/}^i$；散射光的垂直偏振和水平偏振分量为 $E_\perp^s$、$E_{/\!/}^s$；公式中的矩阵为散射振幅矩阵，且 S_1、S_2 称为散射光复振幅函数，是平行和垂直方向的两个正交分量，由粒子的形状、尺度、折射率以及散射几何决定。

$$S_1 = \sum_{n=1}^{\infty} \frac{2n+1}{n(n+1)}(a_n \pi_n + b_n \tau_n)$$

$$S_2 = \sum_{n=1}^{\infty} \frac{2n+1}{n(n+1)}(a_n \tau_n + b_n \pi_n) \tag{2.48}$$

式中，a 为颗粒尺寸参数（$a = \pi D/\lambda$），与粒子粒径和入射光波长有关；π_n、τ_n 只与散射角有关，是缔合勒让德函数的微分式。$m = m_{real} - m_{im}i$（m_{real} 为实部，m_{im} 为虚部）为粒子相对周围介质的折射率，当相对折射率的虚部不为零时，表示粒子有吸收。对于球形颗粒，振幅函数 S_1、S_2 可表示为式中的无穷级数，其中，a_n、b_n 为 Mie 函数，由球形粒子的复折射率 m 和尺度参数 a、贝塞尔函数决定。

$$a_n = \frac{\Psi_n(a)\Psi'_n(ma) - m\Psi'_n(a)\Psi_n(ma)}{\xi_n(a)\Psi'_n(ma) - m\xi'_n(a)\Psi_n(ma)}$$

$$b_n = \frac{m\Psi_n(a)\Psi'_n(ma) - \Psi'_n(a)\Psi_n(ma)}{m\xi_n(a)\Psi'_n(ma) - \xi'_n(a)\Psi_n(ma)} \tag{2.49}$$

散射光的光强 I_s 为：

$$I_s = \frac{\lambda^2}{4\pi^2 R^2}(|S_1|^2 + |S_2|^2) \tag{2.50}$$

偏振度 DOP 为：

$$P = \frac{I_\perp - I_\parallel}{I_\perp + I_\parallel} = \frac{|S_1|^2 - |S_2|^2}{|S_1|^2 + |S_2|^2} \tag{2.51}$$

Mie 散射消光系数、散射系数和吸收系数为：

$$\begin{cases} Q_{ext} = \dfrac{2}{x^2} \sum_{n=1}^{\infty} (2n+1)\operatorname{Re}(a_n + b_n) \\ Q_{sca} = \dfrac{2}{x^2} \sum_{n=1}^{\infty} (2n+1)(|a_n|^2 + |b_n|^2) \\ Q_{abs} = Q_{abs} = Q_{ext} - Q_{sca} \end{cases} \tag{2.52}$$

不对称因子表示前后向散射的不对称程度，计算公式为：

$$g = \frac{4}{x^2 Q_{sca}} \left\{ \sum_{n=1}^{\infty} \frac{n(n+2)}{n+1}\operatorname{Re}(a_n a_n^* + b_n b_n^*) + \sum_{n=1}^{\infty} \frac{2n+1}{n(n+1)}\operatorname{Re}(a_n b_n^*) \right\} \tag{2.53}$$

单次反照率为：

$$\omega_0 = Q_{sca}/Q_{ext} \tag{2.54}$$

(2) Rayleigh 散射理论

Rayleigh 散射表达式[16] 为：

$$K_s^{Ray} = \frac{24\pi^3}{\lambda^4 N_s} \times \frac{(m_s^2-1)^2}{(m_s^2+2)^2} \times \frac{6+3\delta}{6-7\delta} \qquad (2.55)$$

式中，m_s 是入射光的复折射率，当入射波长小于 $0.23\mu m$ 时，计算方法由式 (2.56) 可得；N_s 是标准大气下的分子数密度（$2.54743 \times 10^{19}\,cm^{-3}$）；$\delta$ 是去极化因子；λ 是入射波长。

$$(m_s-1) \times 10^8 = 8060.51 + \frac{2480990}{132.274-\lambda^{-2}} + \frac{17455.7}{39.32957-\lambda^{-2}} \qquad (2.56)$$

研究无线紫外光信道性能时，综合考虑 Rayleigh 散射和 Mie 散射，对无线紫外光的影响为：

$$\begin{cases} K_e = K_e^{Ray} + K_e^{Mie} \\ K_s = K_s^{Ray} + K_s^{Mie} \\ K_a = K_e - K_s \end{cases} \qquad (2.57)$$

2.3.3　不同湿度条件下无线紫外光信道模型

(1) 无线紫外光直视通信模型

如图 2.14 中，ϕ_1 为发射端的发散角，ϕ_2 为接收器的视场角，r 为通信距离。紫外光直视通信模型接收光功率为：

$$P_{r,LOS} = P_t \left(\frac{\lambda}{4\pi r^2} \right)^2 e^{-K_e r} \frac{4\pi A_r}{\lambda^2}$$

$$(2.58)$$

式中，P_t 表示发射光功率；K_e 为消光系数；λ 为紫外光波长；A_r 为接收孔径。

由式 (2.58) 以及路径损耗定义式可以得到直视通信模型路径损耗的表达式：

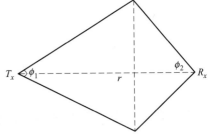

图 2.14　无线紫外光直视通信模型

$$L_{r,LOS} = \frac{P_t}{P_r} = \frac{4\pi r^2}{A_r e^{-K_e r}} \qquad (2.59)$$

假设探测器的带宽限制在数据速率的两倍。对于直接探测，基于量子极限的接收信噪比为：

$$SNR = \frac{\eta_r G P_r \lambda}{2hcR} \qquad (2.60)$$

式 (2.60) 适用于直视和非直视通信。式中，h 为普朗克常量；R 为信息速率；η_r 表示光电倍增管检测效率；G 表示 PMT 增益。用于检测开关键控（OOK）信号的误码率如下：

$$BER = Q\left(\frac{\sqrt{SNR}}{2}\right) \tag{2.61}$$

式（2.61）适用于无线紫外光直视通信和非直视通信。

（2）无线紫外光非直视通信模型

对于非直视通信单次散射，可将发射端到接收端分解为两段直视通信[6]，

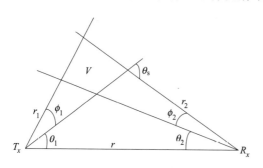

如图 2.15 所示，V 为发射端和接收端的公共体积，r_1 和 r_2 分别为发射端和接收端到公共散射体的距离，θ_1、θ_2 是发射端、接收端仰角，ϕ_1、ϕ_2 分别为发射端发散角和接收端视场角，其中，θ_s 表示散射角，Ω_1 为发射器（T_x）辐射锥的立体角，k_s 为散射系数。无线紫外光非直视通信接收光

图 2.15　无线紫外光非直视通信模型

率为：

$$P_{\mathrm{r,NLOS}} = \left(\frac{P_{\mathrm{t}}}{\Omega_1}\right)\left(\frac{\mathrm{e}^{-K_e r_1}}{r_1^2}\right)\left(\frac{k_{\mathrm{s}}}{4\pi}P_{\mathrm{s}}V\right)\left(\frac{\lambda}{4\pi r^2}\right)^2 \mathrm{e}^{-K_e r_2}\frac{4\pi A_{\mathrm{r}}}{\lambda^2} \tag{2.62}$$

由式（2.62）以及路径损耗定义式可得无线紫外光非直视通信模型中路径损耗表达式：

$$L_{\mathrm{r,NLOS}} = \frac{P_{\mathrm{t}}}{P_{\mathrm{r}}} = \frac{16\pi^2\Omega_1 r_1^2 r^4}{A_{\mathrm{r}}k_{\mathrm{s}}P_{\mathrm{s}}V\exp\left[-(k_e r_1 + k_e r_2)\right]} \tag{2.63}$$

2.4　雾霾烟尘紫外光散射信道特性

2.4.1　雾霾烟尘信道的光散射理论

目前对雾霾粒子形态的研究普遍较少，且通常将其等效为球形粒子，虽然 Mie 散射理论在计算球形粒子的散射特性时能够达到较高精度，但是大气中粒子形态复杂多样，并非都是严格的球形，非球形粒子对大气的散射和吸收等作用是区别于球形粒子的，因此对非球形粒子的研究同样也是不可忽略的。

T 矩阵方法最初是由 Waterman 在 1965 年引入的一种基于惠更斯原理的技术，该方法能够精确计算单个或混合粒子，更是严格计算共振非球形粒子光散射最强有力和广泛使用的方法。它的优点就在于当散射颗粒是由同性材料组成的球体时，可以精确地简化为 Mie 理论，此外 T 矩阵法在效率和尺度参数范围方面

也要优于其他常用的方法[17]。

粒子在入射场照射下，表面产生电流并形成散射场，将入射场 E^{inc} 和散射场 E^{sca} 到矢量球面波函数展开可得[17]：

$$E^{inc}(r) = \sum_{n=1}^{\infty} \sum_{m=-n}^{n} \left[a_{mn} RgM_{mn}(k_1 r) + b_{mn} RgN_{mn}(k_1 r) \right] \quad (2.64)$$

$$E^{sca}(r) = \sum_{n=1}^{\infty} \sum_{m=-n}^{n} \left[p_{mn} M_{mn}(k_1 r) + q_{mn} N_{mn}(k_1 r) \right] \quad |r| > r_0 \quad (2.65)$$

式中，$k_1 = 2\pi/\lambda$ 是环境介质中的波数；r_0 为以坐标原点为中心的散射体最小外接球的半径；$M_{mn}(k_1 r)$、$N_{mn}(k_1 r)$ 是基于第一类的 Hankel 函数 $h_n^{(1)}(kr)$ 的矢量波函数；$RgM_{mn}(k_1 r)$ 和 $RgN_{mn}(k_1 r)$ 是 Bessel 函数的矢量波函数。平面入射波的展开系数可表示为：

$$a_{mn} = 4\pi(-1)^m i^n d_n E_0^{inc} C_0^{*}(\vartheta^{inc}) \exp(-im\varphi^{inc}) \quad (2.66)$$

$$b_{mn} = 4\pi(-1)^m i^{n-1} d_n E_0^{inc} B_0^{*}(\vartheta^{inc}) \exp(-im\varphi^{inc}) \quad (2.67)$$

根据 Maxwell 方程组的线性性质，散射光展开系数 p_{mn}、q_{mn} 与入射光展开系数 a_{mn}、b_{mn} 之间的关系可以表示为：

$$p_{mn} = \sum_{n'=1}^{\infty} \sum_{m'=-n'}^{n'} \left(T_{mnm'n'}^{11} a_{m'n'} + T_{mnm'n'}^{12} b_{m'n'} \right) \quad (2.68)$$

$$q_{mn} = \sum_{n'=1}^{\infty} \sum_{m'=-n'}^{n'} \left(T_{mnm'n'}^{21} a_{m'n'} + T_{mnm'n'}^{22} b_{m'n'} \right) \quad (2.69)$$

这种线性关系可简单表示为[18]：

$$\begin{bmatrix} p \\ q \end{bmatrix} = T \begin{bmatrix} a \\ b \end{bmatrix} = \begin{bmatrix} T^{11} & T^{12} \\ T^{21} & T^{22} \end{bmatrix} \begin{bmatrix} a \\ b \end{bmatrix} \quad (2.70)$$

式（2.70）表明散射场展开系数的列矢量由 T 矩阵和入射场展开系数的列矢量相乘获得。通过联立式（2.64）～式（2.67），可容易得到：

$$\begin{aligned}
\vec{A}(\hat{n}^{sca}, \hat{n}^{inc}) = &\frac{4\pi}{k_1} \sum_{nmn'm'} i^{n'-n-1}(-1)^{m+m'} d_n d_{n'} \exp[i(m\varphi^{sca} - m'\varphi^{inc})] \\
&\{ T_{mnm'n'}^{11} C_{mn}(\vartheta^{sca}) + i T_{mnm'n'}^{21} B_{mn}(\vartheta^{sca})] \otimes C_{m'n'}^{*}(\varphi^{inc}) \\
&+ [-i T_{mnm'n'}^{12} C_{mn}(\vartheta^{sca}) + T_{mnm'n'}^{22} B_{mn}(\vartheta^{sca})] \otimes B_{m'n'}^{*}(\varphi^{inc}) \}
\end{aligned} \quad (2.71)$$

于是，振幅矩阵元可表示为：

$$\begin{aligned}
S_{11}(\hat{n}^{sca}, \hat{n}^{inc}) = &\frac{1}{k_1} \sum_{n=1}^{\infty} \sum_{n'=1}^{\infty} \sum_{m=-n}^{n} \sum_{m'=-n'}^{n'} \alpha_{mnm'n'} [T_{mnm'n'}^{11} \pi_{mn}(\vartheta^{sca}) \pi_{m'n'}(\vartheta^{inc})] \\
&+ T_{mnm'n'}^{21} \tau_{mn}(\vartheta^{sca}) \pi_{m'n'}(\vartheta^{inc}) + T_{mnm'n'}^{12} \pi_{mn}(\vartheta^{sca}) \tau_{m'n'}(\vartheta^{inc})
\end{aligned}$$

$$+ T^{22}_{mnm'n'} \tau_{mn}(\vartheta^{sca}) \tau_{m'n'}(\vartheta^{inc}) \exp[i(m\varphi^{sca} - m'\varphi^{inc})]\} \tag{2.72}$$

$$S_{12}(\hat{n}^{sca}, \hat{n}^{inc}) = \frac{1}{ik_1} \sum_{n=1}^{\infty} \sum_{n'=1}^{\infty} \sum_{m=-n}^{n} \sum_{m'=-n'}^{n'} \alpha_{mnm'n'} [T^{11}_{mnm'n'} \pi_{mn}(\vartheta^{sca}) \tau_{m'n'}(\vartheta^{inc})]$$
$$+ T^{21}_{mnm'n'} \tau_{mn}(\vartheta^{sca}) \tau_{m'n'}(\vartheta^{inc}) + T^{12}_{mnm'n'} \pi_{mn}(\vartheta^{sca}) \pi_{m'n'}(\vartheta^{inc})$$
$$+ T^{22}_{mnm'n'} \tau_{mn}(\vartheta^{sca}) \pi_{m'n'}(\vartheta^{inc}) \exp[i(m\varphi^{sca} - m'\varphi^{inc})]\} \tag{2.73}$$

$$S_{21}(\hat{n}^{sca}, \hat{n}^{inc}) = \frac{i}{k_1} \sum_{n=1}^{\infty} \sum_{n'=1}^{\infty} \sum_{m=-n}^{n} \sum_{m'=-n'}^{n'} \alpha_{mnm'n'} [T^{11}_{mnm'n'} \tau_{mn}(\vartheta^{sca}) \pi_{m'n'}(\vartheta^{inc})]$$
$$+ T^{21}_{mnm'n'} \pi_{mn}(\vartheta^{sca}) \pi_{m'n'}(\vartheta^{inc}) + T^{12}_{mnm'n'} \tau_{mn}(\vartheta^{sca}) \tau_{m'n'}(\vartheta^{inc})$$
$$+ T^{22}_{mnm'n'} \pi_{mn}(\vartheta^{sca}) \tau_{m'n'}(\vartheta^{inc}) \exp[i(m\varphi^{sca} - m'\varphi^{inc})]\} \tag{2.74}$$

$$S_{22}(\hat{n}^{sca}, \hat{n}^{inc}) = \frac{1}{k_1} \sum_{n=1}^{\infty} \sum_{n'=1}^{\infty} \sum_{m=-n}^{n} \sum_{m'=-n'}^{n'} \alpha_{mnm'n'} [T^{11}_{mnm'n'} \tau_{mn}(\vartheta^{sca}) \tau_{m'n'}(\vartheta^{inc})]$$
$$+ T^{21}_{mnm'n'} \pi_{mn}(\vartheta^{sca}) \tau_{m'n'}(\vartheta^{inc}) + T^{12}_{mnm'n'} \tau_{mn}(\vartheta^{sca}) \pi_{m'n'}(\vartheta^{inc})$$
$$+ T^{22}_{mnm'n'} \pi_{mn}(\vartheta^{sca}) \pi_{m'n'}(\vartheta^{inc}) \exp[i(m\varphi^{sca} - m'\varphi^{inc})]\} \tag{2.75}$$

其中，$a_{mnm'n'} = i^{n'-n-1}(-1)^{m+m'} \left[\dfrac{(2n+1)(2n'+1)}{n(n+1)n'(n'+1)} \right]^{1/2}$，且

$$\begin{cases} \pi_{mn}(\vartheta) = \dfrac{m}{\sin\vartheta} d^n_{0m}(\vartheta), \pi_{-mn}(\vartheta) = (-1)^{m+1} \pi_{mn}(\vartheta) \\ \tau_{mn}(\vartheta) = \dfrac{d}{d\vartheta} d^n_{0m}(\vartheta), \tau_{-mn}(\vartheta) = (-1)^m \tau_{mn}(\vartheta) \end{cases} \tag{2.76}$$

最后联立方程组并做适度的变形可得到消光截面的表达式，非球形霾粒子的散射和消光截面可表示为：

$$C_{ext} = -\frac{1}{k_1^2 |E_0^{inc}|^2} \text{Re} \sum_{n=1}^{\infty} \sum_{m=-n}^{n} [a_{mn}(p_{mn}) + b_{mn}(q_{mn})^*] \tag{2.77}$$

$$C_{sca} = \frac{1}{|E_0^{inc}|^2} \int_0^{2\pi} d\varphi^{sca} \int_0^{\pi} d\vartheta^{sca} \sin\vartheta^{sca} |E_1^{sca}(\vartheta^{sca}, \varphi^{sca})|^2$$

$$= \frac{1}{k_1^2 |E_0^{inc}|^2} \sum_{n=1}^{\infty} \sum_{m=-n}^{n} [|p_{mn}|^2 + |q_{mn}|^2] \tag{2.78}$$

2.4.2　烟尘团簇粒子的紫外光散射信道特性

(1) 规则凝聚粒子的状态参数

大气中粒子的凝聚过程是随机的，单元粒子呈现出规则或不规则的排列方

式，根据其排列方式可描述为规则排列凝聚粒子和随机排列凝聚粒子。规则排列的凝聚粒子包括以下三种状态，分别为：直链状、多链状和聚集态。

直链状凝聚粒子是最简单的聚集粒子，该形态可由粒子直径 d 和单元粒子数 N 来确定，其结构示意图可如图 2.16 所示。

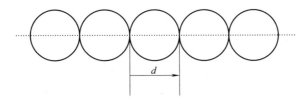

图 2.16　直链状凝聚粒子结构示意图

多链状凝聚粒子状态可由粒子直径 d、单元粒子数 N_i、链条偏移 d_m、链条数 n 和空间方位角 θ 共同决定。多链状凝聚粒子的结构示意图如图 2.17 所示。

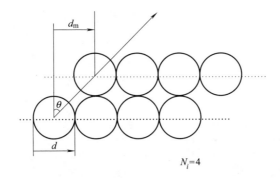

$N_i = 4$

图 2.17　多链状凝聚粒子结构示意图

紧密聚集粒子是指按照立方晶格节点排列的粒子，其凝聚状态可由粒子直径 d、每层的单元粒子数 N_i 和层数 n 共同决定。烟尘粒子的凝聚过程本节采用粒子不规则排列方式，在形成烟尘团簇微粒过程中，由于其较强的随机性，因此通常都呈现出分形结构。

(2) 烟尘团簇粒子的状态参数

分形是一些简单空间上的一些"复杂"点的集合，这种集合具有某些特殊性质。首先它是所在空间的紧子集，且分形集具有某种自相似的形式，多数情况下，分形集的"分形维数"大于它相应的拓扑维数。分形维数能够描述物体的不规则程度，分形维数越大，团簇粒子排列得就越紧密，形态上就越接近球形[19]。

烟尘是由于粒子随机运动不断积累而形成，因此本节对烟尘粒子的团簇模型采用典型关联分析（Canonical Correlation Analysis，CCA）方法，该方法能够较好地模拟烟尘团簇粒子的积累状态。根据微粒的分形凝聚理论，烟尘团簇粒子的形貌特征可以采用统计尺度规则进行描述，具体如下：

$$N = k_f (R_g / \alpha)^{D_f} \qquad (2.79)$$

式中，N 为烟尘团簇粒子包含的原始微粒的数量；k_f 为分形前向因子；D_f 为分形维数；α 为原始微粒的半径；R_g 为烟尘团簇粒子的平均回旋半径。R_g 可表示为：

$$R_g^2 = \frac{1}{N} \sum_{i=1}^{N} r_i^2 \qquad (2.80)$$

式中，r_i 为第 i 个原始微粒到凝聚粒子质心的距离。图 2.18（a）是采用 CCA 方法模拟的烟尘团簇粒子模型；图 2.18（b）是在电子显微镜下观察到的已经凝聚而成的炭黑凝聚粒子，其原始微粒的半径为 18nm，图中可以清晰地显示其形态。对比图 2.18（a）和图 2.18（b）可看出，采用 CCA 方法模拟的烟尘粒子生长模型能够较好地匹配烟尘团簇形态。

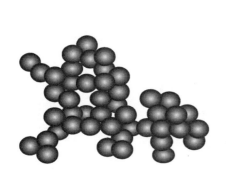
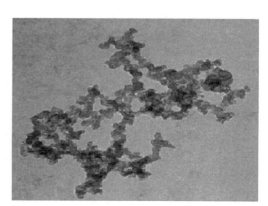

(a) CCA 模拟烟尘团簇模型　　　　　　　　　　　(b) 显微镜下的烟尘形态

图 2.18　烟尘粒子团簇模型

（3）球形烟尘粒子不同浓度相同半径下的路径损耗分析

图 2.19 表示烟尘球形粒子原始半径 $\alpha = 20$nm 时，不同烟尘浓度下的紫外光单次散射直视与非直视的散射信道特性，非直视通信时收发仰角 $\theta_1 = \theta_2 = 10°$。

由图 2.19（a）可以看到，在紫外光直视通信中，当烟尘团簇粒子半径和通信距离相同时，不同烟尘浓度下的散射信道特性相差不大，主要原因是在直视通信中，其信道的散射特性主要由其消光系数决定，随着烟尘浓度的不断增大，其消光系数不断增大，故其路径损耗不断增大，但是由于其消光系数差异很小，因此其信道的路径损耗变化趋势相似，数值相差很小，因此近乎重叠。由图 2.19（b）可看出，在紫外光非直视通信中，当通信距离和烟尘团簇粒子半径相同时，其路径损耗随着烟尘浓度的增大而减小，原因在于粒子浓度较低时，其粒子数量较少，散射作用较弱，故其散射信道的路径损耗较大，因此，随着烟尘浓度的不断增大，其散射系数也不断增大，此时散射作用较强，利于紫外光非直视通信。

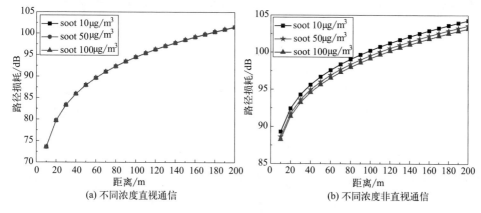

图 2.19　不同烟尘浓度下通信距离对路径损耗的影响

（4）球形烟尘粒子相同浓度不同半径下的路径损耗分析

图 2.20 为烟尘团簇粒子在相同分形维数及分形前向因子下，相同烟尘浓度在不同原始半径下的紫外光单次散射信道特性，烟尘浓度为 $50\mu g/m^3$，非直视通信时收发仰角 $\theta_1 = \theta_2 = 10°$。

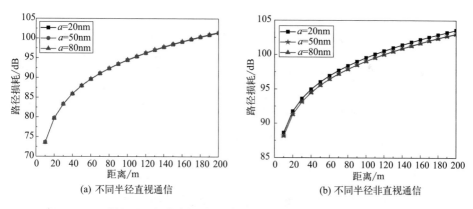

图 2.20　球形烟尘粒子在不同半径下通信距离对路径损耗的影响

由图 2.20（a）可看出，紫外光直视通信时，在烟尘团簇浓度和通信距离相同时，不同粒径下的散射信道特性差别很小。随着烟尘原始半径不断增大，其消光系数不断增大，紫外光直视通信主要受消光系数的影响，因此在这三种粒径下散射信道的路径损耗呈现不断增大的趋势。但是由于不同粒径下的消光系数相差很小，因此其信道的路径损耗相差很小。由图 2.20（b）可以看出，在紫外光非直视通信中，粒径较小时，消光作用以吸收作用为主，且随着粒子原始半径不断增大，其散射系数在消光系数中的占比不断增大，吸收系数的占比不断减小，即散射作用不断占据主导地位，而紫外光非直视通信主要依靠大气的散射作用实现，因此当粒子半径较小时，其通信质量较差。此外，随着粒子半径的继续增大，其散射系数虽然继续增大，通信质量同样有一定改善，但差异却并不非常明显。

（5）球形烟尘粒子相同浓度不同波长下的路径损耗分析

图 2.21 为烟尘团簇粒子在相同分形维数及分形前向因子下，烟尘浓度为 $50\mu g/m^3$，原始半径 $a=20nm$，相同烟尘浓度在不同入射波长下的单次散射信道特性。

由图 2.21 可以看出，当烟尘浓度和烟尘原始半径一定时，不同波长下通信的路径均耗损随着通信距离的增大而增大。当通信距离一定时，可以明显看到，紫外波段下通信的路径损耗明显大于可见光波段，主要原因在于紫外光在烟尘环境中的折射率实部小于可见光波段，且紫外光在大气中通信时其散射吸收作用较强，使得部分光无法到达接收端，而可见光在大气中传输的单向性较好，接收端接收到的光子数较多，因此紫外光在烟尘环境中的损耗较大。相较不同波段的可见光可以看到，随着波长的增大，路径损耗不断减小，原因在于二者的复折射率几乎没有差别，但是入射光的波长会影响粒子的尺度参数，因此不同波段的可见光在通信性能上便会存在一定差异。

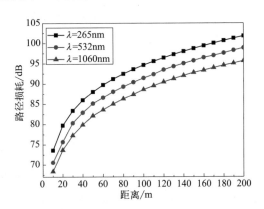

图 2.21 球形烟尘粒子在不同入射波长下通信距离对路径损耗的影响

参考文献

[1] 柯熙政. 紫外光自组织网络理论 [M]. 北京：科学出版社，2011：8，35-38，45，47.

[2] Reilly D M, Warde C. Temporal characteristics of single-scatter radiation [J]. Journal of the Optical Society of America，1979，69（3）：464-470.

[3] 宋正方. 应用大气光学基础 [M]. 北京：气象出版社，1990：17-20.

[4] Xu Z, Sadler B M. Ultraviolet communications: potential and state of the art [J]. Communications Magazine IEEE, 2008, 46 (5): 67-73.

[5] Zuo Y, Xiao H, Wu J, et al. A single-scatter path loss model for non-line-of-sight ultraviolet channels [J]. Optics Express, 2012, 20 (9): 359-369.

[6] Xu Z. Approximate Performance analysis of wireless ultraviolet links [C]. IEEE International Conference on Acoustics, Speech and Signal Processing, 2007, 3 (3): 577-580.

[7] 郭婧. 近场定距脉冲激光在降雨中的大气传输特性研究 [D]. 南京: 南京理工大学, 2012: 25, 27.

[8] 刘磊, 李浩, 高太长. 雨滴的近似椭球模型及其近红外散射特性研究 [J]. 气象科学, 2008, 28 (3): 271-275.

[9] Marshall J S, Palmer W M. The distribution of raindrop size [J]. Meteorology, 1948, 24 (5): 165-166.

[10] 宋鹏, 柯熙政, 熊扬宇, 等. 非直视紫外光在非共面通信系统中的脉冲展宽效应 [J]. 光学学报, 2016, 36 (11): 55-64.

[11] Shettle E P, Fenn R W. Models for the Aerosols of the Lower Atmosphere and the Effects of Humidity Variations on their Optical Properties [J]. Lancet, 1987, 48 (4068): 504.

[12] Ricklin J C, Hammel S M, Eaton F D, et al. Atmospheric channel effects on free-space laser communication [J]. Journal of Optical & Fiber Communications Reports, 2006, 3 (2): 111-158.

[13] Levoni C, Cervino M, Guzzi R, et al. Atmospheric aerosol optical properties: a database of radiative characteristics for different components and classes [J]. Applied Optics, 1997, 36 (30): 8031-8041.

[14] 孙景群. 能见度与相对湿度的关系 [J]. 气象学报, 1985 (2): 104-108.

[15] Hänel G. The Properties of Atmospheric Aerosol Particles as Functions of the Relative Humidity at Thermodynamic Equilibrium with the Surrounding Moist Air [J]. Advances in Geophysics, 1976, 19 (C): 73-188.

[16] Sun Y, Gong C, Xu Z, et al. Link Gain and Pulse Width Broadening Evaluation of Non-Line-of-Sight Optical Wireless Scattering Communication Over Broad Spectra [J]. IEEE Photonics Journal, 2017, 9 (3): 1-12.

[17] 邵长城, 麻金继. 利用 T-matrix 计算非球形粒子散射特性的研究 [J]. 原子与分子物理学报, 2011, 27 (3): 475-479.

[18] Mishchenko M I, Travis L D, Lacis A A. Scattering, Absorption, and Emission of Light by Small Particles [M]. 北京: 国防工业出版社, 2013: 104-120.

[19] 类成新, 吴振森. 随机分布烟尘团簇粒子辐射特性研究 [J]. 物理学报, 2010, 59 (8): 5692-5699.

第**3**章
紫外光散射信道估计

3.1 无线紫外光散射通信信道模型特性分析

　　信道模型的研究是无线紫外光通信的基础理论部分，本节重点介绍了基于椭球面坐标系的经典非直视光单次散射模型，利用该模型建模推导信道脉冲响应，并对其信道特性进行分析，最后通过试验进行验证。

3.1.1 无线日盲紫外光通信

　　无线日盲紫外光通信与其他无线光通信最大的区别在于，它是利用散射来进行通信，可以实现非直视通信。但是散射通信必然导致能量无法聚集，限制了光的传输距离，所以紫外光通信对于高功率光源以及高灵敏度光电探测器具有极高的需求。

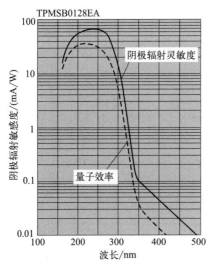

图 3.1　R7154 光谱响应曲线

　　光电探测器一般选用日本滨松光电子技术有限公司的光电倍增管，滨松集团是目前世界上科技水平较高、市场占有率较大的光产业公司之一。在光探测领域，光电倍增管具有独特的高灵敏度以及高速响应等诸多优势，非常适合作为紫外光通信的接收端。接下来就以后续实验中会用到的 R7154 型光电倍增管为例介绍其产品，其光谱响应曲线图如图 3.1 所示。R7154 是一种光阴极材料为碲化铯侧窗型光电倍增管，有效感光面积为 $8mm \times 24mm$，光谱响应范围为 $160 \sim 320nm$，阳极增益可高达 10^7。

紫外光通信一般选取 $230\sim280\mathrm{nm}$ 波段的日盲波段的紫外光作为光源，这个波段的紫外光具有更好的散射性而且无大气背景噪声的干扰[1]。紫外光通信中常用的紫外光源有紫外 LED、紫外激光器以及紫外汞灯。紫外 LED 是最常见也是目前最适合紫外光通信的光源，它具有体积小、重量轻、易于驱动、低功耗、响应速度快等优势，但是受限于材料以及工艺的发展，功率一直难以提升，通过建立 LED 阵列，可以在一定程度上提高 LED 光重合区域的功率，但是依然无法满足长距离通信的要求。尽管如此，LED 光源在紫外通信中由于其便携、传输速率高等优势从而具有很多的应用场景需求。激光器可以实现紫外光源的大功率输出，但是其具有成本高、大功耗、寿命短以及难以实现低压高速驱动等缺点，很少被用作紫外通信光源。紫外汞灯的发光功率可以说是相当可观，甚至可以达到上万瓦，而且造价低廉，但是难以高速驱动的缺点限制了其在紫外光通信中的发展[2,3]。

3.1.2　无线紫外光单次散射模型

椭球面坐标系是用来分析无线紫外非直视通信时最常用的坐标模型[4,5]。其机理是：在椭球面坐标系的焦点上分别放置紫外光通信的收端和发端，发端发射的光子将在椭球面上发生单次散射被收端接收，那么在椭球表面上发生散射的散射点到两个焦点也就是收发端的距离之和，是一个固定的常数值，通过将紫外光非直视通信建立在椭球坐标系中，简化了模型的计算量。椭球面坐标系如图 3.2 所示。

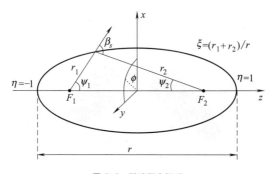

图 3.2　椭球面坐标系

图 3.2 中，F_1 和 F_2 为椭球的焦点，r 为焦间距（收发端间距），椭球上某点到两焦点的焦间距表示为 r_1 和 r_2，将直角坐标系转换为椭球坐标系可以表示为：

$$r_1 = [x^2 + y^2 + (z + r/2)^2]^{1/2} \tag{3.1}$$

$$r_2 = [x^2 + y^2 + (z - r/2)^2]^{1/2} \tag{3.2}$$

$$\xi = (r_1 + r_2)/r \quad (1 \leqslant \xi \leqslant \infty) \tag{3.3}$$

$$\eta = (r_1 - r_2)/r \quad (-1 \leqslant \eta \leqslant 1) \tag{3.4}$$

$$\phi = \arctan(x, y) \quad (-\pi \leqslant \phi \leqslant \pi) \tag{3.5}$$

$$\beta_s = \Psi_1 + \Psi_2 \tag{3.6}$$

其中，ξ 是决定椭球形状的重要参数，当 ξ 趋近无穷大时，椭球也趋近于圆形，当 ξ 趋近零时，椭球近似于一根线段。

$$\cos\Psi_1 = (1 + \xi\eta)/(\xi + \eta) \tag{3.7}$$

$$\sin\Psi_1 = [(\xi^2 - 1)(1 - \eta^2)]^{1/2}/(\xi + \eta) \tag{3.8}$$

$$\cos\Psi_2 = (1 - \xi\eta)/(\xi - \eta) \tag{3.9}$$

$$\sin\Psi_2 = [(\xi^2 - 1)(1 - \eta^2)]^{1/2}/(\xi - \eta) \tag{3.10}$$

$$\cos\beta_s = (2 - \xi^2 - \eta^2)/(\xi^2 - \eta^2) \tag{3.11}$$

通过式（3.7）~式（3.10）可以看出，椭球坐标系表现出对称性的优点，降低了接下来要介绍的单次散射模型建模的复杂度。

紫外光单次散射通信模型是分析紫外光短距离通信中最有效也是最常见的分析方法[6]。在短距离通信过程中，只需分析单次散射，即光子在大气传播过程中只经历了一次散射就被接收端接收，相比多次散射计算量也被大大降低，通过实验验证也基本符合紫外光短距离通信的要求。通过椭球面坐标系建立的紫外光单次散射传输模型如图 3.3 所示。可以看出，收发端的仰角以及视场角构成了公共散射区域的形态大小，而光子是在公共区域的散射体散射到达接收端，所以信道的特性是由公共重叠区域来决定的，重叠区域的上界记为 $\xi_{\max}$，下界记为 $\xi_{\min}$。

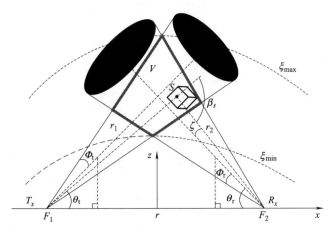

图 3.3 紫外光单次散射传输模型

图 3.3 中，收发端位置 T_x/R_x 分别对应椭球面坐标系的两个焦点 F_1 和 F_2，收发端的仰角分别用 θ_r 和 θ_t 表示，r_1 和 r_2 分别代表光子散射点到收发端的距离。ϕ_t 表示发射发散半角，ϕ_r 表示接收视场半角。假设光子在发射光束内是均匀分布的，记 $t=0$ 时刻发射的总能量为 E_t，那么此时发射锥形光对应的立体角为：

$$\Omega_t = 4\pi\sin^2(\phi_t/2) \tag{3.12}$$

那么光子 k_e 在经过距离 r_1 到达散射点 S 时，散射点单位体积内包含的能量为：

$$H_S = \frac{E_t e^{-k_e r_1}}{\Omega_t r_1^2} \tag{3.13}$$

式中，k_e 代表大气消光系数，其值等于大气吸收系数 k_a 和大气散射系数 k_s 之和。大气的吸收和散射造成了光子能量的衰减，在光子到达 S 点时，发生散射，光子改变传播方向，此时的散射点可以看作另一个光源。S 点光源散射出的总能量为：

$$\delta E_s = k_s H_s \delta v = k_s \frac{E_t e^{-k_e r_1}}{\Omega_t r_1^2} \delta v \tag{3.14}$$

此时单位散射体向接收端 β_s 方向辐射的能量表示为：

$$\delta R_s = \delta E_s P \cos\beta_s / 4\pi \tag{3.15}$$

此时光子经过距离 r_2 到达接收端，接收到的能量可以表示为：

$$\begin{aligned}
\delta E_r &= \delta R_s \frac{e^{-k_e r_2}}{r_2^2} \cos\zeta \\
&= \frac{E_t k_s P \cos\beta_s \cos\zeta e^{-k_e(r_1+r_2)}}{4\pi\Omega_t r_1^2 r_2^2} \delta v \tag{3.16}
\end{aligned}$$

其中，角度 ζ 表示接收中心轴与散射点和接收端连线的夹角，ζ 的余弦值可以反映进入接收端的有效散射能量。

$$\cos\zeta = \cos\theta_r \cos\Psi_r + \sin\theta_r \sin\Psi_r \cos\phi\zeta \tag{3.17}$$

体积微元转换在椭球坐标系中可以表示为：

$$\delta v = \frac{r^3}{8}(\xi^2 - \eta^2)\delta\xi\delta\eta\delta\phi \tag{3.18}$$

然后经过推导可以得出：

$$\delta E_r = \frac{E_t k_s P \cos\beta_s \cos\zeta e^{-k_e\xi r}}{2\pi r \Omega_t(\xi^2 - \eta^2)}\delta\xi\delta\eta\delta\phi \tag{3.19}$$

将 $\xi=(r_1+r_2)/r=ct/r$、$\delta\zeta=c\delta t/r$ 代入式（3.19），将转化为与时间 t 相关的公式：

$$\delta E_r = \frac{E_t c k_s P \cos\beta_s \cos\zeta e^{-k_e \xi r}}{2\pi r^2 \Omega (\xi^2-\eta^2)} \delta t \delta\eta\delta\phi \qquad (3.20)$$

将式（3.20）两端同时除以 δt，如果 $\delta t \to 0$ 时，即散射点 S 在椭球面坐标系中的 ξ 确定的椭球面上时，就可以得到单次散射后在接收端接收到的能量：

$$\delta E(\xi) = \frac{\delta E_r}{\delta t} = \frac{E_t c k_s P \cos\beta_s \cos\zeta e^{-k_e \xi r}}{2\pi r^2 \Omega_t (\xi^2-\eta^2)} \delta\eta\delta\phi \qquad (3.21)$$

对式（3.21）在整个椭球面进行积分，得到单次散射到接收端的总能量：

$$E(\xi) = \begin{cases} 0 & (\xi < \xi_{\min}) \\ \dfrac{E_t c k_s e^{-k_e \xi r}}{2\pi r^2 \Omega_t} \displaystyle\int_{\eta_1(\xi)}^{\eta_2(\xi)} \int_{\phi_1(\xi,\eta)}^{\phi_2(\xi,\eta)} \dfrac{P\cos\beta_s \cos\zeta}{\xi^2-\eta^2} \mathrm{d}\eta\mathrm{d}\phi & (\xi_{\min} \leqslant \xi \leqslant \xi_{\max}) \\ 0 & (\xi > \xi_{\max}) \end{cases}$$

$$(3.22)$$

前面提到过，椭球面坐标具有对称性的优点，所以式（3.22）可化简为：

$$E(\xi) = \begin{cases} 0 & (\xi < \xi_{\min}) \\ \dfrac{E_t c k_s e^{-k_e \xi r}}{2\pi r^2 \Omega_t} \displaystyle\int_{\eta_1(\xi)}^{\eta_2(\xi)} \dfrac{2g[\phi(\xi,\eta)]P\cos\beta_s}{\xi^2-\eta^2} \mathrm{d}\eta & (\xi_{\min} \leqslant \xi \leqslant \xi_{\max}) \\ 0 & (\xi > \xi_{\max}) \end{cases}$$

$$(3.23)$$

式（3.23）中，$g[\phi(\xi,\eta)]$ 是通过 $\cos\xi$ 对 $\mathrm{d}\phi$ 积分得来的：

$$g[\phi(\xi,\eta)] = \phi(\xi,\eta)\cos(\theta_r)\cos(\Psi_1) + \sin(\theta_r)\sin(\Psi_1)\sin[\phi(\xi,\eta)]$$

$$(3.24)$$

接收到的总能量可以表示为：

$$E_r(t) = \int_{t_{\min}}^{t_{\max}} E\frac{ct}{r}\mathrm{d}t \qquad (3.25)$$

其中，时间的上下限分别对应光子到达公共散射区域 $\xi_{\max}$ 和 $\xi_{\min}$ 所对应的时间。

3.1.3 无线紫外光的脉冲响应

在该模型下，接收端在 t 时刻接收到的能量一定是经过椭球面 ξ 散射而来的，由于 $\xi=tc/r$，将其代入式（3.23），此时得到的 $E(t)$ 实际上就是信道的脉冲响应，但是，公式中的 $\eta_1(\xi)$、$\eta_2(\xi)$ 和 $\phi(\xi,\eta)$ 表达式难以确定，因此需要对单次散射模型做出简化处理。通过文献 [6] 可知，可以将 $\phi(\xi, \eta)$ 近似看作一个常数，这样做虽然跟原有公式有些偏差，但是并不影响进行信道分析。下面，在简化的条件下对脉冲响应做出一个推导。

$$\eta_1(\xi) = \max(\eta_{1,\mathrm{R}}, \eta_{1,\mathrm{T}}) \quad (\xi_{\min} \leqslant \xi \leqslant \xi_{\max}) \tag{3.26}$$

$$\eta_2(\xi) = \max(\eta_{2,\mathrm{R}}, \eta_{2,\mathrm{T}}) \quad (\xi_{\min} \leqslant \xi \leqslant \xi_{\max}) \tag{3.27}$$

$$\eta_{1,\mathrm{R}} = \begin{cases} -1 & (\beta_\mathrm{R} + \theta_\mathrm{R} \geqslant \pi) \\ \dfrac{\xi\cos(\beta_\mathrm{R} + \theta_\mathrm{R}) - 1}{\xi - \cos(\beta_\mathrm{R} + \theta_\mathrm{R})} & (\beta_\mathrm{R} + \theta_\mathrm{R} \leqslant \pi) \end{cases} \tag{3.28}$$

$$\eta_{2,\mathrm{R}} = \begin{cases} 1 & (\beta_\mathrm{R} - \theta_\mathrm{R} \leqslant 0) \\ \dfrac{\xi\cos(\beta_\mathrm{R} - \theta_\mathrm{R}) - 1}{\xi - \cos(\beta_\mathrm{R} - \theta_\mathrm{R})} & (\beta_\mathrm{R} - \theta_\mathrm{R} \geqslant 0) \end{cases} \tag{3.29}$$

$$\eta_{1,\mathrm{T}} = \begin{cases} -1 & (\beta_\mathrm{T} - \theta_\mathrm{T} \leqslant 0) \\ \dfrac{1 - \xi\cos(\beta_\mathrm{T} - \theta_\mathrm{T})}{\xi - \cos(\beta_\mathrm{T} - \theta_\mathrm{T})} & (\beta_\mathrm{T} - \theta_\mathrm{T} \geqslant 0) \end{cases} \tag{3.30}$$

$$\eta_{2,\mathrm{T}} = \begin{cases} 1 & (\beta_\mathrm{R} + \theta_\mathrm{R} \geqslant \pi) \\ \dfrac{1 - \xi\cos(\beta_\mathrm{R} + \theta_\mathrm{R})}{\xi - \cos(\beta_\mathrm{R} + \theta_\mathrm{R})} & (\beta_\mathrm{R} + \theta_\mathrm{R} \leqslant \pi) \end{cases} \tag{3.31}$$

通过上面公式分析，式（3.28）和式（3.29）中 η 随 ξ 的增大而增大，式（3.30）和式（3.31）中 η 随 ξ 的增大而减小，所以在信道的初始阶段，也就是 ξ 取值较小的时候，可以得到式（3.23）的积分上下界为 $\eta \in (\eta_{1,\mathrm{T}}, \eta_{2,\mathrm{R}})$，并将 $\xi = (r_1 + r_2)/r = ct/r$ 代入式（3.23）可得到紫外光单次散射模型下的单位脉冲响应[6]：

$$\begin{aligned} h(t) = {} & \frac{const \times k_\mathrm{s}\exp(-k_\mathrm{e}ct)}{16\pi^2 r\sin^2(\theta_\mathrm{T}/2)} \times \frac{1}{t} \\ & \times [In(c^2t^2 - r^2)^2 - In\{[c^2t^2 - 2cr\cos(\beta_\mathrm{R} - \theta_\mathrm{R})t + r^2]\} \\ & - In\{[c^2t^2 - 2cr\cos(\beta_\mathrm{T} - \theta_\mathrm{T})t + r^2]\}] \end{aligned} \tag{3.32}$$

3.1.4 无线紫外光传输信道中的脉冲展宽

脉冲展宽其实就是接收到的脉冲信号时间上的加长，紫外光在大气传播过程中，会发生 Mie 散射和 Rayleigh 散射[7]，因此同一时刻发出的光子会在不同的时刻到达接收端，那么接收到的脉冲信号在时间上就被加长了，这就是紫外光通信中的脉冲展宽，它会引起严重的码间干扰，限制紫外光通信的通信速率，降低通信距离，并产生时延。下面我们利用椭球面坐标系下的紫外光单次散射模型，对紫外光通信过程中的脉冲展宽进行仿真分析。

为了方便分析不同信道参数下的脉冲展宽，我们忽略紫外光信号传输过程中的时间延迟。在单次散射模型中，产生延迟的主要原因是由发射端到散射点的距离 r_1 和散射点到接收端的距离 r_2 决定的，即时间延迟 $t_D = (r_1 + r_2)/c$，对脉冲的展宽没有影响。仿真过程中，大气散射系数 k_s 取 0.49×10^{-3}，大气消光系数 k_e 取 0.74×10^{-3}，默认的背景参数发射仰角 $\theta_t = 90°$，接收仰角 $\theta_r = 90°$，接收视场半角 $\phi_r = 15°$，发射发散半角 $\phi_t = 30°$。首先，分析在收发仰角、接收视场角以及发散角一定情况下，通信距离对脉冲展宽的影响。通过图 3.4 可以看出，通信距离分别为 100m、200m、500m 和 1000m 时对应的脉冲半高宽度（FWHM）分别是 $13\mu s$、$22\mu s$、$41\mu s$、$55\mu s$，随着通信距离的增大，脉冲展宽也随之增加。

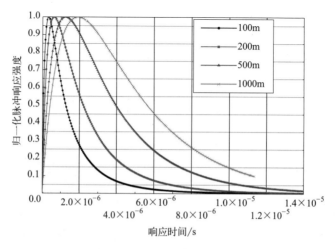

图 3.4　不同通信距离脉冲响应图

图 3.5 反映了收发设备角度配置对脉冲展宽的影响。其中，图（a）和图（b）描述了不同收发仰角的变化对脉冲展宽的影响，可以看出，随着角度的增大，脉冲展宽也随之增大，通过两幅图的对比可以看出，接收仰角的变化对脉冲展宽的影响更为严重。图（c）反映了接收视场半角对脉冲展宽的影响，与收发仰角相同，随着视场半角的增大，脉冲展宽也随之增大。图（d）中的发散半角也遵循这样的规律，脉冲展宽随着发散角的增大而增大，但是发散角的改变对脉冲展宽的影响并不明显。通过整个的收发设备角度配置与脉冲响应的关系图可以看出，角度配置对脉冲展宽的影响还是比较大的，这是因为，角度的变化会引起单次散射模型中的公共散射体的上下界位置的变化，而公共散射体上下界决定了光子传播过程中的最长和最短路径，光子在最长和最短路径上传播的时间其实代表了信道长度的范围。

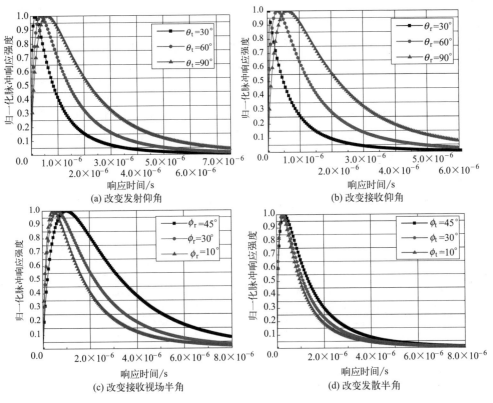

图 3.5　收发设备角度配置与脉冲展宽的关系

3.1.5　无线紫外光信道估计技术

紫外光信号在通信系统的大气信道中传输时存在随机性，这会使得接收信号在不同维度上发生一定程度的畸变和失真，导致紫外光信号在传输过程中存在较为严重的码间串扰问题，进而造成通信性能的下降。信号处理过程中的信道估计技术可以有效抑制或者消除通信中的码间串扰，在复杂的大气环境下准确估计其信道特性是十分必要的。

信道估计的主要目的是从接收数据中将可以表征信道模型的特征参数准确地提取出来，然后按照某种特定的准则进行数据处理从而获得信道特性。利用导频等样本序列进行数据标记进而实现特性提取是比较常用的一类信道估计方法，还有一种不需要设置样本序列而是根据信道特性本身携带的信息来进行的盲估计方法。

在正常的通信系统中，接收端无法准确获取真实的信道状态信息，一般采用训练序列这种标记型信号来克服困难，通过计算接收端设置好的训练序列和接收信号的时域或者频域关系来估计出当前信道的状态信息，进而可以完成信道估计。这种方法的缺点在于训练序列会占用一部分可用带宽，导致信息传输效率降低。而盲估计方法不需要设置训练序列，利用特征提取方法深度提取隐藏在传输数据内部的特征信息来完成信道估计，这可以节约带宽，但是这种方法的缺点在于具有较高的算法复杂度和较差的灵活性，而且应用场景的需求限制较为严格。

不同的信道估计方法会有不同的参数估计准则，通过用估计参数的偏差和方差来衡量参数估计的效果，一般无线光通信系统中的信道估计应用经常以 LS 和 MMSE 两类准则作为评估标准。本节主要对传统信道估计方法中最常用的 LS 估计和 MMSE 估计的基本原理进行简单阐述。

LS 估计是以误差的平方作为优化目标来估计信道特性参数的方法[7]，通过最小二乘准则最小化如公式（3.33）所示的代价函数。

$$J(\hat{h}) = \|r - s\hat{h}\|^2 = (r - s\hat{h})^H(r - s\hat{h}) = r^H r - r^H s\hat{h} - \hat{h}^H s^H r + \hat{h}^H s^H s\hat{h}$$

$$(3.33)$$

式中，$\hat{h}$ 表示信道响应的估计值；r 表示接收信号；s 为发射端设置的训练序列。经过最小化与化简之后即可得到 LS 算法的信道估计结果：

$$\hat{h}_{LS} = (s^H s)^{-1} s^H r \tag{3.34}$$

MMSE 估计是 LS 估计的延伸，会进一步削弱信道估计过程中干扰噪声产生的不良影响，可以保证估计出的信道响应最终收敛于实际期望值，代价函数如下所示：

$$J(\hat{h}) = E\{\|h - \hat{h}\|^2\} = E\{(h - \hat{h})^H(h - \hat{h})\} \tag{3.35}$$

经过最小化代价函数和进一步化简后可得到 MMSE 算法的信道估计结果：

$$\hat{h}_{MMSE} = \boldsymbol{R}_{hr}\boldsymbol{R}_{rr}^{-1} r \tag{3.36}$$

式中，$\boldsymbol{R}_{hr}$ 为信道响应 h 和接收信号 r 之间的互相关矩阵；$\boldsymbol{R}_{rr}$ 为接收信号 r 的自相关矩阵。

传统的 LS 和 MMSE 估计方法在算法计算复杂度上也有一定的差异，LS 算法的计算过程较为简单，计算量主要体现在每个导频训练时进行的除法操作。而 MMSE 算法会对信号中的噪声分量进行滤除，可以获得较好的信道估计效果，但是计算过程中需要进行多次的矩阵求逆操作，执行算法需要比较大的运算量。

3.2 基于神经网络的紫外光散射信道估计方法研究

3.2.1 基于神经网络的紫外光单次散射信道估计方法研究

信道估计技术是抑制大气散射衰减和提高通信系统性能的有效手段，本节提出一种基于神经网络的紫外光散射信道估计方法，利用具有自主学习能力的深度学习技术改善传统的信道估计方法，研究适合于紫外光通信单次散射信道的信号处理技术，结合遗传算法中的差分进化算法对学习模型进行训练优化，进而实现学习模型的全局最优化，更为准确地估计出信道的状态信息，从而为后续的信道均衡及信号检测提供必要支撑。

本节介绍了利用深度学习技术中的神经网络模型设计紫外光散射信道估计器的具体方案，如图3.6所示。核心部分为神经网络的训练过程，通过充足的训练数据，网络模型可以完全学习到实际紫外光散射信道的统计特性，然后再将网络的最优输出结果应用于无线紫外光通信系统的信道估计部分，进而精确估计出信道响应系数，为系统后续的信道均衡及信道编码提供依据。

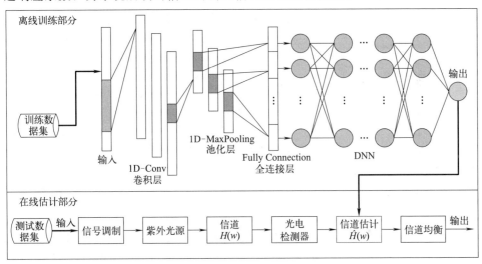

图 3.6 基于神经网络的无线紫外光散射信道估计方案

图 3.6 所示的方案主要分为离线训练部分和在线估计部分。针对紫外光信号这类数据序列处理问题，利用一维卷积神经网络和深度神经网络设计深度学习网络结构。在网络离线训练过程中，首先从训练样本数据集选择信号输入 1D-CNN 进行一维卷积和一维最大池化操作，获得适合于 DNN 输入的低维特征参数，然后通过全连接层将此参数转换为矩阵形式输入 DNN，通过不断地对网络神经元进行加权求和及非线性激活操作，然后输出接收信号和信道响应系数的映射关系。在线估计部分，利用训练好的网络模型估计出最优的信道脉冲响应系数，然后将网络输出应用于通信系统的信道估计部分，进而在接收端准确恢复出发射信号。

(1) 神经网络结构设计

本方案网络中，1D-CNN 的结构主要由四部分组成：输入层、一维卷积层、一维池化层以及全连接层。利用固定的时间窗口对传输信号向量进行处理，将每次窗口移动所覆盖的向量采样点作为 1D-CNN 输入层的一个输入数据，设窗口长度为 $M+1$，则经过 m 次窗口移动后的向量为：

$$\boldsymbol{x}_m = [x(m), x(m+1), x(m+2), \cdots, x(m+M)]^T_{(M+1)\times 1} \qquad (3.37)$$

对于信号采样序列 $\boldsymbol{x}^{(n)} = [x(1), x(2), \cdots, x(n)]$，训练数据集可表示为：

$$\boldsymbol{X} = \begin{bmatrix} x(1) & x(2) & \cdots & x(n-M) \\ x(2) & x(3) & \cdots & x(n-M+1) \\ \vdots & \vdots & \ddots & \vdots \\ x(M+1) & x(M+2) & \cdots & x(n) \end{bmatrix}_{(M+1)\times(N-M)} \qquad (3.38)$$

网络模型中一维卷积层的作用是对紫外光传输信号进行滤波处理，从而实现特征提取，一维卷积核的维度应小于输入信号的维度，其参数表示为 $\boldsymbol{s} = [s_1, s_2, \cdots, s_t]^T_{t\times 1}$，$t < M+1$，本方案采用一维 Valid 卷积方式进行运算处理，卷积步长设为 1，则卷积运算后的输出信号维度小于卷积层的输入信号维度，可表示为：

$$\boldsymbol{c}_{\text{valid}} = \boldsymbol{x} * \boldsymbol{s} = [c_1, c_2, \cdots, c_k]^T_{k\times 1} \qquad (3.39)$$

式中，k 为卷积输出向量的维度，且 $k = M-t+2$。

本方案所设计 1D-CNN 的池化操作采用一维最大池化层，目的是缩减模型大小和数据空间，简化网络的运算复杂度。网络中的全连接层将提取到的低维数据特征综合起来，将输出值发送给后面的 DNN 进行参数优化。

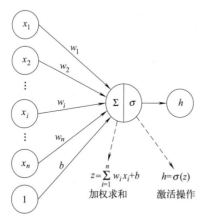

图 3.7 单个神经元的基本结构

本方案中所使用的 DNN 是深度学习中常用的网络模型，通过多个隐含层来捕获大量训练数据中隐藏的结构特性，DNN 由基本的神经元结构组成，如图 3.7 所示。

对于输入数据 $\boldsymbol{x}^{(l)} = (x_1, x_2, \cdots, x_n)$ 来说，神经元的输出为：

$$h_{W,b}(\boldsymbol{x}^{(l)}) = \sigma(\boldsymbol{W}^T \boldsymbol{x}^{(l)}) = \sigma\left(\sum_{i=1}^{n} w_i x_i^{(l)} + b\right) \qquad (3.40)$$

式中，$\boldsymbol{W}$ 为隐含层之间以及输出层对应的权值系数；b 为偏置系数；σ 为激活函数，这里选择 Sigmoid 函数，定义为：

$$\sigma(x) = \frac{1}{1+e^{-x}} \qquad (3.41)$$

本方案通过构建神经网络实现紫外光通信的信道估计，其学习任务场景属于一种回归预测问题，因此，利用均方误差函数来计算网络损失，定义为：

$$Loss(\boldsymbol{W}, b, x, y) = \frac{1}{2} \| h^L - y \|_2^2 \tag{3.42}$$

式中，h^L 为网络实际输出；y 为目标输出；$\| \cdot \|_2$ 为二范数操作。

本方案使用 Dropout 方法进行正则化处理，目的是解决离线训练过程中 DNN 会出现的过拟合问题。在每次训练时，采用 Dropout 随机地激活一部分神经元，使其他神经元处于未激活的状态，然后只对已被激活神经元的权重和偏置参数进行更新，即设置每个神经元被激活的概率为 P，为了下一层神经元的输入信号强度不受到影响，需要对该层神经元的输出值乘上大小为 $1/P$ 的系数。此概率的设置不宜过小，否则会造成欠拟合现象。

(2) 神经网络的训练与优化

DNN 中包含的多层网络结构会使模型的计算过程较为复杂，而且会出现局部最优的现象。为了解决此问题，在本节设计方案的网络训练过程中引入差分进化（Differential Evolution，DE）算法进行优化[8]，DE 算法的目标是进化规模为 NP 且由 D 维参量组成的种群，通常将此 D 维参量称为个体，具体表示为：

$$\boldsymbol{X}_{i,G} = \{x_{i,G}^1, \cdots, x_{i,G}^D\}, i = 1, \cdots, NP \tag{3.43}$$

对种群中所有个体分别执行变异、交叉和选择的操作，寻找最优个体。具体操作如下：

① 变异操作：在参数种群中选取两个个体向量并求其差向量，然后利用缩放后的个体差向量与另一随机个体产生一个新的变异个体，变异方式如下：

$$\boldsymbol{V}_{i,G} = \boldsymbol{X}_{r_1,G} + F(\boldsymbol{X}_{r_2,G} - \boldsymbol{X}_{r_3,G}) \tag{3.44}$$

式中，r_1、r_2、r_3 是在 $[1, NP]$ 范围内的互斥整数，且与 i 的值不同；F 为缩放因子。

② 交叉操作：将原始个体 $\boldsymbol{X}_{i,G}$ 和变异个体 $\boldsymbol{V}_{i,G}$ 进行交叉重组，产生一个新的交叉个体向量 $\boldsymbol{U}_{i,G+1} = \{u_{i,G}^1, \cdots, u_{i,G}^D\}$。交叉方式如下：

$$\boldsymbol{U}_{i,G+1} = \begin{cases} \boldsymbol{V}_{i,G}^j, [\text{rand}(j) \leqslant CR] \text{或} [j = n(j)] \\ \boldsymbol{X}_{i,G}^j, [\text{rand}(j) > CR] \text{和} [j \neq n(j)] \end{cases} \tag{3.45}$$

式中，$\text{rand}(j)$ 是 $[0, 1]$ 上的随机数；CR 表示交叉概率，目的是调整交叉比例，且 $CR \in [0, 1]$；$n(j)$ 是 $[1, D]$ 上的任意整数。

③ 选择操作：采用基于贪心算法的搜索策略选择进入下一代的个体，适应度值越大越优先，选择方式如下：

$$\boldsymbol{X}_{i,G+1} = \begin{cases} \boldsymbol{X}_{i,G}, \text{fitness}(\boldsymbol{U}_{i,G}) \leqslant \text{fitness}(\boldsymbol{X}_{i,G}) \\ \boldsymbol{U}_{i,G}, \text{fitness}(\boldsymbol{U}_{i,G}) > \text{fitness}(\boldsymbol{X}_{i,G}) \end{cases} \tag{3.46}$$

式中，fitness 函数是用来求个体向量的适应度值。

针对 DNN 的连接权值和偏置建立参数种群，通过差分进化算法来实现网络训练时的参数更新，此模型的训练流程如图 3.8 所示。

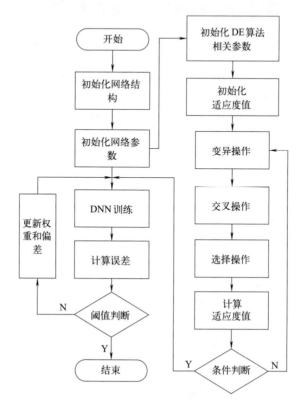

图 3.8　神经网络的训练及优化过程

具体步骤为：

步骤 1：初始化参数设置。DNN 的初始化参数包括网络层数、每层神经元的数量以及参数更新时训练阈值；DE 算法的初始化参数包括种群规模 NP、向量维数 D、缩放因子 F 以及交叉概率 CR。

步骤 2：初始化设置 DNN 开始训练时的连接权重和偏置。

步骤 3：对参数种群中每个个体的适应度值进行初始化设置。本方案 DE 算法中的适应度值利用均方误差函数的平均值来表征。

步骤 4：根据式（3.44）～式（3.46）对参数种群中的个体向量进行变异、交叉和选择操作。

步骤 5：计算新生个体的适应度值，保留最优个体。

步骤 6：判断是否达到 DE 算法的终止条件，如果满足，进行步骤 7，否则返回步骤 4 继续进行差分进化操作。

步骤 7：结合参数种群的最优个体，通过判断学习误差进行参数更新，完成训练过程。

（3）训练样本数据的生成

网络模型训练阶段需要获取足够的信道模型参数，但是实际的紫外光散射信道参数比较难获得，而且紫外光信号的采集和生成条件比较苛刻。因此，本小节采用生成对抗网络（Generative Adversarial Network，GAN）模型生成模拟信道训练数据，用来补充训练样本数据库，利用已有的实际信道样本与人工信道样本进行深度学习训练模拟，从而得到可以完全表征紫外光单次散射信道的人工模拟训练数据。GAN 模型如图 3.9 所示。

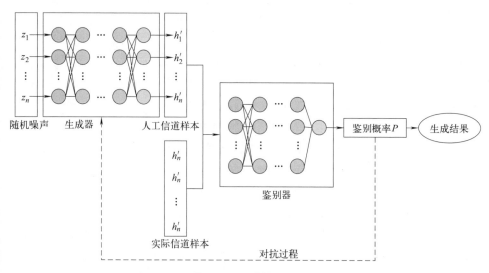

图 3.9 GAN 模型原理图

根据零和博弈的博弈论原理，GAN 模型利用两个网络模型的相互对抗过程来代替模拟训练数据的生成过程，分别在生成器和鉴别器中设计了前馈神经网络，生成器学习如何生成逼近真实信道的数据，以欺骗鉴别器。鉴别器学习如何尽可能正确地区分出真实信道数据和人工模拟数据。通过不断学习和对抗，使最终的模拟数据可以完全替代真实数据。

在此博弈过程中，设有两个玩家，分别为生成器 $G(z, \theta_G)$ 和鉴别器 $D(x, \theta_D)$，其中 G 和 D 分别代表由参数集 θ_G 和 θ_D 构成的前向神经网络的可微函数。然后，生成器和鉴别器根据式（3.47）所示的 min-max 游戏规则进行训练。

$$\min_{\theta_G} \& \max_{\theta_D} L(\theta_G, \theta_D) \tag{3.47}$$

其中，$L(\cdot)$ 为损失函数，定义为：

$$L(\theta_G, \theta_D) = E_{\boldsymbol{h} \sim p_h(\boldsymbol{h})} \big[\ln D(\boldsymbol{h}, \theta_D)\big] + E_{\boldsymbol{z} \sim p_z(\boldsymbol{z})} (\ln\{1 - D[G(\boldsymbol{z}, \theta_G), \theta_D]\})$$

$$(3.48)$$

式中，$p_h(\boldsymbol{h})$ 代表实际信道的样本分布；$p_z(\boldsymbol{z})$ 代表输入随机噪声向量的先验值。

GAN 在进行学习对抗过程时会对 θ_G 和 θ_D 进行调整优化，参数更新的公式如下：

$$\theta_G \leftarrow \theta_G - \alpha \nabla_{\theta_G} L(\theta_G, \theta_D) \tag{3.49}$$

$$\theta_D \leftarrow \theta_D - \alpha \nabla_{\theta_D} L(\theta_G, \theta_D) \tag{3.50}$$

（4）基于神经网络的紫外光单次散射信道估计算法复杂度分析

传统的 LS 和 MMSE 算法都需要提前设置导频等训练序列来标记数据信息，此类估计方法要求接收端在获取到整个信号帧之后再继续接收导频序列，系统后续进行信号检测判决时会出现一定的时延。两种算法在计算量方面也有一定的差异，LS 算法主要执行以除法运算为核心的计算过程，算法复杂度较低，而 MMSE 算法在 LS 算法的基础上对信号中的噪声分量进行额外处理，可以获得较好的信道估计效果，执行计算过程中涉及矩阵求逆操作，要求每个子载波都要进行 $O(K^3)$ 阶次的乘法运算，导致算法复杂度较高。

本节所提信道估计算法主要是基于神经网络进行学习，类似于一种盲估计方法，通过学习出可以表征真实信道的训练数据特征实现信道估计，算法的核心操作在于神经元的非线性激活及优化过程。信道估计方案中的 1D-CNN 需要 $(M+1)t$ 次乘法来获得卷积的输出向量，而 DNN 中第 l 层与第 $l-1$ 层之间的过渡需要进行 $n_l n_{l-1}$ 次乘法实现线性变换。除此之外，还存在一些偏差等比较简单的算法过程，可忽略不计。因此，本方案所使用的深度学习算法的计算复杂度为：

$$\text{complexity} \sim O\left[(M+1)t + \sum_{l=1}^{L} n_l n_{l-1}\right] \tag{3.51}$$

式中，$M+1$ 为卷积层输入向量的长度；t 为一维卷积核的长度；n_l 为 DNN 中第 l 层的神经元个数。总的来说，本方案可以在实现较高精度信道估计的同时具有可以接受的计算复杂度，而且算法搭载在 GPU 上运行，具有较高的运算效率。

（5）基于神经网络的紫外光单次散射信道估计算法仿真结果与分析

本节将对上一节中提出的神经网络模型通过调参进行优化，仿真出其均方误差以评估方案的估计性能，选择最优的模型参数。然后将此信道估计方案和其他传统有效的信道估计方法进行比较，从误码率和均方误差两个角度评估其估计性能。最后通过改变信道模型，使其测试与训练阶段的信道参数不匹配，测试本方案的鲁棒性。本方案中模型训练的超参数预设值如表 3.1 所示。

☐ **表 3.1 神经网络训练超参数预设值**

参数	取值	参数	取值
学习率	0.001	训练测试比	7 : 3
Dropout 丢弃率	0.6	隐含层的层数	5
最大迭代 epoch 数量	60	每层隐含层的神经元个数	5
数据量	3000		

① 模型调参分析

此小节主要针对模型的参数选取以及神经网络调参，对 DL-UVCE 方案进行仿真分析，通过改变网络模型中的 DNN 结构，从隐含层层数和神经元个数两个角度出发，仿真出算法的均方误差性能。首先通过改变隐含层层数 L，进而分析 DL-UVCE 算法的均方误差性能。这里进行了六组仿真，L 分别设为 2、3、4、5、6、7，如图 3.10 所示。

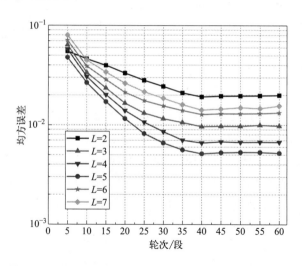

图 3.10 不同 DNN 隐含层层数下 DL-UVCE 算法的均方误差性能曲线

从图 3.10 可以看出，整体上随着迭代 Epoch 次数的增加，DL-UVCE 方案下的均方误差先减小，然后趋于平缓，有轻微的上升趋势。然而，随着 L 的增大，均方误差先减小后增大，即估计性能先变好后变差，当 $L=5$ 时曲线最低，即估计性能最好。

通过上一步仿真取最优情况 $L=5$，然后需要对网络每层隐含层包含神经元的个数进行调参优化。考虑到网络训练的计算复杂度，本方案规定每层隐含层包含的神经元数量是相等的，并设为 n。通过改变 n 的大小，分析 DL-UVCE 方案的整体均方误差性能，如图 3.11 所示。

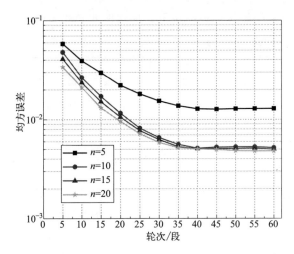

图 3.11 不同 DNN 神经元个数下 DL-UVCE 算法的均方误差性能曲线

由图 3.11 可知，随着网络迭代训练的进行，均方误差整体上先逐渐减小然后趋于平缓。然而，当神经元个数 n 增加时，均方误差曲线越来越低，即估计性能越来越好。需要注意的是，当 n 取 10、15 以及 20 时的均方误差曲线几乎重合，即其对应的估计性能水平近似相等，所以综合考虑估计性能和 DNN 网络的训练复杂程度，这里选取 $n=10$ 即可。

为了分析引入差分进化算法对于模型收敛速度和全局最优性的影响，将本章所提的 DL-UVCE 方案与使用反向传播算法优化的传统 DNN 模型进行对比，如图 3.12 所示。通过在两组不同的网络结构下进行训练，可以明显看出，在相同的神经网络模型结构参数条件下，DL-UVCE 的收敛速度要快于 DNN，而且 DL-UVCE 方案在整个训练过程中具有更好的均方误差性能。

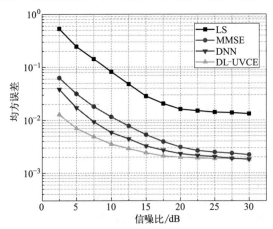

图 3.12 两种优化算法下网络模型的收敛速度对比

② 不同信道估计算法的比较分析

本小节将本章所提 DL-UVCE 方案与常用的 LS 估计、MMSE 估计以及基于反向传播算法优化的传统 DNN 模型估计方法进行对比仿真，从不同的角度出发对比几种信道估计方案的估计效果。首先计算出不同算法下估计出的信道响应系数，通过与真实信道的期望值进行对比，可以直观地看出不同算法的信道估计结果与期望值的差距，如图 3.13 所示。

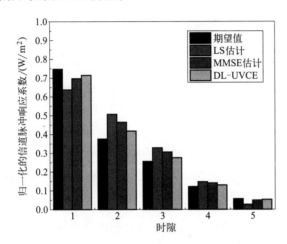

图 3.13　不同算法下的信道响应系数估计结果

从图 3.13 中可以看出，通过 LS 算法估计出的信道响应系数与真实信道的期望值之间差距过大。相比于 LS 算法与 MMSE 算法，DL-UVCE 方案在每一个采样时隙下估计出的信道响应系数都更接近于期望值，所以本章所提 DL-UVCE 方案的估计结果有一定的改善效果，而且相比 LS 算法改进不少，更加接近真实值。

在无线通信系统 OOK 调制模式的基础上，然后以均方误差（Mean Square Error，MSE）和误码率（Bit Error Rate，BER）作为评估信道估计效果的两个标准，将本章所提 DL-UVCE 方案与现有的几种有效信道估计方法进行对比分析，包括 LS 算法、MMSE 算法以及基于经典 DNN 模型的信道估计方案，通过改变系统的信噪比（Signal-Noise Ratio，SNR），仿真观察四种信道估计方案下的均方误差和误码率性能曲线，如图 3.14 所示。

由图 3.14（a）可以看出，随着信噪比逐渐增大，网络输出结果最终的均方误差整体上逐渐降低，即估计性能与信噪比呈正相关。相比于 LS 估计和 MMSE 估计，本章所提 DL-UVCE 方案的均方误差性能有显著的改善效果，具体而言，当信噪比为 15dB 时，均方误差分别降低了 91.5% 和 49.1%。在网络训练过程的反向传播中使用经典梯度下降法进行优化的 DNN 信道估计方案只能逼近 MMSE

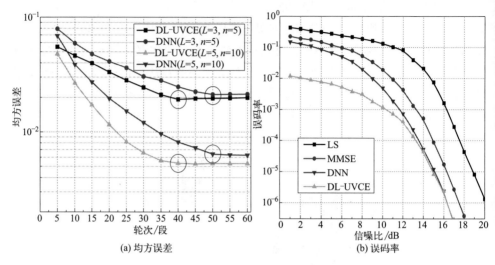

图 3.14　不同算法下的信道估计性能对比曲线

方案的均方误差水平，而本章中引入差分进化算法进行改进优化的 DL-UVCE 方案可以获得比 DNN 方案更好的均方误差性能。由图 3.14（b）可以看出，随着信噪比逐渐增大，经过信道估计处理后的系统误码率整体上逐渐降低。本章所提 DL-UVCE 方案下的误码率水平与传统 LS 估计相比降低了约 1 个数量级，而与 MMSE 估计相比更是降低了约 2 个数量级。值得注意的是，当信噪比小于 15dB 时，DL-UVCE 的误码率性能相较于基于经典 DNN 的信道估计方案有明显改善。这是因为当信号中的噪声含量较多时，学习模型中一维卷积操作的降噪滤波效果更为明显。

③ 算法鲁棒性分析

上述仿真实验过程中，测试阶段和训练阶段所使用的信道统计信息都是来自相同的信道模型。但是，在实际的通信应用场景中，训练和测试阶段所处的信道环境很有可能存在不匹配的情况，所以还需要验证本方案的鲁棒性。通过改变信道估计测试阶段所使用的信道模型，对比 DL-UVCE 方案在具有不同统计量的信道模型下的误码率，分析其估计性能，如图 3.15 所示。

从图 3.15 可以看出，首先，在采用蒙特卡罗方法仿真出的紫外光单次散射信道模型下进行信道估计测试，其误码率曲线与本方案训练时使用的信道模型近似重合，即本章所提的信道估计方案在模型测试阶段具有一定的泛化能力。然后，在引入了大气弱湍流效应的紫外光单次散射信道模型下进行估计测试，在个别信噪比情况下与训练模型有可接受的差距，但是大多数信噪比情况下误码率都近似相等，说明较弱的大气湍流效应不会影响本方案的信道估计效果。因此，通

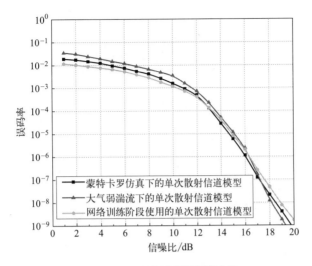

图 3.15 DL-UVCE 方案的鲁棒性分析

过改变测试阶段所使用的信道模型，DL-UVCE 方案在对应情况下的误码率水平基本一致，证明本方案中所设计的神经网络模型在不同的任务场景下具有一定的泛化能力，即 DL-UVCE 方案具有良好的鲁棒性。

3.2.2 基于深度学习的紫外光 MIMO 信道估计方法

(1) 无线紫外光 MIMO 信道模型

本方案采用均匀分布式的无线紫外光 MIMO 通信系统[9]，图 3.16 为由 M 个发射光源和 N 个接收探测器组成的 MIMO 单次散射信道模型。紫外光 MIMO 通信系统通过在收发两端分别部署多个并行的光学天线同时进行多条独立信息数据流的发射和接收，经过对传输信号的分集和合并处理，可以在一定程度上提高信道容量，而且系统获得的分集增益可以削弱接收信号光强起伏现象对于信号检测的负面影响，使系统在大气湍流环境下具有较好的抗衰落能力。

图 3.16 中，$(T_1, T_2, \cdots, T_M)$ 为 M 个发射天线，$(R_1, R_2, \cdots, R_N)$ 为 N 个接收天线，d 为通信距离，β_T 和 β_R 分别表示发射仰角和接收仰角，θ_T 为发射光束的发散角，θ_R 为接收光束的视场角，φ_T 和 φ_R 表示非共面位置条件下收发端光束的偏轴角，同一端相邻天线之间的间隔为 u。信道几何结构参数和大气湍流环境参数共同决定了 MIMO 信道特性。

① 紫外光 MIMO 信道特性

本节在研究紫外光 MIMO 信道特性的过程中假设发射光束足够小，小孔径接收到的光信号之间的相关性可以忽略，以便分析散射效应和湍流效应造成的信道衰减。当信噪比为服从正态分布的信噪模型时，紫外光 MIMO 通信系统中的

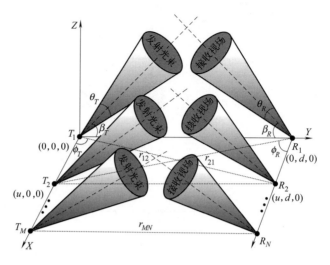

图 3.16 无线紫外光 MIMO 单次散射信道模型

第 j 个接收天线上的接收信号可以表示为：

$$r_j = s\eta \sum_{i=1}^{M} P_{\mathrm{T}}^i I_{ij} + V_j, j = 1, 2, \cdots, N \tag{3.52}$$

式中，s 为信息位且 $s \in \{0, 1\}$；η 为光电转换效率；V_j 为加性高斯白噪声；P_{T}^i 表示第 i 个发射光源的发射功率；I_{ij} 表示当 MIMO 信道受到大气湍流效应影响时，第 i 个发射光源到第 j 个接收检测器之间的接收信号辐照度。

在图 3.16 所示的 UV MIMO 通信系统中，x_i 表示第 i 个紫外发射光源发出的信号，y_j 表示第 j 个光接收机获取到的信号，h_{ij} 表示第 i 个紫外光源到第 j 个光接收机之间的信道响应系数，此参数可以表征当前时刻的信道状态信息。有下列关系：

$$\boldsymbol{y} = \boldsymbol{H}\boldsymbol{x} + \boldsymbol{N} \tag{3.53}$$

式中，$\boldsymbol{y}$ 代表接收信号向量；$\boldsymbol{x}$ 代表发射信号向量；$\boldsymbol{H}$ 代表信道状态信息矩阵；$\boldsymbol{N}$ 代表噪声向量，相互之间统计独立的各噪声分量具有相同的均值和方差。将式（3.53）扩展为 $M \times N$ 规模的紫外光 MIMO 通信系统，则可以表示为：

$$\begin{bmatrix} y_1 \\ y_2 \\ \vdots \\ y_N \end{bmatrix} = \begin{bmatrix} h_{11} & h_{12} & \cdots & h_{1M} \\ h_{21} & h_{22} & \cdots & h_{2M} \\ \vdots & \vdots & \ddots & \vdots \\ h_{N1} & h_{N2} & \cdots & h_{NM} \end{bmatrix} \cdot \begin{bmatrix} x_1 \\ x_2 \\ \vdots \\ x_M \end{bmatrix} + \begin{bmatrix} n_1 \\ n_2 \\ \vdots \\ n_N \end{bmatrix} \tag{3.54}$$

由于 MIMO 系统的空间对称性，$\boldsymbol{H}$ 为对称矩阵，即 $\boldsymbol{H}$ 是满秩的。本方案在小孔径发射、小孔径接收的基础上进行，这种空间对称结构可以保证各子信道分量之间的相互独立性，因此，在研究过程中可以忽略较弱空间相关性对于信道特性的影响，这可以实现紫外光 MIMO 系统的可靠空间复用。根据对于单发单收情况下紫外光单次散射信道特性的分析[10]，第 i 个紫外光源到第 j 个探测器之间的信道响应系数 h_{ij} 可以表示为：

$$h_{ij}(t) = \frac{k_s \theta_R \theta_T^2 \sin(\beta_R + \beta_T) \exp(-k_e ct)}{4\pi^3 r_{ij} \sin(\beta_T) \left(1 - \cos\dfrac{\theta_T}{2}\right)} \qquad (3.55)$$

式中，k_s 和 k_e 分别为信道散射系数和信道消光系数；c 为光速；r_{ij} 为第 i 个发射光源到第 j 个接收器的距离。

对于紫外光 MIMO 信道路径损耗的分析，需要考虑不同收发天线的位置部署关系，主要分为共面位置和非共面位置两种情况，非共面下的紫外光非直视链路由于偏轴角的存在，造成的链路衰减会更加严重。紫外光单次散射信道的路径损耗与通信距离之间呈指数关系[11]，共面位置与非共面位置条件下的路径损耗表达式分别为：

$$L_{ij,\text{coplanar}} = \zeta r_{ij}^{\alpha} \qquad (3.56)$$

$$L_{ij,\text{non-coplanar}} = \zeta r_{ij}^{\alpha} e^{b\varphi_T} \qquad (3.57)$$

式中，ζ 为路径损耗因子；α 为路径损耗指数；b 为偏轴角指数因子。这些参数均与发射端和接收端的仰角参数相关。对于 $M \times N$ 规模的紫外光 MIMO 系统而言，其路径损耗矩阵可以表示为：

$$\boldsymbol{L} = \begin{bmatrix} L_{11} & L_{12} & \cdots & L_{1M} \\ L_{21} & L_{22} & \cdots & L_{2M} \\ \vdots & \vdots & \ddots & \vdots \\ L_{N1} & L_{N2} & \cdots & L_{NM} \end{bmatrix} \qquad (3.58)$$

以 3×3 UV MIMO 系统为例，仿真分析了同一端相邻天线之间的间隔 u 对于不同位置情况下路径损耗的影响，如图 3.17 所示。相关参数取值为：$P_T = 50\text{mW}$，$k_s = 4.9 \times 10^{-4}\text{m}^{-1}$，$k_e = 7.4 \times 10^{-4}\text{m}^{-1}$，$\zeta = 1.5 \times 10^9$，$\alpha = 0.84$，$b = 0.07359$。从图 3.17 可以看出，共面位置下的路径损耗与间隔 u 无关，即偏轴角不会影响共面下的单次散射信道特性。非共面位置下的路径损耗会随着间隔 u 的增加而增大，而且更大的偏轴角会造成更大的路径损耗。

② 紫外光 MIMO 系统误码率性能

假设 MIMO 通信系统在信息收发前后的信道状态信息都是已知的，系统的误码率可以表示为：

$$P_e = \int_{-\infty}^{\infty} N\left(-\frac{2\delta_x^2}{M+N}, \frac{4\delta_x^2}{M+N}\right) Q\left(\frac{\eta I_0 e^x}{2\delta_v^2}\right) dx \qquad (3.59)$$

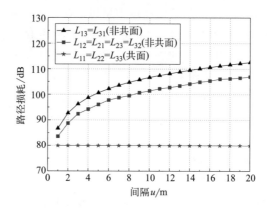

图 3.17 相邻发射天线间隔对于路径损耗的影响

式中，δ_x^2 和 δ_v^2 分别为传输紫外光中信号分量和噪声干扰分量的功率谱密度；I_0 为对数信号光强；η 为紫外探测器的光电转换效率；$N(\cdot,\cdot)$ 为正态分布函数；$Q(\cdot)$ 为互补累计分布函数，具体表示为：

$$Q(x) = \int_x^\infty \frac{1}{\sqrt{2\pi}} \exp\left(-\frac{1}{2}t^2\right) dt \tag{3.60}$$

③ 大气湍流的光束衰减

紫外光信号经过信道传输之后发生的光功率衰减不仅由散射和吸收作用引起，还与大气湍流造成的闪烁衰减（Scintillation Attenuation，SA）有关。对于平面波情况下的直视链路而言，通过 Rytov 理论可以近似得到湍流导致的光束衰减[12]：

$$\alpha = 2 \times \sqrt{23.17 C_n^2 (2\pi/\lambda)^{7/6} d^{11/6}} \tag{3.61}$$

式中，C_n^2 为折射率结构常数，用来度量大气湍流强度；λ 为光波长；d 为通信距离。与研究单次散射类似，这里同样将非直视链路分为两条直视链路，分别为从 T_x 到 V 和从 V 到 R_x。因此，由式（3.61）可得到两条直视链路的光束衰减分别为：

$$\alpha_1 = 2 \times \sqrt{23.17 C_n^2 (2\pi/\lambda)^{7/6} d_1^{11/6}} \tag{3.62}$$

$$\alpha_2 = 2 \times \sqrt{23.17 C_n^2 (2\pi/\lambda)^{7/6} d_2^{11/6}} \tag{3.63}$$

则整条非直视通信链路上的光束衰减为：

$$\alpha_{\text{turb}} = \alpha_1 + \alpha_2 = 2 \times \left(\sqrt{23.17 C_n^2 (2\pi/\lambda)^{7/6} d_1^{11/6}} + \sqrt{23.17 C_n^2 (2\pi/\lambda)^{7/6} d_2^{11/6}}\right) \tag{3.64}$$

在弱湍流的情况下，假设发射端 T_x 发射平面波，并且光束发散角比较小，使公共散射体 V 中湍流导致的闪烁衰减保持恒定。本章使用对数正态（Logarithmic Normal，LN）分布模型来描述紫外光的信号强度分布。为了方便计算，将传输信号光强进行归一化处理，概率密度函数为[13]：

$$f_t(I/\langle I\rangle) = \frac{1}{\sqrt{2\pi}\sigma_I(I/\langle I\rangle)}\exp\left\{-\left[\ln\left(\frac{I}{\langle I\rangle}\right)+\sigma_I^2/2\right]^2/2\sigma_I^2\right\} \quad (3.65)$$

式中，I 为光强起伏；$\langle I\rangle$ 为光强起伏平均值；$I/\langle I\rangle$ 为归一化的光强起伏；σ_I^2 为传输光信号的对数光强起伏方差，也称 Rytov 方差，表示为：

$$\sigma_I^2 = \exp(4\sigma_X^2) - 1 \quad (3.66)$$

式中，σ_X^2 为光波对数振幅变量 X 的方差，与不同大气高度下的 C_n^2 相关。σ_X^2 的具体表达式为：

$$\sigma_X^2 = 0.56(2\pi/\lambda)^{7/6}\int_0^d C_n^2(h)(d-h)^{5/6}\mathrm{d}h \quad (3.67)$$

随着紫外光子经过单次散射到达接收端 R_X，其接收到光信号强度的条件概率密度函数为：

$$f_r(I_r\,|\,I) = \frac{1}{\sqrt{2\pi}\,I_r\sigma_r}\exp\left\{-\left[\ln\frac{I_r}{E(I_r\,|\,I)}+\frac{1}{2}\sigma_r^2\right]^2/2\sigma_r^2\right\} \quad (3.68)$$

其中，对于固定的非直视信道几何模型有 $E(I_r\,|\,I) = IA_r\mathrm{e}^{-k_s d_2}/d_2^2$，$\sigma_r^2$ 为接收光信号的对数光强起伏方差，同样可用式（3.66）表示。根据以上推导可以获得接收光信号强度的边缘概率密度函数分布：

$$f_r(I_r) = \int f_r(I_r\,|\,I)f_t(I)\mathrm{d}I \quad (3.69)$$

（2）基于深度学习的紫外光 MIMO 信道估计方法设计

在无线紫外光 MIMO 通信系统中，接收端接收到的信号为发射端经过多天线发射通过单次散射信道模型且受到噪声干扰的叠加信号，信道估计算法关系着获取到的信道状态信息的准确度，进而从本质上影响了通信的可靠性和有效性。本节将深度学习应用于 UV MIMO 通信系统的信号处理过程，针对湍流环境下的紫外光 MIMO 单次散射信道，利用神经网络强大的自主学习能力进行信道估计，准确估计出信道状态信息（Channel State Information，CSI），进而在接收端恢复出原始信号。

本方案主要采用卷积神经网络作为学习模型，通过将信道估计问题类比为一种二维图像处理问题，神经网络中的 CNN 所具有的强大特征提取能力可以帮助提升 MIMO 通信系统信道估计的准确性。基于 CNN 的紫外光 MIMO 通信系统信道估计整体方案如图 3.18 所示，传输信号在发射端经过空时编码从多个紫外光源发出，经过大气信道后由接收端的多个紫外探测器接收。首先通过 LS 估计算法获得初步的信道状态信息，即二维信道响应系数矩阵。接下来，为了消除噪声以及其他干扰因素对于估计结果的影响，需要将此初步结果做进一步的信息增强处理。利用 CNN 模型的学习过程依次对初始估计结果进行卷积滤波、池化降维以及非线性映射操作，最终获得更为准确的高精度 CSI 信息。

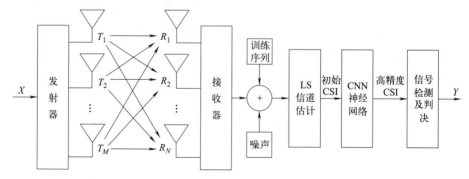

图 3.18　基于 CNN 的紫外光 MIMO 通信系统信道估计整体方案

LS 估计算法的核心思路是通过最小化误差的平方和来实现参数估计的目的，针对无线紫外光通系统而言，传输信号的目标代价函数可表示为：

$$\hat{\boldsymbol{h}}_{LS} = \arg\min \sum_{i=1}^{D} e_i^2 = \arg\min(\boldsymbol{r} - \boldsymbol{s}\hat{\boldsymbol{h}}_{LS})^{\mathrm{T}}(\boldsymbol{r} - \boldsymbol{s}\hat{\boldsymbol{h}}_{LS}) \tag{3.70}$$

式中，e_i 表示误差；$\boldsymbol{r}$ 为接收信号矩阵；$\boldsymbol{s}$ 为发射端的训练序列。将式（3.70）进一步推导为：

$$\hat{\boldsymbol{h}}_{LS} = (\boldsymbol{s}^{\mathrm{T}}\boldsymbol{s})^{-1}\boldsymbol{s}^{\mathrm{T}}\boldsymbol{r} \tag{3.71}$$

① 神经网络结构设计

利用随机发射训练序列和接收信号进行 LS 初步估计，其结果为二维信道响应系数矩阵，将其转换为图像并作为神经网络的输入，如图 3.19 所示。本方案所设计卷积神经网络模型的核心为三层网络，包括一层池化层和两层卷积层，通过 CNN 网络重建出高精度的 CSI 矩阵，以消除噪声和其他干扰项，从而获取到更为精确的信道状态信息。

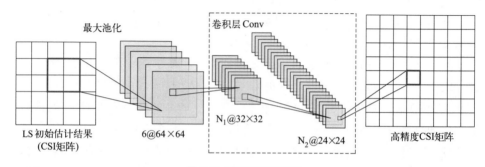

图 3.19　卷积神经网络结构

本小节所设计 CNN 中的池化操作采用最大池化层，目的是缩减模型大小和数据空间。池化的窗口维度设为 2×2，即输入图像将缩减为原来的四分之一。输入特征图的缩小可能会导致网络匹配任务的准确度降低，可以通过设置特征图的多层深度来解决此问题，本方案中将此深度设为 6 层。

如图 3.19 所示，设置两层不同维度的卷积层分别是为了实现特征提取以及非线性映射的网络任务。经过池化操作后，要对信道矩阵做类似图像的处理，两步卷积操作的卷积核大小都设置为 3×3。第一步卷积的特征图大小设为 32×32，分为 N_1 层，第二步卷积的特征图大小设为 24×24，分为 N_2 层。特征图数量越多，表示提取的特征越多，但是这个参数过高会影响网络的运行效率。为了加快收敛过程，在网络的所有结构层中使用 ReLU 作为激活函数，具体表示为：

$$\mathrm{ReLU}(x) = \max(x, 0) \tag{3.72}$$

本方案将 CNN 引入紫外光 MIMO 通信系统，旨在实现对 UV MIMO 信道特性的准确估计，仍然属于一种回归预测任务。因此，网络损失利用均方误差函数来衡量，定义为：

$$\mathrm{Loss} = \frac{1}{MN} \sum_{i=1}^{M} \sum_{j=1}^{N} \| \hat{h}_{ij} - h_{ij} \|_2^2 \tag{3.73}$$

式中，$\hat{h}_{ij}$ 为网络实际输出；h_{ij} 为目标输出；$\| \cdot \|_2$ 为二范数操作。

② 网络训练与信道估计

整体信道估计过程主要有三部分，分别为输入层、网络层和输出层，如图 3.20 所示。输入层主要是需要对 UV MIMO 信道进行建模，然后生成由信道响应系数与训练序列构成的样本数据集。利用 LS 算法估计出初始的 CSI 矩阵，作为网络层的输入。输出层就是通过卷积神经网络重建出的高精度信道估计结果。为了提升网络层的特征提取能力以及准确性，在 CNN 的构建过程中引入了注意力机制[14]，即网络层主要由 CNN 和 AM 网络组成。将 CNN 提取到的浅层特征输入到 AM 网络中，再进一步与经过卷积操作和批量归一化（Batch Normalization，BN）处理后提取到的特征进行融合，得到深层显著特征。最后通过反卷积操作对此特征进行噪声过滤，然后通过全连接层进行输出。

AM 网络的输入是 CNN 自身卷积层提取到的低维特征，输出是该特征对应的注意力权重系数，其运算过程主要分为三个阶段，具体步骤为：

步骤 1：首先从模型的卷积层中提取得到初步的 CSI 矩阵，其可以看成由一系列的（h，key）组成，此时给定某一个目标元素 $h_{i,j}$（$0 \leqslant i \leqslant M$，$0 \leqslant j \leqslant N$），其中 M、N 表示 MIMO 天线矩阵的维度大小。在注意力机制层通过对两向量进行求内积操作来计算 $h_{i,j}$ 与每个 key_t（$0 \leqslant t \leqslant MN$）值的相似性，表达式为：

$$\mathrm{similarity}(h_{i,j}, key_t) = h_{i,j} key_t \tag{3.74}$$

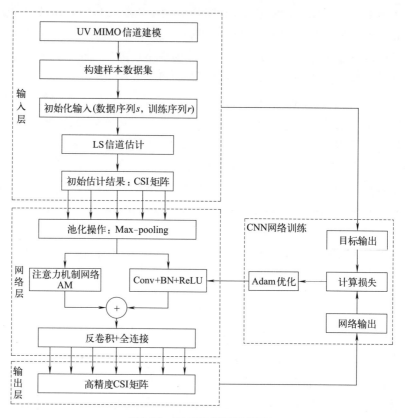

图 3.20 AM-CNN 信道估计流程图

步骤 2：对第一步所产生的数值结果取值范围不一致问题进行处理，主要通过引入 SoftMax 函数做数值转换，进行归一化处理，表达式为：

$$a_t = \text{SoftMax}(Sim_t) = \frac{\text{e}^{Sim_t}}{\sum\limits_{p=1}^{MN} \text{e}^{Sim_p}} \tag{3.75}$$

步骤 3：计算 a_t 即为 h_t 时对应的权值系数，线性求和得到注意力权值系数，表达式为：

$$\text{Attention}(a_t, h_t) = \sum_{t=1}^{MN} a_t h_t \tag{3.76}$$

本节所设计神经网络的训练过程主要是通过计算输入层中的目标信息与输出层最终信道估计结果之间的损失误差，然后利用 Adam 优化器对参数进行迭代优化，可以自适应地更新参数。传统优化方法中一般需要在训练阶段的过程中手动调整学习率等超参数，最优的参数选择才能获得最佳的学习模型，Adam 算法是一种可以自适应调整相关参数的方法[15]，经过初始化学习率、指数衰减率等超参数，通过矩估计操作对网络参数的偏差数值进行预测并及时做出更新修正，该优化方法对于超参数的各种初始化情况表现较为稳定。Adam 自适应优化算法具体步骤如表 3.2 所示。

☐ 表 3.2　Adam 自适应优化算法

Adam 自适应优化算法
输入：学习率 α，矩估计的指数衰减率 ρ_1 和 ρ_2，小常数量 δ，模型初始参数 θ
输出：更新后的模型参数 θ^*
Begin
1. 进行参数初始化：
一阶矩变量 $s=0$
二阶矩变量 $r=0$
时间步长 $t=0$
2. while 未达到停止标准 do
3. 在训练数据集中取 m 个样本组成小批量：$\{(x^{(1)}, y^{(1)}), \cdots, (x^{(m)}, y^{(m)})\}$
4. 计算梯度：$g = \dfrac{1}{m} \nabla_\theta \sum\limits_{i=1}^{m} L(f(x^{(i)}; \theta), y^{(i)})$
5. 时间步长递增：$t \leftarrow t+1$
6. 更新有偏一阶矩估计：$s \leftarrow \rho_1 s + (1-\rho_1)g$
7. 更新有偏二阶矩估计：$r \leftarrow \rho_2 r + (1-\rho_2)g \odot g$
8. 修正一阶矩估计的偏差：$\hat{s} = \dfrac{s}{1-\rho_1^t}$
9. 修正一阶矩估计的偏差：$\hat{r} = \dfrac{r}{1-\rho_2^t}$
10. 更新网络模型参数：$\theta^* = \theta + \Delta\theta = \theta - \alpha \dfrac{\hat{s}}{\sqrt{\hat{r}} + \delta}$
11. end while
End

（3）基于深度学习的紫外光 MIMO 信道估计实验与分析

为了验证 AM-CNN 估计方案的效果，本节对 UV MIMO 信道模型以及 AM-CNN 信道估计方案进行仿真实验。首先通过 MATLAB 软件对 UV MIMO 信道进行建模，仿真得出信道脉冲响应、湍流概率模型以及信道衰减特性。其次，在 Linux 操作系统上使用 Python 语言中的 Keras 框架搭建出本章所设计的神经网络模型，通过训练与测试过程对信道估计效果进行仿真。

① 无线紫外光 MIMO 信道特性分析

根据上一节中的紫外光 MIMO 单次散射信道模型，对其信道特性进行仿真分析。本节以 3×3UV MIMO 信道为例，所采用的非直视紫外光 MIMO 通信系统的基本参数如表 3.3 所示，对不同收发天线组合下的信道脉冲响应、三维传输衰减变化曲线以及不同参数对于湍流效应概率模型的影响进行仿真。

参数	取值	参数	取值
波长 λ	255nm	发射端光功率 P_T	100mW
散射系数 k_s	0.49km^{-1}	通信速率 R_b	1Mbps
消光系数 k_e	0.74km^{-1}	光束发散角和接收视场角 (θ_T, θ_R)	(15°,15°)
接收孔径面积 A_r	1.77cm^2	同一端相邻天线之间的间隔 u	5m

　　在 3×3 UV MIMO 系统的信道响应矩阵 **H** 中，根据不同收发天线的位置关系，可以分为共面和非共面两种情况，h_{11}、h_{22}、h_{33} 为共面情况下的信道响应系数，h_{12}、h_{21}、h_{23}、h_{32}、h_{13}、h_{31} 为非共面情况下的信道响应系数。以 h_{11} 和 h_{12} 为分析对象，不同的通信距离 d 会导致信道响应波形发生变化，如图 3.21 所示。在同一位置情况下，随着 d 的增加，脉冲展宽会变大。而在不同位置情况下，非共面的信道响应幅度比共面下的信道响应幅度要更低，而且脉冲展宽变得更大，这是因为偏轴角的存在会导致非直视通信的散射衰减更为严重。

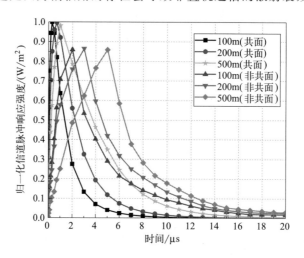

图 3.21　不同通信距离下信道脉冲响应波形图

　　针对 3×3 UV MIMO 信道，通过改变相关参数研究其大气湍流特性。图 3.22 展示了不同通信距离、收发端仰角以及湍流强度下接收光信号强度的概率密度函数（Probability Density Function，PDF）分布。图 3.22（a）中，仿真设置收发端仰角均为 30°且湍流强度 $C_n^2 = 10^{-16} m^{-2/3}$，可以明显看出，接收光信号强度的 PDF 方差随着通信距离 d 的增加而增大，而且通信距离越大，信号的能量衰减越严重。图 3.22（b）中，固定设置通信距离和湍流强度，分别设为 $d = 200$m 和 $C_n^2 = 10^{-16} m^{-2/3}$，改变发射仰角 β_T 和接收仰角 β_R，结果表明，接收光信号强度的 PDF 方差会随着收发端仰角的增大而增大，同样引起了能量衰减的增加。图 3.22（c）中，固定通信距离和仰角参数，分别设为 $d=200$m 和 $\beta_T=\beta_R=30°$，在不同的湍流强度下观察信号强度分布，结果表明，在较弱的湍流环境下，接收光信号强度的 PDF 方差较小，但是随着 C_n^2 的增大，接收光信号强度的 PDF 方差逐渐增大，当 C_n^2 达到强湍流程度时，能量衰减非常大，这种情况下的通信无法正常进行。

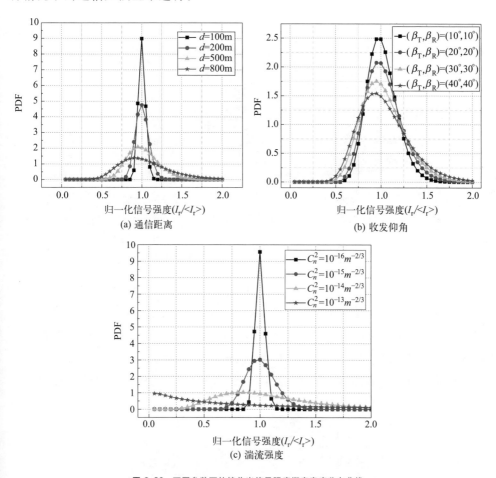

(a) 通信距离
(b) 收发仰角
(c) 湍流强度

图 3.22　不同参数下的接收光信号强度概率密度分布曲线

传输衰减作为紫外光信道的重要特性，可以为后续深度学习模型提供关键的预测依据和学习特征。在 3×3 UV MIMO 通信系统中总共有 9 条通信链路，包括共面与非共面的收发位置关系。本节为了保证 MIMO 系统的准对称性，将收发端对应的几何角度参数设置为相同。本节综合考虑散射效应引起的路径损耗和湍流效应引起的光束衰减，以 T_1-R_1、T_2-R_1 和 T_3-R_1 三条链路为研究对象，对应的链路传输衰减分别为 L_{11}、L_{21} 和 L_{31}。图 3.23 为 MIMO 系统中非直视链路的传输衰减随收发端仰角变化的三维曲线。固定通信距离和湍流强度，分别设置为 $d=200\mathrm{m}$ 和 $C_n^2=10^{-16}\ m^{-2/3}$。由图 3.23 可知，随着仰角参数的增大，通信系统中发生的传输衰减也随之增大，且发射端仰角 β_T 对于衰减的影响更大；对于不同链路而言，非共面下的传输衰减明显更大，而且偏轴角越大，信道衰落更为严重。

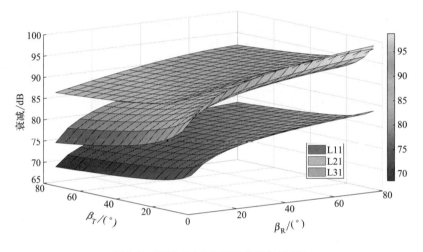

图 3.23　收发仰角变化对于系统传输衰减的影响

为了分析大气湍流对于通信系统传输衰减的影响，图 3.24 展示了不同湍流强度下传输衰减随通信距离的变化情况，这里以共面情况下的 T_1-R_1 路径为研究对象，固定收发端的几何结构，取收发端仰角为 $\beta_T=\beta_R=10°$，在四组湍流强度下进行仿真实验。由图 3.24 可知，通信链路上的传输衰减整体上与通信距离呈正相关。值得注意的是，当通信距离小于 100m 时，大气湍流对传输衰减的影

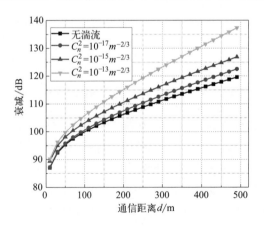

图 3.24　不同湍流强度下传输衰减随通信距离的变化曲线

响较弱；当通信距离较大时，随着湍流强度的不断增加，传输衰减逐渐增大，进而对紫外光通信系统造成不可忽视的影响。

② AM-CNN 估计性能分析

在 3×3 UV MIMO 通信系统的基础上，根据以上信道特性构建神经网络训练阶段需要的数据集，以均方误差和误码率为评估标准，仿真分析本章所提 AM-CNN 信道估计方法的性能。本方案中对于神经网络相关设置如表 3.4 所示。

▱ 表 3.4　神经网络超参数设置

参数	取值	参数	取值
学习率	0.001	训练测试比	7∶3
丢弃率	0.6	N_1	7
批尺寸	10	N_2	5
数据量	3000		

根据上一小节中对于信道特性的仿真结果，选择信道参数为 $d=100$，$\beta_{\mathrm{T}}=\beta_{\mathrm{R}}=10°$，$C_n^2=10^{-16}m^{-2/3}$，采用 PPM 调制方式，仿真分析了两种闪烁方差下不同 MIMO 结构对于 AM-CNN 信道估计性能的影响，如图 3.25 所示。图 3.25（a）展示了三种信道结构下的信道估计均方误差性能，可以看出，随着收发天线数量的增加，均方误差逐渐降低，相比于 SISO 结构，MIMO 结构下的均方误差性能提高幅度较大。而且当闪烁方差 σ_{r}^2 变大时，均方误差性能变差。图 3.25（b）展示了三种信道结构下的系统误码率性能，可以看出，随着收发端所部署的天线数量逐渐增加，误码率逐渐降低，相比于 SISO 结构，MIMO 结构下的误码率性能改善效果较为明显。而且当闪烁方差 σ_{r}^2 变大时，误码率性能变差。因

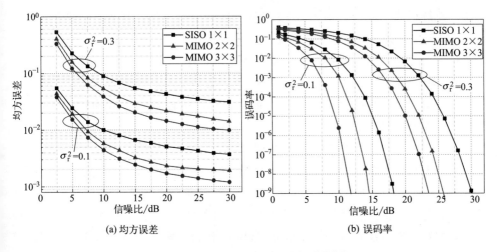

图 3.25　不同 MIMO 结构下的信道估计性能曲线

此，对于紫外光 MIMO 系统来说，本章所提的信道估计方案可以有效抑制散射和湍流效应带来的信道衰减。

根据无线通信系统收发信机的不同部署方式，基于 SISO 信道模型可以推导出具有不同 MIMO 结构的向量模型。单发射器多接收器（Single-Input Multiple-Output，SIMO）和多发射器单接收器（Multiple-Input Single-Output，MISO）均是特殊形式的 MIMO 结构，SIMO 和 MISO 通信系统可以看作由多个 SISO 通信系统作为子信道合成而成。在仅改变发射天线数量或接收天线数量的基础上，分析本章所提 AM-CNN 方案下紫外光 SIMO 和 MISO 系统的误码率性能，如图 3.26 所示。

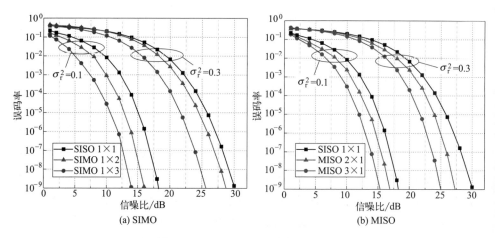

图 3.26　SIMO 和 MISO 系统的误码率性能

图 3.26（a）和图 3.26（b）分别为两组闪烁方差 σ_r^2 下 SIMO 结构和 MISO 结构的系统误码率曲线。由图 3.26 可知，随着信噪比逐渐增加，SIMO 和 MISO 结构下的系统误码率均逐渐降低，而且更大的闪烁方差 σ_r^2 会导致更差的误码率性能。此外，不管是发射天线数量的增加，还是接收天线数量的增加，SIMO 和 MISO 结构下的误码率都会在 SISO 系统的基础上逐渐减小，但是相比于图 3.25（b）所示不同 MIMO 结构下的系统误码率性能，不同 SIMO 和 MISO 结构下的误码率降低程度相对较小。

以 3×3 UV MIMO 散射信道为研究对象，从估计结果、均方误差以及系统误码率三个角度出发，对本章所提 AM-CNN 信道估计方案进行对比仿真分析。如图 3.27 所示，通过仿真计算出了 AM-CNN 信道估计流程中不同阶段的估计结果，并与真实信道的期望值进行对比。根据本章所提紫外光 MIMO 信道模型所具有的对称性，在 CSI 矩阵中取 h_{11} 和 h_{12} 作为共面和非共面位置情况下的信道响应系数估计结果的代表，通过对比 LS 初始估计值、AM-CNN 最终估计值

与真实信道期望值之间的差距来分析 AM-CNN 方案的信道估计效果。从图 3.27
中可以明显看出，在同一时间采样点下，非共面位置下的信道脉冲响应要小于共
面情况下的估计结果，这是由于偏轴角的存在会使得信道散射作用对信道衰减产
生更为严重的影响。另一方面，与经过 LS 估计算法所得到的初始估计值相比，
AM-CNN 方案的最终估计结果要更接近期望值，证明经过 AM-CNN 方案的训
练以及优化流程之后可以获得更高精度的 CSI 信道特性。

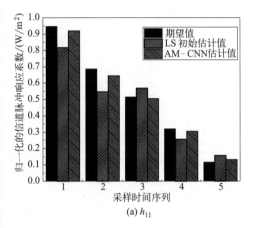
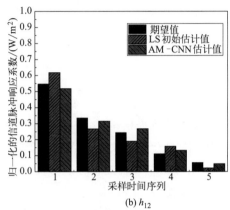

(a) h_{11} (b) h_{12}

图 3.27　不同 MIMO 结构下的信道估计性能曲线

　　接下来通过计算不同信噪比下的均方误差和系统误码率对比分析不同信道估
计方案下的估计性能，如图 3.28 所示。由图 3.28（a）可知，均方误差整体上
随着信噪比的增加而降低，即估计性能越来越好。AM-CNN 方案的均方误差性
能相比 LS 估计方案有显著的改善。此外，在没有引入注意力机制的传统 CNN
模型下的均方误差性能只能逼近 MMSE 估计，而本章的最终方案在引入注意力
机制之后可以获得比 MMSE 估计更好的均方误差性能。由图 3.28（b）可知，
四种信道估计方案下的误码率整体上都随着信噪比的增加而逐渐降低，而且相比
于其他三种信道估计方案，AM-CNN 估计具有更好的误码率性能。而且，当信
噪比逐渐变大时，AM-CNN 方案下的误码率性能相比于其他信道估计方法的改
进程度愈发明显，尤其当信噪比大于 13dB 时，误码率可以达到 10^{-9} 量级以下，
这主要因为 AM-CNN 方案具有的深度特征提取能力可以进一步优化对于噪声的
滤除效果，网络训练最终得到的信道特性更加接近真实信道，信道估计的效率以
及精度会进一步提高。

　　③ 稳定性分析

　　不同通信场景中的大气湍流效应对于通信的影响程度是不同的，当进行远距
离的紫外光非直视通信时，大气湍流造成的信道衰落问题不可忽视。本节最后为

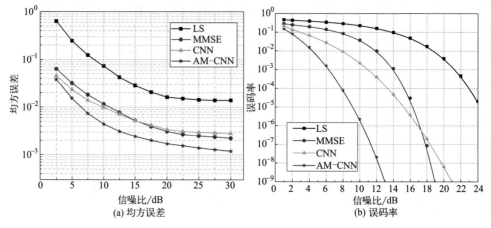

图 3. 28　不同算法下的信道估计性能对比曲线

了验证本章所提信道估计方案在不同大气湍流信道环境下的稳定性,在 3×3 UV MIMO 信道结构下,通过改变紫外光信道模型中的湍流强度 C_n^2 来分析 AM-CNN 方案的估计性能,分别仿真出弱、中、强以及无湍流四种情况下的系统误码率,如图 3.29 所示。

从图 3.29 可以看出,当 MIMO 信道处于中、弱级别湍流以及无湍流的情况时,其对应的 AM-CNN 估计方案误码率曲线比较接近,即具有近似的信道估计性能。但是当 MIMO 信道处于强湍流环境时,AM-CNN 估计方案产生了相对于其他情况较高的误码率,即信道估计效果有所削弱,在下一步工作中将重点优化此问题。因此,在未达到强湍流的条件下,本章所提方案对于紫外光 MIMO 通信系统的信道估计具有一定的稳定性,可以有效且稳定地抑制大气湍流效应造成的信道衰落问题。

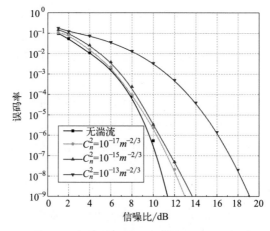

图 3. 29　湍流强度对 AM-CNN 信道估计性能的影响

参 考 文 献

[1] 唐义，倪国强，蓝天，等. "日盲"紫外光通信系统传输距离的仿真计算 [J]. 光学技术，2007，33（1）：27-30.

[2] 李霁野，邱柯妮，王云帆. 自由大气紫外光通信中几类光源的比较和研究 [J]. 光通信技术，2006，30（9）：56-57.

[3] 马宁，李晓毅，杨刚，等. 紫外光通信 LED 阵列光源的设计 [J]. 科学技术与工程，2014，14（14）：230-234.

[4] 罗畅. 非视距光通信信号处理研究与基带系统设计 [D]. 北京：中国科学院研究生院（空间科学与应用研究中心），2011.

[5] Luettgen M R，Reilly D M，Shapiro J H. Non-line-of-sight single-scatter propagation model [J]. Journal of the Optical Society of America A，1991，8（12）：1964-1972.

[6] Xiao H，Zuo Y，Wu J，et al. Non-line-of-sight ultraviolet single-scatter propagation model [J]. Optics Express，2011，19（18）：17864-17875.

[7] 罗畅，李霁野，陈晓敏. 无线紫外通信信道分析 [J]. 激光与光电子学进展，2011，48（4）：31-36.

[8] Fang Z，Shi J. Least Square Channel Estimation for Two-Way Relay MIMO OFDM Systems [J]. ETRI Journal，2011，33（5）：806-809.

[9] Gao S，Yu Y，Wang Y，et al. Chaotic Local Search-Based Differential Evolution Algorithms for Optimization [J]. IEEE Transactions on Systems，Man，and Cybernetics：Systems，2019，51（6）：3954-3967.

[10] Qin H，Zuo Y，Li F，et al. Scattered propagation MIMO channel model for non-line-of-sight ultraviolet optical transmission [J]. IEEE Photonics Technology Letters，2017，29（21）：1907-1910.

[11] Zhao T，Lv X，Zhang H，et al. Wireless ultraviolet scattering channel estimation method based on deep learning [J]. Optics Express，2021，29（24）：39633-39647.

[12] Zuo Y，Xiao H，Wu J，et al. A single-scatter path loss model for non-line-of-sight ultraviolet channels [J]. Optics Express，2012，20（9）：10359-10369.

[13] Xiao H，Zuo Y，Wu J，et al. Non-line-of-sight ultraviolet single-scatter propagation model in random turbulent medium [J]. Optics Letters，2013，38（17）：3366-3369.

[14] Ding H，Chen G，Majumdar A K，et al. Turbulence modeling for non-line-of-sight ultraviolet scattering channels [C]. Atmospheric Propagation Ⅷ. International Society for Optics and Photonics，2011，8038：80380J.

[15] Wu B，Yuan S，Li P，et al. Radar emitter signal recognition based on one-dimensional convolutional neural network with attention mechanism [J]. Sensors，2020，20（21）：6350.

第**4**章
紫外光散射信道均衡

无线紫外光非直视通信信号存在较为严重的码间干扰和噪声，极大地限制了无线紫外光通信的传输速率和通信距离。为了尽可能提高通信系统的性能，研究适合于无线紫外光散射通信系统的信道估计与信道均衡技术是十分必要的。

4.1 信道均衡技术

信道均衡技术是为了消除或者抑制通信时的码间干扰问题，能够针对信道特性对信道或整个传输系统特性进行补偿。无线光通信以脉冲体制的调制居多，若脉冲信号经过一个低通滤波器，则在时域内就会展宽，导致相邻的脉冲间相互干扰。当码间干扰严重时，必须对系统的传输函数 $H(\omega)$ 进行校正，使其达到无码间干扰要求的特性。在基带系统中插入一种可调或不可调滤波器就可以补偿整个系统的幅频/相频特性，从而抑制码间干扰的影响[1]。这种对系统校正的过程称为均衡，实现均衡的滤波器称为均衡器。

均衡分为频域均衡和时域均衡，频域均衡主要考虑频率响应，使包括均衡器在内的整个系统的总传输函数满足无失真传输条件。时域均衡从时间响应考虑，使包括均衡器在内的整个系统的冲激响应满足无码间干扰条件。设均衡器的传输函数为 $C(\omega)$，则加入均衡器后整个通信系统的传输函数为：

$$H'(\omega)=C(\omega)H(\omega) \tag{4.1}$$

若要使系统满足无失真传输条件，即 $H'(\omega)=K$，其中 K 为常数，则有：

$$C(\omega)=\frac{K}{H(\omega)} \tag{4.2}$$

信道均衡的目的是对信道进行补偿，使得均衡器输出信号趋近于真实值，在一定程度上抑制码间干扰，带信道均衡的无线紫外光通信系统如图 4.1 所示。

在如图 4.1 所示的通信系统中，信号经过调制后加载到紫外光信号上发送出来。信号经过大气信道 $H(\omega)$ 后到达接收端，光电探测器对光信号进行光电转换。接收机对光电转换后信号进行信道估计得到 $\hat{H}(\omega)$，信道均衡器利用估计结果对接收信号进行均衡。在盲均衡中不进行信道估计过程，一般以某种目标函数作为最佳准则求解均衡器系数。

图 4.1 带信道均衡的无线紫外光通信系统示意图

在均衡中最常使用的是横向滤波器，滤波器的输入是接收信号的离散采样，输出是信号的估计值，对估计值进行判决得到最终的估计序列。线性均衡器的结构如图 4.2 所示。

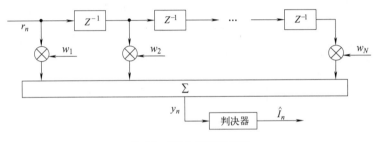

图 4.2 线性均衡器原理框图

线性均衡器对于抑制码间干扰有一定的局限性[2]。当信号的码间干扰不严重时，线性均衡器能有较好的均衡效果；但码间干扰较为严重时，信道频域响应会出现较深的"凹槽"。为了补偿该"凹槽"，线性均衡器必须对该段频谱放大，因而也会将该频段的噪声增大，使均衡效果变差。引入了反馈滤波器的判决反馈均衡器是一种非线性均衡器。判决反馈均衡器由两部分组成，第一部分是前馈滤波器，第二部分为反馈滤波器[3]。前馈滤波器和线性均衡器相同，反馈滤波器的输入是估计输出值，它的输出用于下一信号的估计。由于在均衡中引入了已检测出的信号，所以判决反馈均衡器为非线性均衡器，它在信道状态较为恶劣的情况下也有较好的均衡效果。

在实际通信时对信道均衡算法的实时性要求较高，并且信道特性一般都是未知的。所以各类算法都需要一种在实际应用中易于计算的实现方式。能够自动调节均衡器系数的均衡算法称为自适应均衡器[4]。通过引入误差作为自适应算法的输入，自动调节均衡器系数，使得均衡器能够通过迭代的方式使输出信号收敛于真实值。常用的自适应均衡器一般包括 LMS 均衡器、递归最小二乘（Recursive Least Squares，RLS）均衡器、Bussgang 类自适应盲均衡器等。

4.2　无线紫外光散射通信中反馈均衡算法

4.2.1　自适应判决反馈均衡算法

(1) LMS 自适应均衡算法

自适应均衡算法的目的是根据接收信号自适应地计算 $C(\omega)$ 所对应的均衡器抽头系数 w，也称为权系数向量。LMS 自适应均衡算法是一种很常用的均衡算法。LMS 基于最小均方误差准则，自适应计算均衡器中横向滤波器的抽头系数，使得输出信号的均方误差最小。LMS 算法的待估计值变为了通信信号序列，如下所示：

$$J(n)=E\{|e_n|^2\}=E\{|d_n-\boldsymbol{w}^{\mathrm{T}}\boldsymbol{r}_n|^2\} \tag{4.3}$$

式中，e_n 为误差；d_n 为期望信号；$\boldsymbol{r}_n$ 为接收信号序列。LMS 均衡就是使目标函数最小化，求解过程一般使用最陡下降法。定义横向滤波器的权系数向量：

$$\boldsymbol{w}_n=[w_n^0,w_n^1,\cdots,w_n^{N-1}]^{\mathrm{T}} \tag{4.4}$$

式中，N 表示均衡器抽头个数。最陡下降法的权向量更新过程表示为：

$$\boldsymbol{w}_n=\boldsymbol{w}_{n-1}-\frac{1}{2}\mu_n\,\nabla\boldsymbol{J}_{n-1} \tag{4.5}$$

式中，μ_n 表示迭代步长；$\nabla\boldsymbol{J}_n$ 表示目标函数的梯度向量。为便于计算，一般采用瞬时梯度向量 $\hat{\nabla}\boldsymbol{J}_n=-2\boldsymbol{r}_ne_n$ 代替真实梯度向量。综上分析，LMS 算法的迭代公式如下：

$$\hat{s}_n=\boldsymbol{w}_n^{\mathrm{T}}\boldsymbol{r}_n \tag{4.6}$$

$$e_n=d_n-\hat{s}_n \tag{4.7}$$

$$\boldsymbol{w}_{n+1}=\boldsymbol{w}_n+\mu_n\boldsymbol{r}_ne_n \tag{4.8}$$

当以上公式中的 μ_n 为常数时，称为基本 LMS 算法。LMS 算法的期望信号 d_n 通常由训练序列给出，也可直接使用估计信号作为期望信号，另外，更新步长必须满足一定的条件才能使 LMS 算法收敛。

(2) FSE 的盲实现方法

自适应 FSE 的实现需要通过期望信号来计算估计误差，通常在信号序列中插入训练序列来提供期望信号。但无线紫外光 NLOS 散射信道带宽较小，训练序列会占用部分带宽，限制通信速率。若直接使用估计信号作为期望信号可以解决带宽占用的问题，但估计信号刚开始并不准确，会使算法收敛过慢。所以研究 FSE 的盲均衡方法是十分必要的。

利用观测信号和信号自身的统计特征进行均衡的均衡器称为半盲均衡，本节所指盲均衡都为半盲均衡。盲均衡算法会在自适应过程中通过一个非线性变换产生期望响应的估计。通过非线性变换添加位置的不同，可以分为 Bussgang 类算法、高阶或循环统计量算法和非线性均衡器算法三类，加入非线性变换的位置分别在均衡器输出端、均衡器输入端和均衡器内部。

无线紫外光的调制方式一般直接采用 OOK 调制方式，信号具有常模特性，即信号具有恒定的包络，因此可以考虑使用 Bussgang 类盲均衡算法来进行信道均衡。

CMA 算法是一种基于信号常模特性的 LMS 算法[3]，它的目标函数定义为：

$$J(\boldsymbol{w}_n)=E\left\{\left|\left|\boldsymbol{w}_n^{\mathrm{T}}\boldsymbol{r}_n\right|^p-\left|R\right|^p\right|^q\right\} \tag{4.9}$$

式中，R 为信号恒定包络的幅值；p、q 等于 1 或 2。若令 $R=1$，$p=1$，$q=2$，则 LMS 算法中的期望信号预测值 $\hat{s}_n$ 为：

$$\hat{s}_n=\frac{\boldsymbol{y}_n}{\left|\boldsymbol{y}_n\right|} \tag{4.10}$$

式中，y_n 为均衡器的输出信号，在盲均衡算法中，将用 $\hat{s}_n$ 来代替 y_n 作为期望信号。式（4.10）可以提取接收信号中的常模信号，但只适用于零均值的双极性编码。由于无线紫外光通信系统的特点，接收信号只能是单极性信号，因此在采用 CMA 均衡时，需要用接收信号减去均值，进行双极性化处理。在 CMA-FSE 均衡算法中，以 FSE 均衡器替代 CMA 算法中的 LMS 均衡器，FSE 中的期望信号同样可由式（4.10）给出。至此，可以得到 CMA-FSE 盲均衡器的总体结构，原理框图如图 4.3 所示。

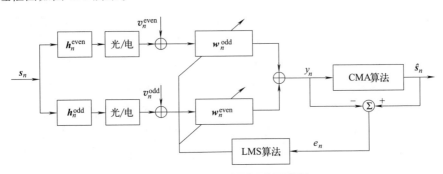

图 4.3　T/2 分数间隔盲均衡器的原理框图

(3) RLS 算法

相比 LMS 算法通过最陡下降法进行极值点逼近，RLS（递归最小二乘）算法使用最小平方逼近法将获得更快的收敛速度，这种算法之所以可以快速收敛，因为它是通过实际接收信号的平均误差表达式对滤波器抽头系数进行更新，而不是通过统计递推来进行权系数更新[5]。RLS 算法是通过时间来进行迭代计算的，即对某一时间范围内的所有误差的平方的均值的最小化，所以其观测数据长度是可变的，滤波器的抽头系数的更新准则可以表示为：

$$\varepsilon(k) = \sum_{i=1}^{k} \lambda^{k-i} e^2(k) \tag{4.11}$$

公式中引入了新的变量 λ（加权因子），也称为遗忘因子，λ 的取值范围是 $0 < \lambda \leqslant 1$。遗忘因子顾名思义就是对不同时刻的误差平方具有不同程度的遗忘作用，距离 k 时刻越远，λ 对误差平方的权重就越小。也就是说当，$\lambda = 0$ 时，所有时刻的误差平方的权重一样；而当 $\lambda = 0$ 时，所有过去时刻的误差平方都被遗忘，只有目前时刻的误差平方被用作更改抽头系数的参考。为了求出 $\varepsilon(k)$ 最小值对应的最佳权系数，我们对其进行权系数求导，并令其等于 0：

$$\frac{\partial \varepsilon(k)}{\partial w} = 0 \tag{4.12}$$

解得：

$$w(k) = \boldsymbol{R}^{-1}(k) \boldsymbol{r}(k) \tag{4.13}$$

其中：

$$\boldsymbol{R}(k) = \sum_{i=0}^{k} \lambda^{k-i} \boldsymbol{x}(i) \boldsymbol{x}(i)^{\mathrm{T}} \tag{4.14}$$

$$\boldsymbol{r}(k) = \sum_{i=0}^{k} \lambda^{k-i} \boldsymbol{x}(i) \boldsymbol{d}(i) \tag{4.15}$$

由式（4.13）可以看出，最小二乘的最佳抽头系数最终依然收敛为最佳维纳滤波解 w_0[6]。$\boldsymbol{R}(k)$ 是含权系数的输入序列的自相关矩阵，$\boldsymbol{r}(k)$ 是含权系数的输入序列和期望输出序列的互相关矩阵。下面我们分析最小二乘的相关递推公式：

$$\boldsymbol{R}(k) = \lambda \boldsymbol{R}(k-1) + \boldsymbol{x}(k) \boldsymbol{x}(k)^{\mathrm{T}} \tag{4.16}$$

$$\boldsymbol{r}(k) = \lambda \boldsymbol{r}(k-1) + \boldsymbol{x}(k) \boldsymbol{d}(k) \tag{4.17}$$

则输入序列确定的相关矩阵的逆矩阵 $\boldsymbol{R}^{-1}(k)$ 的递推公式可以表示为：

$$
\begin{aligned}
\boldsymbol{R}^{-1}(k) &= \frac{1}{\lambda} \left[\boldsymbol{R}^{-1}(k-1) - \frac{\boldsymbol{R}^{-1}(k-1) \boldsymbol{x}(k) \boldsymbol{x}(k)^{\mathrm{T}} \boldsymbol{R}^{-1}(k-1)}{\lambda + \boldsymbol{x}(k)^{\mathrm{T}} \boldsymbol{R}^{-1}(k-1) \boldsymbol{x}(k)} \right] \\
&= \frac{1}{\lambda} \left[\boldsymbol{R}^{-1}(k-1) - \mu(k) \boldsymbol{x}(k)^{\mathrm{T}} \boldsymbol{R}^{-1}(k-1) \right]
\end{aligned}
\tag{4.18}
$$

其中，$\mu(k)$ 称为增益修正系数，它是通过分析误差来确定权系数更新时的比例系数向量，定义为：

$$\mu(k) = \frac{\boldsymbol{R}^{-1}(k-1) \boldsymbol{x}(k)}{\lambda + \boldsymbol{x}(k)^{\mathrm{T}} \boldsymbol{R}^{-1}(k-1) \boldsymbol{x}(k)} \tag{4.19}$$

由式（4.13）和式（4.18）推导化简可得：

$$w(k) = w(k-1) + \mu(k)e(k) \tag{4.20}$$

其中：

$$e(k) = d(k) - x(k)w(k-1) \tag{4.21}$$

可以看出，最佳权系数的更新是通过前一时刻的权系数与一个修正值相加得来的，修正值为误差修正系数 $\mu(k)$ 与误差向量 $d(k) - x(k)w(k-1)$ 的乘积。通过 RLS 算法和 LMS 算法比较可以看出，两者最大的差别在于增益系数的不同，RLS 算法是通过变化的增益系数调整权系数的更新，而 LMS 算法则是统一通过步长因子 μ 来更新系数。

RLS 算法的计算步骤如下：

① 初始化参数：$n=0$，$w(0)=0$，$R^{-1}(0)=0$，更新 $n=1$，2，…。

② 获取 $x(k)$、$d(k)$ 更新增益修正系数：

$$\mu(k) = \frac{R^{-1}(k-1)x(k)}{\lambda + x(k)^{\mathrm{T}}R^{-1}(k-1)x(k)}$$

③ 更新滤波器权值向量：

$$w(k) = w(k-1) + \mu(k)e(k)$$

④ 更新逆矩阵并重复步骤②③：

$$R^{-1}(k) = \frac{1}{\lambda}[R^{-1}(k-1) - \mu(k)x(k)^{\mathrm{T}}R^{-1}(k-1)]$$

4.2.2　LMS 算法在非直视紫外光通信中的应用

LMS 算法是一种非常简单实用的均衡算法，计算中没有矩阵求逆的过程，也不需要求输入序列的自相关矩阵，本节通过 MATLAB 对 LMS 算法在紫外通信中的性能进行简单分析，并将它作为一种对比算法着重研究下一小节的 RLS 均衡算法。首先，必须保证 LMS 算法的收敛性，即算法的步长因子 μ 必须满足 $0 < \mu < 1/\lambda_{\max}$，仿真过程中选取 $\mu = 0.04$，均衡器阶数设置为 10。紫外光通信过程中的仿真参数如表 4.1 所示。

▣ 表 4.1　仿真参数

参数名称	具体数值	参数名称	具体数值
通信距离	200m	通信速率	1Mb/s
接收半视场角 θ_{r}	30°	发射发散半角 θ_{t}	15°
接收仰角 β_{r}	60°	发射仰角 β_{t}	60°
大气散射系数 k_{s}	0.49/km	大气吸收系数 k_{a}	0.74/km

图 4.4 展示了 LMS 均衡算法下紫外光通信中误码率（BER）与信噪比（SNR）的关系，此时紫外光通信的归一化信道响应系数是（0.5728，02362，

0.1060，0.0544，0.0306），是一个 5 径信道。可以看出，在信噪比低于 10dB 的时候，信道的误码率非常的高，而且均衡算法对系统性能几乎没有影响；当信噪比大于 12dB 时，性能有一个明显的提升。

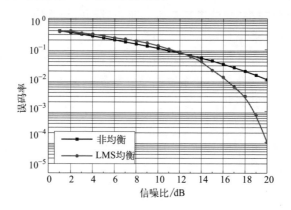

图 4.4　紫外光通信中 LMS 均衡算法性能图

图 4.5 是 SNR 为 17dB、迭代次数为 20000 次时的误码率随步长值变化曲线图。可以看出，随着步长值的增大，误码率迅速降低，之后会有一个缓慢提升的过程，因此，紫外光通信的最优步长取值可在 $\mu=0.06$ 附近选取。随着 μ 的增大，误码率上下摆动的幅度也随之增大，这是因为 μ 值越大，算法稳定性也随之变差，虽然可以快速收敛，但是收敛后的误差曲线在一个较大的范围上下抖动导致算法的稳态误差变大。

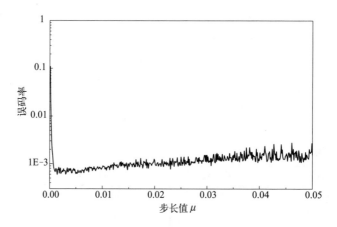

图 4.5　步长值与误码率的关系

LMS 算法的均衡性能并不是特别好，一方面算法本身就存在稳定性和收敛速度不可兼得的矛盾，另一方面在低信噪比时均衡效果并不好，甚至误码率要高于无均衡算法时。

4.2.3 RLS 算法在非直视紫外光通信中的应用

紫外光通信中 RLS 算法的系统模型图如图 4.6 所示：发射信号经过脉冲调制器调制进入具有码间干扰的紫外单次散射模型信道 $h(k)$，接收端接收到的信号 $y(k)$ 一方面经过均衡器进行码间干扰的消除，另一方面经过延迟单元生成一个参考信号来计算误差信号，延迟深度 D 就是观察数据的长度，最终使延迟深度 D 的所有时刻点的误差平方和最小，即误差性能函数 $\varepsilon(k) = \sum_{i=1}^{k} \lambda^{k-i} e^2(k)$ 最小，按照这一准则更新均衡器的权系数，然后对下一时刻的接收信号进行均衡处理。这就是紫外光通信中 RLS 算法均衡器运行的全部过程，仿真过程也是按照这个步骤进行的。

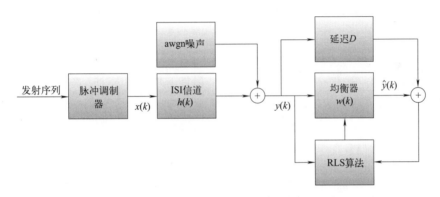

图 4.6 RLS 算法系统模型图

RLS 均衡器抽头系数取 10，遗忘因子取值 1。紫外光通信相关的仿真参数与 LMS 算法相同，见表 4.1。

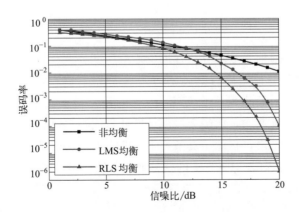

图 4.7 紫外光通信中 RLS 算法性能图

通过图 4.7 可以看出，在紫外光通信中 RLS 均衡算法的均衡性能明显优于 LMS 算法，随着信噪比的增大，RLS 算法的均衡效果的优势也越加明显。

我们知道 RLS 算法的复杂度是跟算法抽头器个数 M 有关，M 越大，复杂度越高。图 4.8（a）展现了 RLS 算法中不同抽头器个数误码率与信噪比关系的曲线图，可以看出，M 值的变化对误码率基本没有影响，那是因为紫外光在大气传输过程中具有多径效应，超出信道长度的脉冲响应系数已经变得很小，此时的紫外光几乎都已完全衰减，可以不被考虑，所以抽头器个数选择与紫外信道的信道长度 L 有关，选择 $M=L$，可以在保证算法性能的同时降低了算法的复杂度。从图 4.8（b）可知，随着遗忘因子的减小，算法稳定性也随之降低，误码率曲线也变得不再平滑，抖动越来越严重，误码率性能也随着遗忘因子的减小而变差，虽然遗忘因子越小，算法的跟踪能力也就越强，但是紫外光信道是一个慢变信道，对算法的跟踪性能要求不是很高，所以紫外通信中 RLS 算法的最佳遗忘因子取值 1。

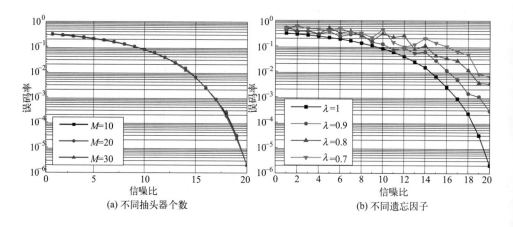

(a) 不同抽头器个数　　　　　(b) 不同遗忘因子

图 4.8　不同均衡器参数时误码率与信噪比的关系

下面分析紫外通信参数对算法性能的影响。图 4.9 反映了信噪比为 18dB 时 RLS 算法中紫外光通信距离与误码率的关系变化曲线。由图可知，随着通信距离的增大，误码率急剧上升，在距离为 250m 附近时误码率就达到 10^{-3} 左右；随着通信距离的继续增大，已经无法保证紫外光的正常通信。通过对比无均衡条件下变化曲线可以看出，在此仿真条件下，假设保证紫外光语音通信的最大误码率为 10^{-3}，则具有 RLS 均衡算法的紫外通信系统的最大通信距离比无均衡条件下提升了将近 150m。

图 4.10 中分析了噪比为 18dB 时 RLS 算法中通信速率与误码率的关系，随

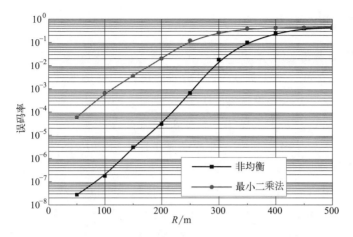

图 4.9　RLS 算法对紫外通信距离的影响

着通信速率的提升，误码率也随之变大，信道长度也随之变长，这时候的码间干扰也越发严重，相比无均衡条件时，相同误码率情况下通信速率有一个明显的提升。通过上面的分析可以看出，紫外光通信中的码间干扰对通信距离和通信速率都有着很大的影响，均衡算法可以有效降低码间干扰对通信性能的影响，提升紫外光通信性能。

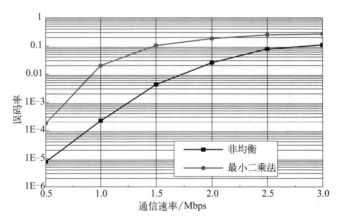

图 4.10　RLS 算法对紫外通信速率的影响

4.3　无线紫外光通信非线性最优均衡算法及其改进算法

本节主要对非线性 MLSE 均衡算法以及它的改进算法进行研究，MLSE 算法是在所有有可能的接收序列中选取与实际接收序列最相似的序列作为最终的判决输出，所以 MLSE 算法是最优的，通常被作为最优均衡器的设计。

4.3.1 非线性最优均衡算法

(1) MLSE 算法

在紫外光通信中，MLSE 算法均衡器的设计思路是将具有码间干扰的紫外光信道看成了一个有限长单位冲击响应滤波器（FIR），接收端接收到的具有码间干扰的序列 $\{y_k\}$ 是发送序列 $\{x_k\}$ 通过信道系数为 $\{h_L\}$ 的 FIR 滤波器的结果。将每一个延时单元看成一个寄存器，信道长度 P 也就是寄存器的个数。这里以 OOK 调制为例，那么 $\{x_k\}$ 就是一个二进制离散序列，如果不考虑噪声干扰，只考虑码间干扰的影响，那么滤波器的输出可以由 2^P 个状态转移网格图来表示。假设发射数据的长度为 L，接收端可能接收到 2^L 种可能的码元序列，这时就要通过计算所有 2^L 可能序列的条件概率，通过比较分析，判定概率最大的序列被认为是最佳符号序列进行输出，此时错误估计也被降到了最小，这就是最大似然序列检测。因此，MLSE 算法通常被用作最优均衡器的设计[7]。

假设发射机发射的符号序列 $\{x_k\}$ 已知，接收码元 y_k 间彼此相互独立，从而可以得到整个接收序列 $\{y_k\}$ 的条件概率。整个接收序列 $\{y_k\}$ 的似然函数为：

$$f(\{y_k\}\,|\,\{x_k\}) = \prod_{k=0}^{L-1} f(y_k\,|\,x_k, x_{k-1}, \cdots, x_{k-p+1})$$

$$= C\exp\left(-\frac{1}{N_0}\sum_{k=1}^{N-1}\left|y_k - \sum_{p=0}^{p-1}h_p x_{k-p}\right|^2\right) \tag{4.22}$$

从式（4.22）可以看出，似然函数可以等价于发射序列 $\{x_k\}$ 的最小价值函数，也就是在状态转移过程中搜索最小欧式距离的路径：

$$M(\{x_k\}) = \sum_{k=1}^{L-1}\left|y_k - \sum_{p=0}^{p-1}h_p x_{k-p}\right|^2 \tag{4.23}$$

在 MLSE 准则下的最佳符号序列为 $M(\{x_k\})$ 最小时对应的序列，即最小度量对应的幸存序列：

$$(\{x_k\})_{\text{mlse}} = \arg\min_{(\{x_k\})} M(\{x_k\}) \tag{4.24}$$

那么该度量就是为了寻找最大相关路径。在实际搜索过程中，y_k 只依赖于当前输入码元 x_k 和前 $L-1$ 个码元序列（x_{k-1}，x_{k-1}，$\cdots$，x_{k-L+1}），而不是所有的输入符号序列。

(2) 最优路径选取

对于最优传输路径的选取，可以通过 Viterbi 算法在状态转移网格图上寻找，其方法如下：

$$V_k = \sum_{m=0}^{k} \left| y_m - \sum_{p=0}^{p-1} h_p x_{k-p} \right|^2 = V_{k-1} + M_k \qquad (4.25)$$

$$M_k = \left| y_k - \sum_{p=0}^{p-1} h_p x_{k-p} \right|^2 \qquad (4.26)$$

V_k 是度量值积累到 k 时刻的累计度量，它是由 $k-1$ 时刻的累计度量和 k 时刻的分支度量 M_k 部分组成。对于二进制信号，从 $k-1$ 时刻到 k 时刻有两个不同的分支度量值，Viterbi 算法的原理就是通过累计度量判别每一时刻状态转移的幸存路径以及竞争路径。

假设 k 时刻的状态为 S_k，那么进入 S_k 状态的两条路径有不同的分支度量值，将两条分支量值分别表示为 V_{k1} 和 V_{k2}，在两条路径进入同一路径之前，也就是 $k-1$ 时刻，具有相同的最小累积度量路径，在进入 S_k 状态时产生了两条分支度量，那么进入状态 S_k 的两条路径累积度量可以表示为：$V_1 = V_{k-1} + V_{k1}$ 和 $V_2 = V_{k-1} + V_{k2}$。假设 $V_{k1} <$ V_{k2}，就有 $V_1 < V_2$，即路径 1 称为最短幸存路径被保留，路径 2 称为竞争路径被状态 S_k 舍弃，过程如图 4.11 所示，最终通过最大似然检测后的输出序列就是所有幸存路径间的联合。

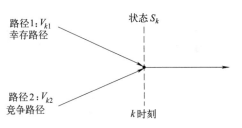

图 4.11 状态转移示意图

Viterbi 算法对幸存路径的选取并没有考虑所有的状态转移路径，而是沿着栅格图将每一次状态转移的幸存路径保存，在最终的 k 时刻，经过 2^{p-1} 次幸存路径转移后得到 k 时刻的幸存序列，这种检测方法可以减少计算的复杂度。

(3) 基于 Viterbi 算法 MLSE 均衡算法

在算法执行过程中，随着时间推移，输入序列变得越来越长，回溯长度也随之变长，同时为了保存幸存路径的存储器也随着回溯长度以指数倍增长。最有效的解决办法就是限制回溯长度。实验证明，回溯长度 Q 的取值大于 $5P$（信道长度的 5 倍）时系统性能不会受到影响[8]。由于 Viterbi 算法本身存在译码延时，使得均衡器在判决过程中也不可避免地引入了延时，无法对信道进行实时的跟踪。延迟深度的大小跟回溯长度的设置有关，设置固定回溯长度的另外一个优点就是可以将延时固定。基于 Viterbi 算法 MLSE 均衡器工作过程如图 4.12 所示。

4.3.2　适合紫外光通信的 MLSE 改进算法

(1) MLSE 改进算法

MLSE 算法具有算法复杂度高、难以工程实现和判决延迟过大两大缺点，

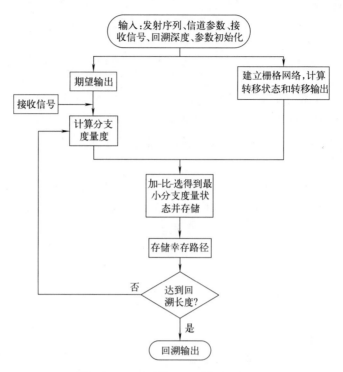

图 4.12　Viterbi 算法 MLSE 均衡器工作原理

但是由于其优秀的均衡性能，MLSE 算法依然是近些年来的研究热点。针对判决延迟大、难以实时跟踪信道变化这一缺点，目前主要有以下几种解决方法[9,10]：

① 先用一个较小的具有固定时延的线性或者 DEF 均衡器进行信道估计，实现信道跟踪，之后进行最优序列检测，即 TD-MLSE 算法。

② 采用逐幸存序列处理（PSP）的算法对每一次状态转移过程都进行一次信道估计，实现零延迟判决，即 PSP-MLSE。

两种改进算法都具有其各自的优缺点，PSP-MLSE 是在 Viterbi 算法执行过程中将每次度量计算都与一个信道估计器联系，即每一次状态转移都要进行一次信道估计，信道跟踪与序列检测同时进行，而不需要等到序列检测完才进行信道估计，所以可以看作是无延时的，具有很强的跟踪性能，非常适合快速时变信道的通信系统[11]。但是算法中每次状态转移都需要各自的信道估计器，导致算法复杂度过高。TD-MLSE 算法同样可以解决算法延迟过大的问题，通过信道估计实现信道跟踪，由于算法是每经过一个固定时延长度对信道进行一次估计，在快速时变信道中不能很好地跟踪信道的变化，导致其在快速时变信道下性能有所下降，但是算法的复杂度并没有提升，所以 TD-MLSE 算法比较适合信道变化较慢的通信场景。

在实际应用中,我们根据算法的特性来灵活选取应用场景,紫外光通信的信道是一个最小相位系统,非常稳定,可以将紫外信道看作一个慢变信道,所以TD-MLSE算法非常适合紫外光通信,既可以降低判决延迟,实现信道跟踪,又可以降低算法的复杂度。

(2) 基于 LMS 的 TD-MLSE 算法

改进型的 MLSE 算法首先通过一个小的固定延迟进行信道跟踪,之后通过LMS 信道估计器进行信道估计,MLSE 就可以根据估计后的预测信道去检测最优序列。使用 LMS 算法进行信道估计的 TD-MLSE 算法的性能主要依赖于信道估计的误差,LMS 算法的误差以及收敛速度主要跟步长因子 μ 的选取有关,μ越大收敛速度越快,但是 μ 越小信道估计的差错越小,所以在改进算法中 μ 的选取最好是在满足收敛要求的前提下尽可能取最小值。

本节 LMS 算法是作为信道估计来分析的,算法的工作目的以及处理的数据是有区别的:在信道估计中,接收序列 y_k 是期望信号,发射序列 x_k 是数据信号;在均衡中正好相反,接收序列 x_k 是期望信号发射序列 y_k 是数据信号。还有就 LMS 算法的权向量意义不同,均衡中权向量就是均衡向量,而信道估计中权向量代表信道估计后的信道参数向量。基于 LMS 信道估计的 TD-MLSE 算法的系统框图如图 4.13 所示。

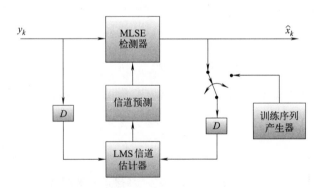

图 4.13 基于 LMS 信道估计的 TD-MLSE 算法的系统框图

下面分析算法的执行过程,MLSE 具有 2^{P-1} 栅格状态,在启用自适应算法之前,要在发射端发射一个短的已知训练序列对信道做一个最初的估计,对信道估计器的抽头系数做初始调整,使用判决后的输出信号形成误差进行信道跟踪。信道的输出 y_k 与当前输入 x_k 以及前 $P-1$ 个数据符号(x_{k-1}, x_{k-2}, …,x_{k-p+1})有关,此时的 x_k 是待检测码元,k 时刻的第 m 个信道状态可以表示为:

$$s_k^m = \{x_{k-1}, x_{k-2}, \cdots, x_{k-p+1}\} \tag{4.27}$$

以下为算法执行过程。第一步，对所有状态点的累积度量值进行比较，获取最优幸存序列。假设 $k-1$ 时刻从状态 s_{k-1}^n 出发在 k 时刻正好转移到状态 $s_k^{(m)}$，且仅在状态 k 时刻到达 m 状态。则 $k-1$ 时刻从 $s_{k-1}^{(n)}$ 转移到状态 $s_k^{(m)}$ 的差错以及度量计算为：

$$\xi_k^{n \to m} = y_k - \hat{h}_{k-1}\{x_k, s_k^m\} \tag{4.28}$$

$$M_k^{n \to m} = |\xi_k^{n \to m}|^2 \tag{4.29}$$

由于系统传输的是二进制符号序列，所以 $k-1$ 到 k 时刻有两种可能的状态索引，即 x_k 的可能取值有两种，则幸存路径的累计度量度为：

$$V_k^m = \min_{s_k^{m_1}} (V_{k-1} + M_k^{n \to m}) \tag{4.30}$$

式中，$s_k^{m_1}$ 是状态转移过程中度量较小的状态，则由状态 s_{k-1}^n 转移到 $s_k^{m_1}$ 的路径被称为幸存路径。每一时刻都有 $m = 2^{P-1}$ 种状态，随着数据的不断输入，m 从 1 到 2^{P-1} 不停重复，直到达到回溯长度，最优输出从 2^{P-1} 个幸存序列中选取。

第二步，信道参数更新。使用判决延迟和 LMS 算法对信道参数进行更新。若判决延迟为 D，对于当前延迟后的信道参数 $\widetilde{h}_{k-D}$ 并不代表当前的信道条件，最终信道估计输出由 $\hat{h}_k$ 表示，其误差信号以及信道的向量更新可以表示为：

$$e_{k-D} = y_{k-D} - \widetilde{h}_{k-D-1}\hat{x}_{k-d} \tag{4.31}$$

$$\widetilde{h} = h_{k-1} + \mu e_{k-D}(\hat{x}_{k-d})^* \tag{4.32}$$

式中，$\hat{x}_{k-d}$ 表示判决后数据的延迟输出。参照线性预测算法得到最终的信道估计输出为：

$$\hat{h}_k = \sum_{j=0}^{q} a_j \widetilde{h}_{k-D-j} \tag{4.33}$$

在判决过程中，随着判决延迟的增大，判决的可靠性增强，系统的跟踪性能也降低，但是信道估计随着延迟不能及时进行信道跟踪，所以，要选择合理的延迟深度，这里的判决器更新系数为 D 个码元周期后的输入信号。

(3) 延迟深度与步长值的关系

基于信道估计的判决延迟算法与常规的 LMS 算法相比，延迟算法使用的并不是当前的误差信号和接收信号，而是经过延迟器延迟后的误差信号和接收信号来进行信道预测和权系数更新。通过对延迟算法的性能分析可知，延迟深度 D 的引入对算法的稳态影响不大。对步长因子的选取相比传统 LMS 算法的步长因

子选取 $\left(0<\mu<\dfrac{2}{\lambda_{\max}}\right)$ 更为苛刻，它的收敛条件为[12]：

$$0<\mu<\frac{2}{\lambda_{\max}}\sin\frac{\pi}{2(2D+1)} \tag{4.34}$$

下面分析延迟深度与步长因子的变化关系，为保证算法收敛，μ 值的取值为保证系统收敛的上限值。如图 4.14 所示，随着延迟深度的增加，μ 值逐渐减小，各种近似的误差也逐渐增大。所以在算法运行中，要根据不同的延迟深度选择合适的步长值。

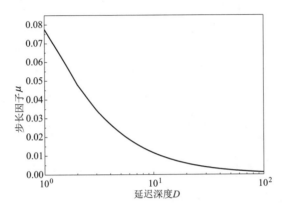

图 4.14 步长因子随延迟深度的变换关系

4.3.3 紫外光通信中基于 LMS 的 TD-MLSE 算法仿真

通过对 NLOS 紫外光单次散射通信模型和信道模型建模，对基于 LMS 信道估计的 TD-MLSE 均衡算法进行仿真分析，验证算法是否能有效减弱紫外光通信中接收脉冲展宽引起的码间干扰，提高紫外通信能。仿真参数如表 4.2 所示。

▣ 表 4.2 系统仿真参数

参数名称	具体数值	参数名称	具体数值
通信距离	200m	通信速率	1Mb/s
接收半视场角 θ_r	30°	发射发散半角 θ_t	15°
接收仰角 β_r	60°	发射仰角 β_t	60°
大气散射系数 k_s	0.49/km	大气吸收系数 k_a	0.74/km

(1) 不同算法在紫外通信中的性能对比

图 4.15 展示了所有本节讨论算法对紫外光通信误码性能影响，可以看出，基于 LMS 信道估计的 TD-MLSE 算法相比 LMS 和 RLS 两种判决反馈均衡器，在性能上有很大的提升，随着信噪比的增加，误码率的降低越明显，对紫外光非

视距通信系统性能有很大的改善，并且改进算法的性能在没有增加算法复杂度的同时与理想的最优 MLSE 算法性能相近。其优点是，对于紫外光这种慢变信道，可以很好地进行信道跟踪，有效降低了 MLSE 算法的判决延迟，并且信道估计后的信道长度和已知的信道长度基本相同，所以算法复杂度并没有增加。

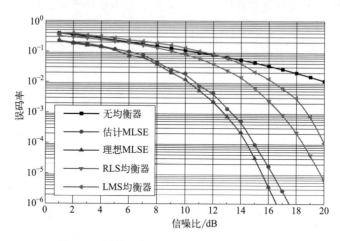

图 4.15　紫外光通信中不同算法误码率与信噪比关系图

(2) 不同调制方式对改进算法的性能影响

目前紫外光通信的主要调制方式为 OOK（二进制振幅键控）和 PPM（脉冲位置调制），在给定系统模型的情况下，在紫外光通信系统中使用两种调制方式对均衡算法进行仿真。由图 4.16 可以看出，PPM 调制算法性能与 OOK 调制的性能相似。尽管 PPM 调制方式相比 OOK 调制方式可以在相同的平均光功率情况下达到更高的通信速率，而且信息是通过光脉冲时隙所在位置来传递的，是一种具有信道抗干扰能力的正交调制技术，非常适合紫外光通信，但是 MLSE 均

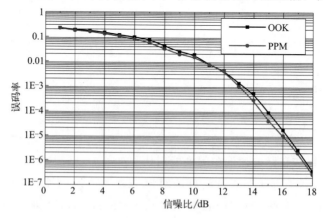

图 4.16　不同调制方式对改进算法性能的影响

衡是通过接收信号的条件概率密度函数来检测系统的最佳符号序列，在不同的调制方式下，序列的最大似然函数是不变的。

（3）延迟深度对改进算法性能的影响

紫外光通信信道是一个相对稳定的慢变信道，所以可以取得较好的均衡效果。我们采用判决延迟的信道估计方法，实现对紫外光通信中信道信息的及时更新。通过图 4.17 可知，在延迟深度为 0～20 之间时，由于紫外光通信中相对稳定的慢变信道，误码率的变化并不大；延迟深度从 20 增加到 50 的过程中，由于信道更新不及时，引入的差错随着延迟深度的增大不断累积，导致误码率急剧上升；延迟深度大于 50 时，系统已无法进行正常通信。图中的三条曲线代表不同信噪比时误码率随延迟深度的变化，可以看出，噪比的变化对延迟深度的变化趋势并没有产生很大影响，只是提升了系统的误码性能。

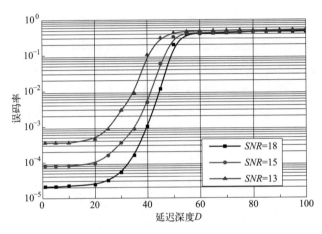

图 4.17　延迟深度与误码率信噪比关系图

（4）改进算法对紫外光通信性能的提升

图 4.18（a）是信噪比为固定值 16 时，误码率随通信距离的变化曲线图。对比无均衡时的曲线变化可以看出，TD-MLSE 均衡算法对通信距离有一个很大的提升，假设满足正常紫外光语音通信的最大误码率为 10^{-3}，那么相比于无均衡状态时通信距离可达到 700m，相比第 3 章研究的 RLS 均衡算法性能更优。但是信噪比恒定只是一种理想状态，在紫外光通信中随着通信距离的增加，要使信噪比保持不变，就必须增加发射功率，而近些年来紫外光通信中光源发展比较缓慢，适合紫外光通信的大功率高速可调的紫外光源还很少见。所以 4.18（b）分析了发射功率恒定时通信距离与误码率之间的关系，可以看出，随着通信距离的增加，紫外光信号在大气中快速衰减，误码率急速增加，当通信距离大于 350m 时，由于大气的吸收和散射到达接收端的紫外信号已经十分微弱，随通信距离的

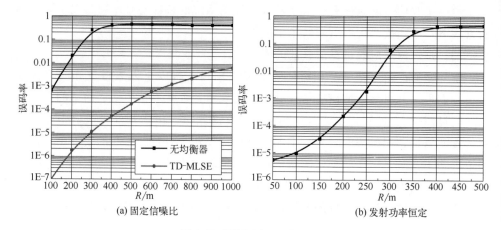

(a) 固定信噪比　　　　　　　　　　(b) 发射功率恒定

图 4.18　通信距离与误码率关系图

增加误码率变化不大。

图 4.19 分析了有无均衡算法时通信速率对误码率的影响，随着通信速率的增加，信道长度也随之变大，通过仿真参数可以看出，速率从 1Mbps 到 2Mbps，信道的脉冲响应系数从原来的 5 阶变成了 9 阶，信道长度越长，码间干扰也就越严重，随着通信速率的增加，误码率也随之急速增加。对比无均衡算法时的误码率曲线可以看出，算法的均衡性能还是很好的，同样以 10^{-3} 误码率为通信极限，可以将紫外光的通信速率提高到 3Mbps。

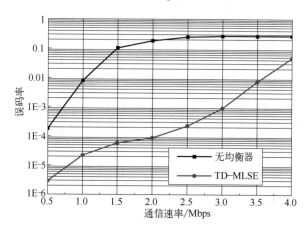

图 4.19　通信速率与误码率关系图

参 考 文 献

［1］　张贤达．现代信号处理［M］．3 版．北京：清华大学出版社，2015：39-40．
［2］　柯熙政，邓莉君．无线光通信［M］．北京：科学出版社，2016：117-118．

[3] 张贤达，保铮. 通信信号处理 [M]. 北京：国防工业出版社，2000：246-249.

[4] 张艳萍，赵俊渭，李金明. 稀疏水声信道判决反馈盲均衡算法研究 [J]. 电子与信息学报，2006，28（6）：1009-1012.

[5] 王彬，邱新芸. 自适应均衡器及其发展趋势 [J]. 仪器仪表学报，2005，26（S2）：426-428.

[6] Bershad N J，Mclaughlin S，Cowan C F N. Performance comparison of RLS and LMS algorithms for tracking a first order Markov communications channel [C]. IEEE International Symposium on Circuits and Systems，1990：266-270.

[7] 张贤达. 现代信号处理 [M]. 北京：清华大学出版社，2015.

[8] Chugg K M，Polydoros A. MLSE for an unknown channel. I. Optimality considerations [J]. IEEE Transactions on Communications，1996，44（7）：836-846.

[9] 鄂炜，苏广川. 高速 Viterbi 译码器的优化和实现 [J]. 电子技术应用，2003，29（4）：50-51.

[10] 张蕊. MLSE 算法及性能研究 [D]. 桂林：桂林电子科技大学，2011.

[11] Suk J J. Adaptive PSP-MLSE Using State-Space Based RLS for Multi-Path Fading Channels [J]. Ieice Trans Commun，2008，91（91-B）：4024-4026.

[12] Long G，Ling F，Proakis J G. The LMS Algorithm with Delayed Coefficient Adaptation [J]. IEEE Trans on Signal Processing，1989，9（37）：1397-1405.

第 **5** 章
无线紫外光散射通信

5.1 无线紫外光通信中 LDPC-OFDM 编码调制技术

低密度奇偶校验（Low-Density Parity-Check，LDPC）码是一种纠错性能优良、可逼近香农极限的信道编码方案，而正交频分复用（Orthogonal Frequency Division Multiplexing，OFDM）具有频谱利用率高、抗干扰能力强等特点。本节结合这两种技术的优点，研究了无线紫外光通信中 LDPC-OFDM 编码调制技术，以达到抑制码间串扰和降低系统误码率的目的，可有效改善非直视无线紫外光通信系统的性能。

5.1.1 无线紫外光通信中的 LDPC 编码

LDPC 码是一种基于稀疏校验矩阵的线性分组码，其校验矩阵 $\boldsymbol{H}$ 中非零元素的数目非常少。LDPC 码常用 (n, k) 来表示，其中，k 为信息序列长度，n 为经过 LDPC 编码添加 $m = n - k$ 位校验序列后的码字总长度。若 $\boldsymbol{H}$ 满秩，码率 $R = (n - m)/n = 1 - m/n$；若 $\boldsymbol{H}$ 非满秩，则 $R > 1 - m/n$。

线性分组码可由生成矩阵 $\boldsymbol{G}$ 来确定，信息序列 $\boldsymbol{u}$ 经过 $\boldsymbol{c} = \boldsymbol{uG}$ 运算，即可获得编码后码字 $\boldsymbol{c}$。另外，矩阵 $\boldsymbol{G}$ 可由矩阵 $\boldsymbol{H}$ 变换得到，因此也可用矩阵 $\boldsymbol{H}$ 来表示该线性分组码，码字 $\boldsymbol{c}$ 与矩阵 $\boldsymbol{H}$ 满足 $\boldsymbol{Hc}^{\mathrm{T}} = 0$。在矩阵 $\boldsymbol{H}$ 中，将每行和每列非零元素的数目分别称为行重 w_{r} 和列重 w_{c}，$\boldsymbol{H}$ 中的每行都对应一个包含 w_{r} 个元素的校验方程。式（5.1）为一个维数为 5×10 的校验矩阵 $\boldsymbol{H}$。

$$\boldsymbol{H} = \begin{bmatrix} 1 & 1 & 1 & 1 & 0 & 0 & 0 & 0 & 0 & 0 \\ 1 & 0 & 0 & 0 & 1 & 1 & 1 & 0 & 0 & 0 \\ 0 & 1 & 0 & 0 & 1 & 0 & 0 & 1 & 1 & 0 \\ 0 & 0 & 1 & 0 & 0 & 1 & 0 & 1 & 0 & 1 \\ 0 & 0 & 0 & 1 & 0 & 0 & 1 & 0 & 1 & 1 \end{bmatrix} \tag{5.1}$$

设码字 $c = (c_1, c_2, \cdots, c_9, c_{10})$，根据 $Hc^T = 0$，式（5.1）对应的校验方程为：

$$\begin{cases} c_1 + c_2 + c_3 + c_4 = 0 \\ c_1 + c_5 + c_6 + c_7 = 0 \\ c_2 + c_5 + c_8 + c_9 = 0 \\ c_3 + c_6 + c_8 + c_{10} = 0 \\ c_4 + c_7 + c_9 + c_{10} = 0 \end{cases} \quad (5.2)$$

通常可利用生成矩阵 G 实现线性分组码的编码，H 矩阵与 G 矩阵之间满足 $GH^T = 0$ 的关系，对 H 进行高斯消元，变换为 $H = [P \,|\, I]$ 的形式，可得到 $G = [I \,|\, P^T]$，然后根据 $c = uG$ 进行编码。但对于 LDPC 码而言，在高斯变换过程中破坏了 H 矩阵的稀疏性，得到的 G 矩阵中包含数量较多的 1，编码所需的运算量与码长的平方成正比，随着码长增加会产生较大的编码时延，难以满足实际通信要求。此外，对 G 矩阵的存储会占用大量内存，不适合实际工程的使用，因而常直接利用 H 矩阵来实现 LDPC 编码。

一个长为 n 的码字 c，可由长为 k 的信息序列 s 和长为 $(n-k)$ 的校验序列 p 共同组成，即 $c = [s \quad p]$。将校验矩阵 H 分为维数为 $m \times (m-n)$ 的 H_1 和 $m \times m$ 的 H_2 两部分，根据校验关系式 $Hc^T = 0$ 可得：

$$Hc^T = [H_1 \quad H_2][s \quad p]^T = H_1 s^T + H_2 p^T = 0 \quad (5.3)$$

当矩阵 H 满秩时，可对矩阵 H 进行变换，化为图 5.1 的下三角矩阵形式，然后通过逐位递推的方法得到 p：

$$p_i = \sum_{j=1}^{n-m} H_{i,j} s_j + \sum_{j=1}^{i-1} H_{i,(j+n-m)} p_j \quad i = 1, 2, 3, \cdots, m \quad (5.4)$$

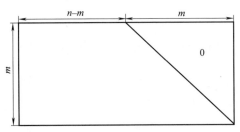

图 5.1 下三角矩阵

如果仅对校验矩阵 H 进行行列置换，就可将其化简为图 5.1 的形式，那么 H 仍然保持稀疏特性，编码的计算量与码长呈近似线性关系。但是如果通过高斯变换或采用三角分解法等得到该形式，其本质还是高斯消元，编码的复杂度高。

为了降低 LDPC 编码的计算复杂度，Richardson 和 Urbanke[1] 提出先对 H 矩阵的行和列进行重新排列，再将 H 矩阵划分，得到近似的下三角矩阵。如图 5.2 所示，将 H 矩阵划分为 $A_{(m-g)\times(n-m)}$、$B_{(m-g)\times g}$、$C_{g\times(n-m)}$、$D_{g\times g}$、$E_{g\times(m-g)}$、$T_{(m-g)\times(m-g)}$ 六个部分。

图 5.2 中子矩阵 T 为对角线上的值全为 1 的下三角矩阵，其余子矩阵依然保持其稀疏性。为了便于以递推的方式得到校验信息，先构造矩阵 L，再对校验矩阵 H 左乘 L，相乘后得到的矩阵 H' 为：

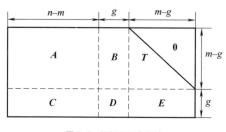

图 5.2　近似下三角矩阵

$$H'=LH=\begin{bmatrix} I & 0 \\ -ET^{-1} & I \end{bmatrix}\begin{bmatrix} A & B & T \\ C & D & E \end{bmatrix}=\begin{bmatrix} A & B & T \\ -ET^{-1}A+C & -ET^{-1}B+D & 0 \end{bmatrix}$$

(5.5)

假设经过 LDPC 编码后的码字 $c=\begin{bmatrix} s & p_1 & p_2 \end{bmatrix}$，$p_1$ 长为 g、p_2 长为 $m-g$，均为校验信息。由 $Hc^{\mathrm{T}}=0^{\mathrm{T}}$ 易得 $L\cdot(H\cdot c^{\mathrm{T}})=0^{\mathrm{T}}$，即 $H'c^{\mathrm{T}}=0^{\mathrm{T}}$，将该式展开有：

$$\begin{cases} As^{\mathrm{T}}+Bp_1^{\mathrm{T}}+Tp_2^{\mathrm{T}}=0 \\ (-ET^{-1}A+C)s^{\mathrm{T}}+(-ET^{-1}B+D)p_1^{\mathrm{T}}=0 \end{cases}$$

(5.6)

令 $\Phi=-ET^{-1}B+D$，且 Φ 为可逆矩阵，由式（5.6）可得：

$$\begin{cases} p_1^{\mathrm{T}}=-\Phi^{-1}(-ET^{-1}A+C)s^{\mathrm{T}} \\ p_2^{\mathrm{T}}=-T^{-1}(As^{\mathrm{T}}+Bp_1^{\mathrm{T}}) \end{cases}$$

(5.7)

该方法简称为 RU 算法，其中计算 p_1 和 p_2 的运算量分别为 $O(n+g^2)$ 和 $O(n)$，因此只要 g 足够小，RU 算法的运算复杂度与码长可近似为线性相关。

5.1.2　无线紫外光 OFDM 系统

OFDM 是一类特殊的多载波调制技术，主要思想是将高速数据流经过串并变换，转化为相对低速的 N 路并行子数据流，并用它们分别去调制 N 路相互正交的子载波[2]。采用该方法扩大了符号周期，能有效克服码间串扰问题，有助于实现高速数据传输。

OFDM 技术在射频通信中有着广泛的应用，将 OFDM 技术应用于自由空间光通信中，也能有效改善信道散射、大气湍流、不良天气等带来的不利影响。虽然应用于射频通信与光通信中的 OFDM 技术原理一致，但由于这两种通信本来就存在较大的差异，如在光通信中接收的是光的强度信息、发射和接收光信号需要特定的光学仪器等，因此，需要根据光通信的特点，搭建适合紫外光信号传输的 OFDM 系统模型。紫外光 OFDM 系统原理框图如图 5.3 所示，图中 LPF 代表低通滤波。

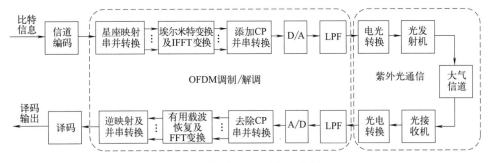

图 5.3 紫外光 OFDM 系统原理框图

主要步骤为：

① 信道编码。对将要传输的信息序列添加一定的校验位，当信道环境不理想时，利用码元之间的相关性，检查并纠正一部分误码。

② 星座映射。即子载波的调制方式，在信道状态良好时，采用高阶调制方式可有效提高系统频带利用率。

③ 串并转换（Serial to Parallel，S/P）。将长度为 n 的码元平均分配到 N 个子载波上，每个子载波上的符号数为 $N_{symb}=n/(N\times\log_2 M)$，$M$ 为调制阶数。如果要在相同时间内传送相同的码元数。采用并行机制后，单位时间内每路子载波传输的码元数目减少，抗信道衰落和干扰的能力增强。

④ 埃尔米特变换。通常经过 IFFT 变换后生成的 OFDM 符号是双极性的复信号，但对于强度调制的光通信系统而言，只能传输正极性的实信号。为生成满足光通信系统中的 OFDM 符号，对经过星座映射后的复信号进行埃尔米特对称变换，再经过 IFFT 变换后产生的就是双极性实信号。

⑤ 添加循环前缀。可以同时减小 ISI 和 ICI 的影响。

⑥ 并串转换（Parallel to Serial，P/S）。经步骤③变换后的数据以矩阵的方式存储，如果以 N 为列、以 N_{symb} 为行，对矩阵的每一行进行 IFFT 变换生成一个 OFDM 符号，然后将每行生成的 OFDM 符号连接，得到 OFDM 信号。

⑦ 数模转换（Digital to Analog，D/A），步骤⑥生成的 OFDM 信号是离散的数字量，实际传输的是连续的模拟量，因此要进行 D/A 转换。但是目前生成的 OFDM 信号依然为双极性，需要进行单极性处理，常用方式有直流偏置光 OFDM（DCO-OFDM）和非对称限幅光（ACO-OFDM）等。

⑧ 生成正极性的实值 OFDM 信号后，对信号做进一步处理，使之尽量工作

在光发射机的线性工作区内，再将该信号转换成光信号，从而实现数据的传输。

5.1.3 采用 LDPC 编码的紫外光 OFDM 系统性能仿真分析

(1) OFDM 系统中 LDPC 码的译码初始化

对 LDPC 码进行译码时，译码消息的初始化是决定译码效果的关键因素。在 OFDM 系统中接收信号在经过 FFT 变换后，其概率分布已经改变，不能直接使用概率分布函数直接计算后验概率，需要利用接收符号与星座图中符号的距离来计算，可求出在接收 $\hat{X}$ 的条件下发送 X 为 s^m 的后验概率为[3]：

$$
\begin{aligned}
P_m &= P\{X = s^m \mid \hat{X}\} = CP\{\hat{X} \mid X = s^m\} \\
&= \frac{C}{(\mid \hat{X} - s^m \mid)^2} = \frac{C}{(\hat{a} - s_x^m)^2 + (\hat{b} - s_y^m)^2}
\end{aligned}
\tag{5.8}
$$

式中，C 为常数；$s^m = s_x^m + j s_y^m$（$m = 1, 2, \cdots, M$）为 M 阶调制的星座图中的第 m 个符号；$X = a + jb$ 为发送符号；$\hat{X} = \hat{a} + j\hat{b}$ 为接收符号。可进一步计算发送符号 X 中第 i 个比特 b_i [$0 \leqslant i \leqslant \log_2 (M-1)$] 为 0 或为 1 的初始概率为：

$$
\begin{cases}
q_{ij}^{(0)}(0) = P\{b = 0 \mid \hat{X}\} = \displaystyle\sum_{m \in \{s^m, b=0\}} P\{X = s^m \mid \hat{X}\} = \displaystyle\sum_{m \in \{s^m, b=0\}} P_m \\
q_{ij}^{(0)}(1) = P\{b = 1 \mid \hat{X}\} = \displaystyle\sum_{m \in \{s^m, b=1\}} P\{X = s^m \mid \hat{X}\} = \displaystyle\sum_{m \in \{s^m, b=1\}} P_m
\end{cases}
\tag{5.9}
$$

式中，消息符号的上标为迭代次数，$\{s^m, b=1\}$ 和 $\{s^m, b=0\}$ 为星座图中所有 $b=1$ 和 $b=0$ 的符号集合，译码时需要对 $q_{ij}^{(0)}(1)$、$q_{ij}^{(0)}(0)$ 进一步做归一化处理。

(2) LDPC 码在紫外光 OFDM 系统中的仿真分析

设置 OFDM 系统仿真参数如表 5.1，紫外光通信系统的相关参数如表 5.2 所示。

▫ 表 5.1 OFDM 系统仿真参数

参数	取值	参数	取值
数据速率 R/(bit/s)	2×10^6	IFFT 点数	1024
子载波个数	64/128/256	保护间隔	256
子载波调制方式	BPSK/QPSK/16QAM		

▫ 表 5.2 紫外光通信系统仿真参数

参数	取值	参数	取值
发射仰角 θ_1	60°	大气消光系数 K_e/m^{-1}	0.74×10^{-3}
接收仰角 θ_2	60°	大气散射系数 K_s/m^{-1}	0.49×10^{-3}
发散角半角 α_1	15°	收发端距离 r/m	200
接收视场角半角 α_2	30°	数据速率 R/(bit/s)	10^6

图 5.4 比较了不同子载波调制方式下，经过 LDPC 编码和未编码对系统误码率的影响，编码为 LDPC（1536，768）码。当误码率为 10^{-5} 时，未编码时采用 BPSK、QPSK、16QAM 调制所需的信噪比分别约为 13.4dB、18.9dB 和 30dB，编码后各调制方式所需信噪比约为 7.9dB、9.4dB 和 16.8dB，可带来 5.5dB、9.5dB 和 13.2dB 的编码增益。编码后对 16QAM 调制的改善程度最大，即在高阶调制下加入 LDPC 编码可以显著降低误码率，这样既能提高频带利用率又保障了信息传输的可靠性。

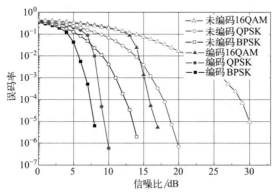

图 5.4 不同子载波调制下编码与未编码的误码率曲线

图 5.5 为子载波调制方式采用 QPSK 时，编码和未编码情况下不同子载波个数对系统误码率的影响，编码采用 LDPC（1536，768）码。由图 5.5 可见，经过 LDPC 编码的系统误码率远低于未编码情况，当误码率为 10^{-5}，子载波个数分别为 64、128、256 时，未编码所需的信噪比分别约为 16.0dB、18.9dB 和 22.1dB，编码后所需的信噪比约为 6.6dB、9.4dB 和 12.8dB，能带来 9.4dB、9.5dB 和 9.3dB 的编码增益。加入 LDPC 编码后，随着信噪比的增加，系统误码率迅速下降，可有效提高系统性能。

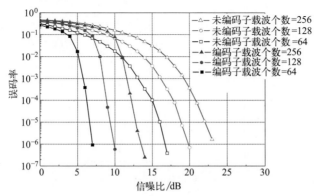

图 5.5 子载波个数不同时编码与未编码的误码率曲线

影响无线紫外光通信系统性能的因素有很多，如通信距离、收发仰角、接收视场角等，并且这些因素之间有着密切的联系，光子所经过的路径范围与设置的各个角度都有关系，因此单独讨论某一个参数的影响比较复杂，下面选取效果比较直观的参数进行仿真分析。OFDM 相关参数如表 5.1 所示，子载波个数为 128，子载波调制方式为 QPSK。其中，无线紫外光通信的系统参数如表 5.2 所示，通信速率为 2Mbit/s，编码采用 LDPC（1536，768）码，使用 BP 算法进行译码，迭代次数 $iter=50$。

图 5.6 对比了不同收发端仰角对紫外光通信性能的影响，由仿真结果可知，当收发仰角从 30° 变为 60° 时，误码率也随之增大。从非直视紫外光通信原理及链路几何关系易知，随着收发仰角的增大，光子到达接收端的距离变长，并且到达接收端的时延差增大，使得脉冲展宽变得严重，因此通信性能降低。

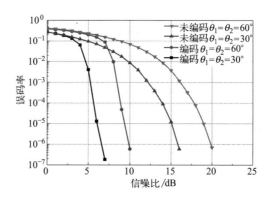

图 5.6　收发端仰角对 UV 通信的影响

图 5.7 比较了不同发散半角 α_1 和接收视场半角 α_2 对紫外光通信性能的影响，由仿真结果可知，当 α_1 和 α_2 从 10° 增加到 22.5° 时，误码率也随之增大。在紫外光通信中，增大 α_1 和 α_2 虽然能增大有效散射体体积，但是同时单位体积内

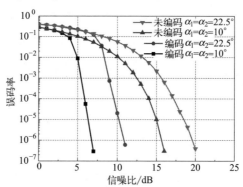

图 5.7　发散半角和视场半角对 UV 通信的影响

的光子数减少，并且决定光子传播路径的 ξ_{max} 和 ξ_{min} 的范围变大，使得光子到达接收端的时延差增大，造成严重的脉冲展宽，从而导致误码率增大。

图 5.8 为不同通信距离对紫外光通信性能的影响，仿真结果表明误码率随通信距离的增加而增大，其原因同样是因为脉冲展宽增大，造成误码率上升。由图 5.6～图 5.8 可知，非直视紫外光通信系统在小角度、短距离时有更好的通信性能，实际中可根据通信需求设置合理的参数。

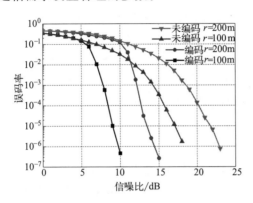

图 5.8 通信距离对 UV 通信的影响

5.2 无线紫外光 MIMO 中 BCOSTBC 编码

无线紫外光 MIMO 通信技术能够满足复杂环境中近距离隐秘通信的需求，可抑制大气湍流并改善无线紫外光通信系统的误码性能，也可以解决复杂低空环境下直升机安全协降问题。无线紫外光 MIMO 系统的空时编码方法可以有效抑制湍流信道中的信号衰落，实现高度的控件复用和角度复用，获得较高的分集增益和编码增益，提高无线紫外光通信系统频谱利用率和可靠率。本节主要研究无线紫外光 MIMO 信道中比特补码式正交空时编码（Bit Complementary Orthogonal Space-Time Block Code，BCOSTBC）方案，并针对弱湍流条件下低空无线紫外光 MIMO 链路性能进行分析。

5.2.1 无线紫外光 MIMO 信道中链路性能分析

将无线紫外光 MIMO 技术应用于直升机助降系统中，可以引导直升机安全降落，也可以解决复杂环境下直升机安全到达降落点的问题。但是由于收发端存在一定的高度差，必须考虑湍流对紫外光通信性能的影响。直升机在低空中飞行时，地面救援人员首先根据临时起降场周边环境按键输入对应的环境信息，然后设置合适的扫描方式组合，发射端所有发光二极管（Light Emitting Diodes，

LED）根据所设置的扫描方式将环境信息通过喷泉码广播发出，等待直升机到来。直升机紫外光 MIMO 扫描巡检是以直升机为平台，在其基础上搭载紫外光 MIMO 扫描。在降落阶段，利用无线紫外光 MIMO 技术帮助直升机定位寻找降落点，并引导其抵达降落点上空，然后通过空地紫外光通信将地面收集的信息传递到飞机上进而帮助飞行员判断降落条件。当直升机安全抵达降落点上空时，通过机下接收端对准地面发射端，来确定降落位置，提高降落精度。针对无线紫外光 MIMO 引导直升机扫描采用自设扫描方式，通过人工方式控制发射端 LED 的打开与关闭。采用这种扫描方法依据具体情况传输信息，只传输环境数据，不能传输 LED 具体地址信息。下面通过具体事例说明：在一个山谷中，东西两面无遮挡物，南北方向皆为高山，此时可设置东西方向的发射端 LED 为闪烁状态，而南北方向的 LED 处于熄灭状态。采用自设扫描方式能满足复杂情况下的要求，使其能广泛地适用于多种环境。

(1) LOS 链路信道模型

直升机间的无线紫外光 LOS 链路中要求发射端与接收端之间不能有阻碍光

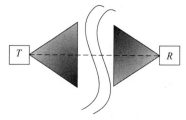

图 5.9 "日盲"紫外光 LOS 通信

线前进的障碍物时，要考虑宽发散角发送-宽视场角接收的 LOS 通信模式，如图 5.9 所示。

MIMO 技术应用到无线紫外光通信中，利用多个光学天线同时发送接收多个并行独立数据流，以提高系统的信道容量和抗衰弱能力，并且 MIMO 技术通过获得分集增益以减弱接收信号的光强起伏，从而抑制大气湍流的影响和降低误码率。

在图 5.10 所示的低空无线紫外光 LOS 链路的 MIMO 信道模型中，图 5.10（a）描述 M 个发射器和 N 个接收器的 MIMO LOS UV 链路模型。LOS 链路间的距离为 r，MIMO 模型分为上下两部分。图 5.10（b）详细地展示了第 m 个发射天线 T_{xm} 和第 n 个接收天线 R_{xn} 之间的关系。当发送端和接收端进行无障碍物的 LOS 通信传输时，第 m 个发射器的发散角 $\phi_{T,m}$ 向空间发出光信号，第 n 个接收器的视场角 $\phi_{R,n}$ 进行光信号接收，两个角度共同重叠区域为有效散射体 V_{mn}，实际的通信过程不经过散射直接到达接收端实现通信，这样就完成信号的 LOS 传送。$r_{1,mn}$ 和 $r_{2,mn}$ 分别表示第 m 个发射器到 V_{mn}，从 V_{mn} 到第 n 个接收器之间的距离。

(2) ALOS 链路信道模型

无线紫外光引导直升机助降的过程中，大部分情况下发射装置与接收装置非共面，采用小收发仰角的 ALOS 通信模式。ALOS 通信是指当发射光束的发散

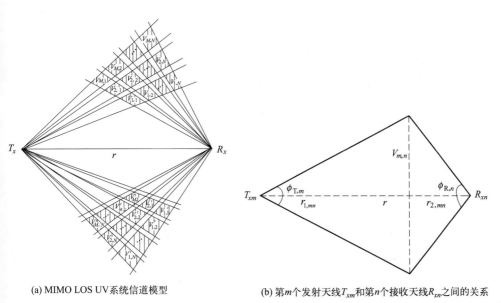

(a) MIMO LOS UV系统信道模型　　　　　(b) 第m个发射天线T_{xm}和第n个接收天线R_{xn}之间的关系

图 5.10　无线紫外光 LOS 链路的 MIMO 信道模型

角和接收视场角都较小时，传输的光信息可以绕开通信两端的障碍物的通信方式

为窄发散角发送-窄视场角接收，如图 5.11

所示。其中，TR 与发射光轴夹角 $\Psi \leqslant \dfrac{\phi}{2}$，

其中 ϕ 是发散角。

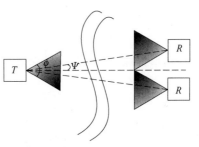

无线"日盲"紫外光 ALOS 链路主要利
用紫外光大气中传输的过程存在的散射特性
来实现的。通过 LOS 湍流模型可将 ALOS
链路表示为两个 LOS 链路，$r_{1,mn}$ 和 $r_{2,mn}$。
采用对数 Log-normal 模型，结合两个 LOS

图 5.11　"日盲"紫外光 ALOS 通信

链路结果得到 ALOS 湍流分布。如图 5.12 低空无线紫外光 ALOS 链路的 MIMO
信道模型，图 5.12 （a）描述 M 个发射器和 N 个接收器的 MIMO ALOS UV 链
路模型。MIMO 模型分为上下两部分，ALOS 链路间的距离为 r。如图 5.12
（b）中发射光信号经过大气的衰减达到散射体，接收端接收来自该散射体对光
信号的散射，这样就完成信号的 ALOS 传送。根据图 5.12 可以计算出 $r_{1,mn} =
r\sin\theta_{R,n}/\sin\theta_{s,mn}$ 和 $r_{2,mn} = r\sin\theta_{T,n}/\sin\theta_{s,mn}$，其中 $\theta_{s,mn} = \theta_{T,n} + \theta_{R,m}$。

5.2.2　无线紫外光 MIMO 中 BCOSTBC 编码研究

（1）MIMO 系统的 BCOSTBC 编码方法

在收发端均采用多天线（或阵列天线），在 $M \times N$ 的 UV MIMO 散射通信

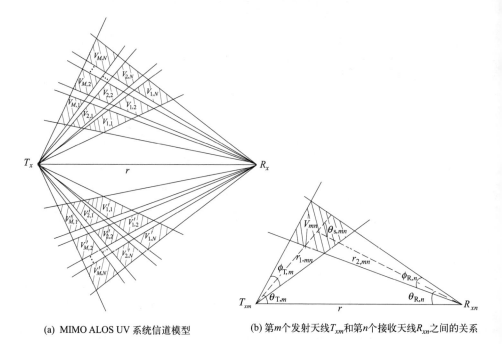

(a) MIMO ALOS UV 系统信道模型   (b) 第 m 个发射天线 T_{xm} 和第 n 个接收天线 R_{xn} 之间的关系

图 5.12　无线紫外光 ALOS 链路的 MIMO 信道模型

系统中利用空时编码技术实现高度的空间复用和角度复用，获取高的信道编码增益和信道容量。BCOSTBC 编码方法如图 5.13 所示。

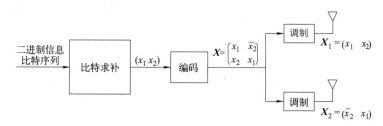

图 5.13　MIMO 系统的 BCOSTBC 编码方案

假设采用 Q 进制的调制方案，会有 $k = \log_2 Q$。在 BCOSTBC 中，首先对码信源发送的二进制信息比特进行比特求补，再把求补后的符号 x_1、x_2 分别送入 BCOSTBC 编码器中，编码后的矩阵为

$$\boldsymbol{X} = \begin{bmatrix} x_1 & \overline{x}_2 \\ x_2 & x_1 \end{bmatrix} \tag{5.10}$$

经比特求补编码后得到的符号如下面方式发出：①在发送第一个符号时，x_1 从天线 1 发出，x_2 从天线 2 发出，且 x_1、x_2 同时从两根天线发出；②在发送第二个符号时，$\overline{x}_2$ 从天线 1 发出，x_1 从天线 2 发出，且 x_2、x_1 同时从两根

天线发出。其中，$\overline{x}_2$ 是 x_2 的比特补码。这种方法在空间上分别通过两根天线发送符号，时间上在不同时隙发送符号，既在空间时间上都进行了编码。其中，两根天线发送的符号序列分别为：$\boldsymbol{X}_1=(x_1 \quad x_2)$ 和 $\boldsymbol{X}_1=(\overline{x}_2 \quad x_1)$。两符号序列满足以下特性[4]：

$$\boldsymbol{X}_1\boldsymbol{X}_2^{\mathrm{T}}=0 \tag{5.11}$$

$$\boldsymbol{X}\boldsymbol{X}^{\mathrm{T}}=\begin{bmatrix} |x_1|^2+|x_2|^2 & 0 \\ 0 & |x_1|^2+|x_2|^2 \end{bmatrix}=(|x_1|^2+|x_2|^2)\boldsymbol{I}_2 \tag{5.12}$$

式中，$\boldsymbol{I}_2$ 是一个 2×2 的单位矩阵。

采用 4-PPM 调制经 BCOSTBC 编码后的码字表，如表 5.3 所示。

▫ **表5.3　4PPM 调制时 BCOSTBC 的对应码字**[5]

四进制码元	二进制比特元	x	$\overline{x}$
0	00	1000	0001
1	01	0100	0010
2	10	0010	0100
3	11	0001	1000

(2) MIMO 系统的 BCOSTBC 译码方法

MIMO 系统的 BCOSTBC 译码方案，如图 5.14 所示。假设紫外光 MIMO 系统的信道为快衰落系统，则衰落的系数在每个符号发送的周期保持不变，并使其服从瑞利分布。其中，h_i 表示第 i 根天线到接收端的信道衰落系数。

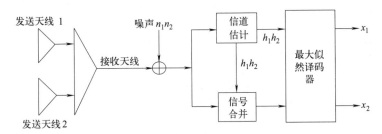

图 5.14　MIMO 系统的 BCOSTBC 译码方案[4]

对于一个 M 个紫外光源阵列、N 个滤光片和 PMT 组成的光 MIMO 通信系统而言，假设每个发射天线间的通道相互独立。第 i 个阵列发送的信号用 x_i 来表示；第 j 个滤光片和 PMT 收到的光电流用 r_j 来表示，则它们之间满足：

$$r_j=\frac{\eta I_{\mathrm{s}}}{M}\sum_{i=1}^{M}h_{ji}x_i+v_j, \quad i=1,\cdots,M;j=1,\cdots,N \tag{5.13}$$

式中，η 表示光电转换效率；I_{s} 表示无衰落时的最大接收光强；v_j 是方差为 $N_0/2$ 的高斯白噪声；h_{ji} 表示从第 i 个发射天线到第 j 个接收天线的信道衰减系数，它的统计模型等于射频通信中信道增益的平方。

$$\boldsymbol{H} = \begin{bmatrix} h_{11} & h_{12} & \cdots & h_{1M} \\ h_{21} & h_{22} & \cdots & h_{2M} \\ \vdots & \vdots & \vdots & \vdots \\ h_{N1} & h_{N2} & \cdots & h_{NM} \end{bmatrix} = \begin{bmatrix} a_{11}^2 & a_{12}^2 & \cdots & a_{1M}^2 \\ a_{21}^2 & a_{22}^2 & \cdots & a_{2M}^2 \\ \vdots & \vdots & \vdots & \vdots \\ a_{N1}^2 & a_{N2}^2 & \cdots & a_{NM}^2 \end{bmatrix} \tag{5.14}$$

则在第 j 个探测器在时刻 t 与 $t+T$ 时接收到的信号为：

$$\begin{cases} r_{1,j} = \dfrac{\eta I_s}{M}(h_{j1}x_1 + h_{j2}x_2) + v_{j1} \\ r_{2,j} = \dfrac{\eta I_s}{M}(h_{j1}x_1 + h_{j2}x_2) + v_{j2} \end{cases} \tag{5.15}$$

在 BCOSTBC 译码中，使用等增益合并方法得到信号为：

$$\begin{cases} \tilde{x}_1 = \dfrac{\eta I_s}{M}\left(\sum\limits_{j=1}^{N}\sum\limits_{i=1}^{M}h_{ji}^2 x_1 + \sum\limits_{j=1}^{N}\prod\limits_{i=1}^{M}h_{ji}x_2 + \sum\limits_{j=1}^{N}\prod\limits_{i=1}^{M}h_{ji}\overline{x}_2\right) + \sum\limits_{n=1}^{N}(h_{j1}v_{j1} + h_{j2}v_{j2}) \\ \tilde{x}_2 = \dfrac{\eta I_s}{M}\left(\sum\limits_{j=1}^{N}\sum\limits_{i=1}^{M}h_{ji}^2 x_2 + \sum\limits_{j=1}^{N}\prod\limits_{i=1}^{M}h_{ji}x_1 + \sum\limits_{j=1}^{N}\prod\limits_{i=1}^{M}h_{ji}\overline{x}_1\right) + \sum\limits_{j=1}^{N}(h_{j1}v_{j1} + h_{j2}v_{j2}) \end{cases}$$

$$\tag{5.16}$$

式中，$\tilde{x}_1$、$\tilde{x}_2$ 无符号，只和 x_1、x_2 有关。因此，可以利用最大似然完成信号的检测，则检测后的信号为：

$$\begin{cases} z_{\text{on},n} = \dfrac{\eta I_s}{M}\sqrt{T/Q}\sum\limits_{j=1}^{N}\sum\limits_{i=1}^{M}h_{ji}^2 + \sum\limits_{j=1}^{N}\prod\limits_{i=1}^{M}h_{ji}v_j \\ z_{\text{off},n} = \sum\limits_{j=1}^{N}\sum\limits_{i=1}^{M}h_{ji}^2 v_j \end{cases} \tag{5.17}$$

式中，BCOSTBC 译码中的最大似然判决标准为[4]：

$$\hat{x}_{nq} = \begin{cases} 1, \Lambda(r) \geqslant 0 \\ 0, \Lambda(r) < 0 \end{cases}$$

其中，$\Lambda(r)$ 表示对数似然比。

(3) BCOSTBC 编码的误码性能分析

对一个 $M \times N$ 的无线紫外光 MIMO 通信系统，假设每个信道相互独立，则 BCOSTBC 码的符号错误率 P_s 可表示为：

$$P_s = 1 - P \tag{5.18}$$

式中，P 表示第 j 个光电探测器接收到 Q-PPM 符号的平均正确率。当 Q-PPM 调制符号的长度固定时，一个字符只有 $Q-1$ 个空时隙，则第 j 个探测器接收到 Q-PPM 符号的平均正确率的概率 P 可表示为：

$$P = \int [1 - P(\text{off}|\text{on}, I)][1 - P(\text{on}|\text{off}, I)]^{Q-1} f_I(I_{mn}) dI \qquad (5.19)$$

其中，$P(\text{on}|\text{off}, I)$ 和 $P(\text{off}|\text{on}, I)$ 分别为光强起伏为 I^2 时，未发送信息脉冲而误判为信息脉冲的概率和发送信息脉冲而未被检测的概率。

定义无湍流存在时任意探测器每个符号的接收电能量为 $E_s = (\eta I_s)^2 T_P$，定义无湍流存在时每个符号的电信噪比为：$SNR = E_s/N_0$，R 表示传输速率。那么无湍流存在时每比特上的信噪比 γ 为[5]：

$$\gamma = \frac{E_b}{N_0} = \frac{SNR}{R \log_2 Q} \qquad (5.20)$$

由于 BCOSTBC 编码的方法属于光 MIMO 技术，滤光片间的距离仅相隔几十厘米，也可近似认为衰减系数相等，则第 j 个滤光片和 PMT 上的平均符号正确概率为[4]：

$$P = \frac{1}{2^Q} \int f(I_{mn}) \left[1 + erf \left(\sqrt{\frac{N}{8M} \times SNR} \times I^2 \right) \right]^{Q-1}$$
$$\times erfc \left(\sqrt{\frac{N}{8M} \times SNR} \times I^2 \right) dI \qquad (5.21)$$

则 BCOSTBC 码符号错误概率为：

$$P_{s1} = 1 - \frac{1}{2^Q} \int f(I_{mn}) \left[1 + erf \left(\sqrt{\frac{N}{8M} \times SNR} \times I^2 \right) \right]^{Q-1}$$
$$\times erfc \left(\sqrt{\frac{N}{8M} \times SNR} \times I^2 \right) dI \qquad (5.22)$$

误码率和符号错误概率之间的关系为：

$$P_s = \frac{Q}{2(Q-1)} P_{s1} \qquad (5.23)$$

由于无线紫外光的发射信号经过强烈的散射作用变为多条路径到达接收端，引起严重码间干扰。当信号时延扩展小于符号周期时，利用频率平坦性衰落信道模型进行分析；当信号时延扩展大于符号周期时，利用频率选择性衰落信道模型进行分析。紫外光信号的衰减是由两种衰落叠加的结果，只是所占的比重不同。在相同条件下，LOS 通信中接收到光子数比较多，时延扩展窄，频率平坦性衰落信道占主导地位；NLOS 通信过程中，接收到光子数比较少，时延扩展宽，频率选择性衰落信道占主导地位。所以，将紫外光 LOS 通信信道近似认为频率平坦性衰落信道，紫外光 NLOS 通信信道近似认为频率选择性衰落信道。

① 无线紫外光 LOS 方式下 BCOSTBC 的误码性能分析

在紫外光 MIMO 通信过程中，LOS 方式下 BCOSTBC 的误码率由式

（5.23）得。

② 无线紫外光 NLOS 方式下 BCOSTBC 的误码性能分析

在紫外光 MIMO 通信过程中，NLOS 方式下 BCOSTBC 的误码率由式（5.22）和式（5.23）得：

$$P_s = \frac{Q}{2(Q-1)} \left(1 - \frac{1}{2^Q} \int f(p) f(I) f(I_{mn}) dI \right) \tag{5.24}$$

其中，$f(I) = \left[1 + erf\left(\sqrt{\frac{N}{8M} \times SNR \times I^2} \right) \right]^{Q-1} erfc\left(\sqrt{\frac{N}{8M} \times SNR \times I^2} \right)$；$f(p) = \frac{p_{r,\text{NLOS}}}{p_t}$。

5.2.3　无线紫外光 MIMO 系统中 BCOSTBC 编码仿真分析

(1) 无线紫外光 LOS 链路性能仿真分析

根据上述理论，本节定量分析了在弱湍流（$C_n^2 = 1.0 \times 10^{-15} \, m^{-2/3}$）情况下采用 BCOSTBC 编码技术时 LOS 与 NLOS 链路通信的误码性能。通过 Q-PPM 调制的方式，仿真分析了在弱湍流情况下无线紫外光 MIMO 通信系统（发射功率、通信距离、收发仰角、传输距离）对误码率的影响。采用 BCOSTBC 编码时无线紫外光 MIMO 通信系统的仿真过程中部分参数，如表 5.4 所示。

▫ 表 5.4　无线紫外光 MIMO 通信系统部分仿真参数

参数	值	参数	值
波长 λ	265nm	调制阶数 Q	4
接收孔径 A_r	1.77cm^2	普朗克常数 h	6.626×10^{-34}
探测器的探测效率 η	0.2	发散角 ϕ_1	10°
大气散射系数 K_s	0.759km^{-1}	视场角 ϕ_2	30°
大气信道衰减系数 K_e	2.8km^{-1}	发射仰角 θ_1	20°
散射相函数 P_s	1	接收仰角 θ_2	20°

图 5.15 针对二进制比特数 $N = 10000$ 时，采用 Monte Carlo 方法对无线紫外光 MIMO 系统（采用编码后 2×1 和 2×2 系统）LOS 链路中误码性能进行仿真。分别表示闪烁方差 $\delta_s = 0.1$ 和闪烁方差 $\delta_s = 0.4$ 时，采用 4-PPM 调制的 BCOSTBC 编码的误码率曲线。当图 5.15（a）误码率 $P_s = 10^{-3}$ 时，相对于 SISO 系统，采用编码后的误码性能分别改善了约 3.5dB 和 8dB。图 5.15（b）中所呈现的规律与图 5.15（a）基本相同，随着闪烁方差的增大，LOS 链路通信中 MIMO 系统的误码性能逐渐变差；当信噪比相同时，2×2 系统性能最优，其次是 2×1 最差；同等条件下，采用编码后 2×1 和 2×2 系统的误码性能明显优于

SISO 系统的误码性能。天线数相同时，随着信噪比的增加，误码率减小，当信噪比 $SNR=15dB$，2×2 系统的误码率最小；信噪比一定时，误码率随着天线数的增加而减小。图中表明，在无线紫外光 LOS 链路中增加光电探测器数目可以有效地降低误码率和提高分集增益，有益于改善系统的性能。由此可见，该编码方法适用任意的 $M\times N$ 的紫外光通信系统。

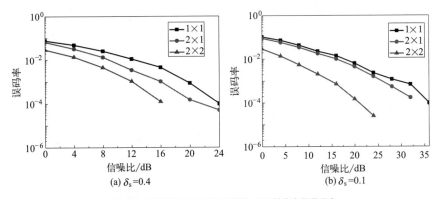

图 5.15 无线紫外光 MIMO 系统的 LOS 链路中的误码率

图 5.16 为针对无线紫外光 MIMO 系统（采用编码后 1×2、2×1 和 2×2 系统）LOS 链路中发射功率与误码率的关系曲线图，分别表示闪烁方差 $\delta_s=0.01$ 和闪烁方差 $\delta_s=0.1$ 时发射功率与误码率的关系。当通信距离 $r=300m$，数据传输速率 $R=400Kb/s$ 时，发射功率 P_t 从 $0\sim60mW$。当图 5.16（a）误码率 $P_s=10^{-8}$ 时，比 SISO 方式下节省了约 7.16dBm、9.83dBm、11.58dBm 的发射功率。由图可见，图 5.16（b）中所呈现的规律与图 5.16 基本相同，随着闪烁方差的增大，LOS 链路通信中 MIMO 系统的发射功率越来越大，误码性能逐渐变差；发射功率一定时，误码率随着天线数的增大而减小；天线数相同时，误码率随着发射功率的增大而减小，当发射功率 $P_t=15mW$ 时，2×2 系统的误码率最小。

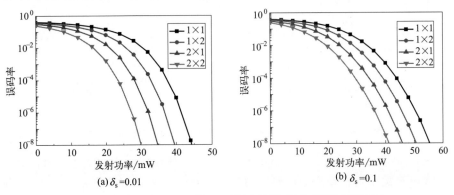

图 5.16 无线紫外光 MIMO 系统 LOS 链路中发射功率与误码率的关系曲线图

图 5.17 为针对无线紫外光 MIMO 系统（采用编码后 1×2，2×1 和 2×2 系统）LOS 链路中传输速率与误码率的关系曲线图，表示闪烁方差 $\delta_s=0.01$ 和闪烁方差 $\delta_s=0.1$ 时传输速率对误码率的影响。当通信距离 $r=400\mathrm{m}$，发射功率 $P_t=20\mathrm{mW}$ 时，传输速率 R 从 $0\sim400\mathrm{Kb/s}$ 变化。当如图 5.17（a）误码率 $P_s=10^{-8}$ 时，不同系统的传输速率比 SISO 方式下增大了约 $10\mathrm{Kb/s}$、$20\mathrm{Kb/s}$、$38\mathrm{Kb/s}$。由图可见，图 5.17（b）中所呈现的规律与图 5.17（a）基本相同，随着闪烁方差的增大，LOS 链路通信中 MIMO 系统的传输速率越来越小，误码性能逐渐变差；传输速率一定时，误码率随着天线数的增大而减小；天线数相同时，误码率随着传输速率的增大而增大，当传输速率 $R=200\mathrm{Kb/s}$ 时，2×2 系统的误码率最小。

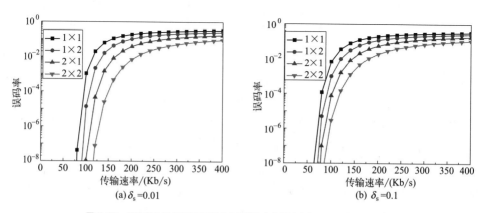

图 5.17 无线紫外光 MIMO 系统 LOS 链路中传输速率与误码率的关系曲线图

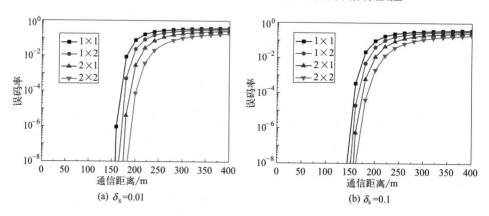

图 5.18 无线紫外光 MIMO 系统 LOS 链路中通信距离与误码率的关系曲线图

图 5.18 为针对无线紫外光 MIMO 系统（采用编码后 1×2、2×1 和 2×2 系统）LOS 链路中通信距离与误码率的关系曲线图，表示闪烁方差 $\delta_s=0.01$ 和闪烁方差 $\delta_s=0.1$ 时通信距离对误码率的影响。当数据传输速率 $R=1\mathrm{Mb/s}$，发射

功率 $P_t = 20\mathrm{mW}$ 时，通信距离 r 从 $0 \sim 400\mathrm{m}$ 变化。当如图 5.18（a）误码率 $P_s = 10^{-8}$ 时，不同系统的通信距离比 SISO 方式下增大了约 6m、16m、25m。由图可见，图 5.18（b）中所呈现的规律与图 5.18（a）基本相同，随着闪烁方差的增大，LOS 链路通信中 MIMO 系统的通信距离越来越小，误码性能逐渐变差；通信距离一定时，误码率随着天线数的增大而减小；天线数相同时，随着通信距离的增加，误码率增大，当通信距离 $r = 300\mathrm{m}$ 时，2×2 系统的误码率最小。

（2）无线紫外光 NLOS 链路性能仿真分析

图 5.19 针对二进制比特数 $N = 10000$ 时，采用 Monte Carlo 方法对无线紫外光 MIMO 系统（采用编码后 2×1 和 2×2 系统）NLOS 链路中误码性能进行仿真，表示闪烁方差 $\delta_s = 0.1$ 和闪烁方差 $\delta_s = 0.4$ 时，4-PPM 调制的 BCOSTBC 编码的误码性能曲线。当图 5.19（a）中误码率 $P_s = 10^{-4}$ 时，相对于 SISO 系统，采用编码后的误码率分别改善了约 5.4dB 和 7.8dB。由图可见，图 5.19（b）中所呈现的规律与图 5.19（a）基本相同，随着闪烁方差的增大，NLOS 链路通信中 MIMO 系统的误码性能逐渐变差；当信噪比相同时，2×2 系统性能最优，其次是 2×1 最差；同等条件时，采用编码后 2×1 和 2×2 系统的误码性能明显优于 SISO 系统的误码性能。天线数相同时，随着信噪比的增加，误码率减小，当信噪比 $SNR = 15\mathrm{dB}$，2×2 系统的误码率最小；信噪比一定时，误码率随着天线数的增加而减小。结果表明，在无线紫外光 NLOS 链路中增加光电探测器数目可以有效地降低误码率和提高分集增益，有益于改善系统的性能。由此可见，该编码方法适用任意的 $M \times N$ 的紫外光通信系统。

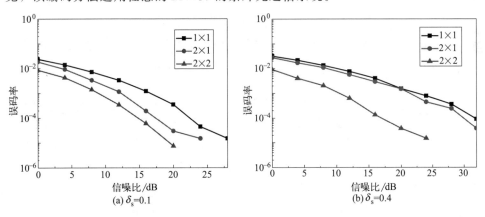

图 5.19 无线紫外光 MIMO 系统的 NLOS 链路中的误码率

图 5.20 为针对无线紫外光 MIMO 系统（采用编码后 1×2、2×1 和 2×2 系统）NLOS 链路中发射功率与误码率的关系曲线图，表示闪烁方差 $\delta_s = 0.01$ 和闪烁方差 $\delta_s = 0.1$ 时发射功率对误码率的影响。当通信距离 $r = 300\mathrm{m}$，数据传输

速率 $R=100\mathrm{Kb/s}$ 时，发射功率 P_t 从 $0\sim140\mathrm{mW}$ 变化。当如图 5.20（a）误码率 $P_s=10^{-8}$ 时，不同系统的发射功率比 SISO 方式下节省了约 9.54dBm、12.79dBm、15.91dBm。由图可见，图 5.20（b）中所呈现的规律与图 5.20（a）基本相同，随着闪烁方差的增大，NLOS 链路通信中 MIMO 系统的发射功率越来越大，误码性能逐渐变差；发射功率一定时，误码率随着天线数的增大而减小；天线数相同时，误码率随着发射功率的增大而减小，当发射功率 $P_t=15\mathrm{mW}$ 时，2×2 系统的误码率最小。

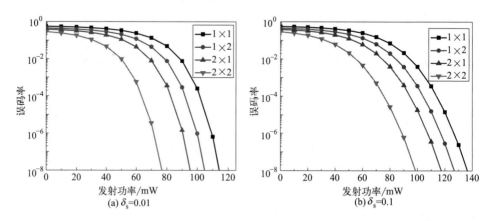

图 5.20 无线紫外光 MIMO 系统 NLOS 链路中发射功率与误码率的关系曲线图

图 5.21 为针对无线紫外光 MIMO 系统（采用编码后 1×2、2×1 和 2×2 系统）NLOS 链路中传输速率与误码率的关系曲线图，表示闪烁方差 $\delta_s=0.01$ 和闪烁方差 $\delta_s=0.1$ 时传输速率对误码率的影响。当通信距离 $r=300\mathrm{m}$，发射功率 $P_t=15\mathrm{mW}$ 时，传输速率 R 从 $0\sim400\mathrm{Kb/s}$ 变化。当如图 5.21（a）误码率 $P_s=10^{-8}$ 时，不同系统的传输速率比 SISO 方式下增大了约 10Kb/s、26Kb/s、

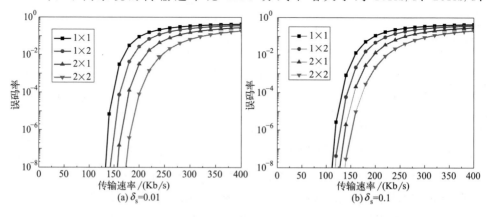

图 5.21 无线紫外光 MIMO 系统 NLOS 链路中传输速率与误码率的关系曲线图

40Kb/s。由图可见，图 5.21（b）中所呈现的规律与图 5.21（a）基本相同，随着闪烁方差的增大，NLOS 链路通信中 MIMO 系统的传输速率越来越小，误码性能逐渐变差；传输速率一定时，误码率随着天线数的增大而减小；天线数相同时，误码率随着传输速率的增大而增大，当传输速率 $R = 200\text{Kb/s}$ 时，2×2 系统的误码率最小。

图 5.22 为针对无线紫外光 MIMO 系统（采用编码后 1×2、2×1 和 2×2 系统）NLOS 链路中通信距离与误码率的关系曲线图，表示闪烁方差 $\delta_s = 0.01$ 和闪烁方差 $\delta_s = 0.1$ 时通信距离对误码率的影响。当数据传输速率 $R = 1\text{Mb/s}$，发射功率 $P_t = 30\text{mW}$ 时，r 从 0～100m 变化。当如图 5.22（a）误码率 $P_s = 10^{-8}$ 时，不同系统的通信距离比 SISO 方式下增大了约 5m、12m、17m。由图可见，图 5.22（b）中所呈现的规律与图 5.22（a）基本相同，随着闪烁方差的增大，NLOS 链路通信中 MIMO 系统的通信距离越来越小，误码性能逐渐变差；通信距离一定时，误码率随着天线数的增大而减小；天线数相同时，随着通信距离的增加，误码率增大，当通信距离 $r = 100\text{m}$ 时，2×2 系统的误码率最小。

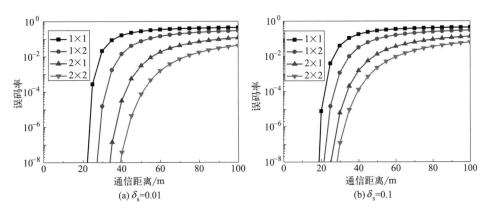

图 5.22　无线紫外光 MIMO 系统 NLOS 链路中通信距离与误码率的关系曲线图

图 5.23 为针对无线紫外光 MIMO 系统（采用编码后 1×2、2×1 和 2×2 系统）NLOS 链路中收发仰角与误码率的关系曲线图，表示闪烁方差 $\delta_s = 0.01$ 和闪烁方差 $\delta_s = 0.1$ 时传输速率对误码率的影响。当发射功率 $P_t = 8\text{mW}$，数据传输速率 $R = 40\text{Kb/s}$，通信距离 $r = 300\text{m}$，发散角和视场角分别固定在 $\phi_1 = 10°$、$\phi_2 = 30°$ 时，收发仰角 θ 从 0°～60° 变化。当如图 5.23（a）误码率 $P_s = 10^{-8}$ 时，收发仰角比 SISO 方式下增大了约 1°、2°、3.2°。由图可见，图 5.23（b）中所呈现的规律与图 5.23（a）基本相同，随着闪烁方差的增大，ALOS 链路通信中 MIMO 系统的误码性能逐渐变差；收发仰角一定时，误码率随着天线数的增大而减小；天线数相同时，误码率随着收发仰角的增大而增大，收发仰角 $\theta = 30°$

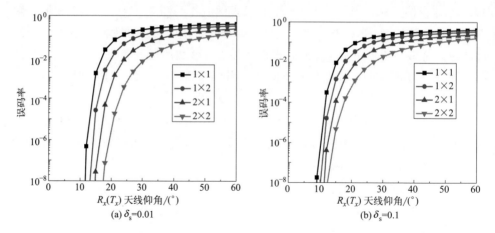

图 5. 23 　无线紫外光 MIMO 系统 NLOS 链路中发射（接收）天线仰角与误码率的关系曲线图

时，2×2 系统的误码率最小；当收发仰角 $\theta<40°$ 时，误码率随着收发仰角的增大，其增长趋势比较快；当收发仰角 $\theta>40°$ 时，误码率随着收发仰角的增大，其增长趋势变小。

参 考 文 献

［1］ Richardson T J，Urbanke R L．Efficient encoding of low-density parity-check codes ［J］. IEEE Transactions on Information Theory，2001，47（2）：638-656.

［2］ 汪裕民. OFDM 关键技术与应用 ［M］. 北京：机械工业出版社，2006：22-46.

［3］ 袁东风，张海刚. LDPC 码理论与应用 ［M］. 北京：人民邮电出版社，2008：165-168.

［4］ 王惠琴，柯熙政，赵黎，等. 大气激光通信中的正交空时块码 ［J］. 光学学报，2009，29（2）：63-68.

［5］ 柯熙政. 无线光 MIMO 系统中空时编码理论 ［M］. 北京：科学出版社，2014：14-93.

第 **6** 章
日盲紫外光散射测量雾霾粒子

6.1 雾霾粒子的紫外光散射偏振特性

6.1.1 雾霾粒子的散射偏振基本原理

(1) 粒子的光散射与偏振

波动理论求解粒子的散射偏振问题一般要针对电磁场的一对正交分量，入射的平面波 $E_i = E_0 e^{ikz}$ 入射到一个粒子且入射光的 Stokes 矢量为 S_i，入射光会在全空间所有方向上散射，且散射光的 Stokes 矢量会发生改变即为 S_s，在离散射体足够远的地方，任意方向的散射光如图 6.1 所示，n_s、n_i 分别为散射光方向和入射光方向的单位矢量，散射光方向和入射光方向的夹角为散射角 θ。但各个方向上的散射光的振幅不同，其电矢量的任一分量可以表达为：

$$E_s = \frac{f(n_s, n_i)}{kr} E_i e^{ikr} \tag{6.1}$$

式中，E_i 为入射光的振幅；公式的分母为波数 k 和距离 r 的乘积；函数 f 为无量纲的电矢量强度空间相对分布函数。

波动理论求解粒子的光散射问题一般要考虑电磁场的一对正交分量，由入射光方向和散射光方向构成的平面是散射平面，入射光的电矢量可以分解为垂直和平行于散射平面的分量（或者也可以分解为方位角 e_φ 和极角方向 e_θ 上的分量）。

同样对于散射光的电矢量也分解为垂直和平行于散射平面的分量，即平面波入射的几何关系如图 6.2 所示，考虑一个折射率为 m 的介质粒子对入射光的散射，时谐电磁场与时间相关的函数是 $\exp(i\omega t)$。如图 6.2 所示，入射光的传播方

向沿 z 轴的正方向。e_x、e_y、e_z 单位矢量分别沿下 x、y、z 轴的正方向，e_r、e_θ、e_φ 定义球坐标系 (r,θ,φ) 的基本矢量。k 为介质中的传播常数，$k = 2\pi/\lambda$，λ 为入射的平面波的波长。e_r 的散射方向和 e_z 入射方向定义了散射平面。

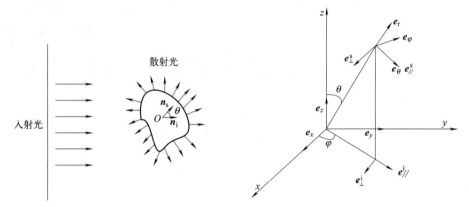

图 6.1 粒子的光散射[1]   图 6.2 粒子的光散射问题的几何关系[1]

散射光的分量通过散射矩阵与入射光的分量联系即为：

$$\begin{bmatrix} E^s_\perp \\ E^s_{//} \end{bmatrix} = \frac{e^{i(kr-z)}}{-ikr} \begin{bmatrix} S_1 & S_4 \\ S_3 & S_2 \end{bmatrix} \begin{bmatrix} E^i_\perp \\ E^i_{//} \end{bmatrix} \tag{6.2}$$

式中，$\begin{bmatrix} S_1 & S_4 \\ S_3 & S_2 \end{bmatrix}$ 为散射振幅矩阵，该矩阵是由粒子的形状、尺寸参数、复杂折射率以及散射几何决定。同时，对于一般形状的粒子，散射振幅矩阵有 4 个独立的矩阵元。那么，对于粒子散射光偏振特性的研究，可以将散射光的 Stokes 矢量与入射光的 Stokes 矢量是通过散射矩阵联系起来，即为粒子的 Mueller 矩阵，由 16 个元素组成：

$$\boldsymbol{S}_s = \begin{bmatrix} I_s \\ Q_s \\ U_s \\ V_s \end{bmatrix} = \frac{1}{(kr)^2} \begin{bmatrix} S_{11} & S_{12} & S_{13} & S_{14} \\ S_{21} & S_{22} & S_{23} & S_{24} \\ S_{31} & S_{32} & S_{33} & S_{34} \\ S_{41} & S_{42} & S_{43} & S_{44} \end{bmatrix} \begin{bmatrix} I_i \\ Q_i \\ U_i \\ V_i \end{bmatrix} \tag{6.3}$$

式（6.3）中矩阵元与振幅散射矩阵元之间的关系为[2]：

$$S_{11} = \frac{S_1^* S_1 + S_2^* S_2 + S_3^* S_3 + S_4^* S_4}{2}, \quad S_{12} = \frac{S_2^* S_2 - S_1^* S_1 + S_4^* S_4 - S_3^* S_3}{2}$$

$$S_{13} = \mathrm{Re}\{S_3^* S_2 + S_4^* S_1\}, \quad S_{14} = \mathrm{Im}\{S_3^* S_2 - S_4^* S_1\}$$

$$S_{21} = \frac{S_2^* S_2 - S_1^* S_1 + S_3^* S_3 - S_4^* S_4}{2}, \quad S_{22} = \frac{S_2^* S_2 + S_1^* S_1 - S_3^* S_3 - S_4^* S_4}{2}$$

$$S_{23} = \text{Re}\{S_3^* S_2 - S_4^* S_1\}, \quad S_{24} = \text{Im}\{S_3^* S_2 + S_4^* S_1\}$$

$$S_{31} = \text{Re}\{S_4^* S_2 + S_3^* S_1\}, \quad S_{32} = \text{Re}\{S_4^* S_2 - S_3^* S_1\}$$

$$S_{33} = \text{Re}\{S_2^* S_1 + S_4^* S_3\}, \quad S_{34} = \text{Re}\{S_1^* S_2 + S_3^* S_4\}$$

$$S_{41} = \text{Im}\{S_2^* S_4 + S_3^* S_1\}, \quad S_{42} = \text{Im}\{S_2^* S_4 - S_3^* S_1\}$$

$$S_{43} = \text{Im}\{S_2^* S_1 - S_4^* S_3\}, \quad S_{44} = \text{Re}\{S_2^* S_1 - S_4^* S_3\}$$

对于典型的非球形粒子，由于圆柱粒子、椭球粒子、切比雪夫粒子均有镜面对称性，可以得出非球形粒子的散射矩阵，其入射光的 Stokes 矢量与散射光的 Stokes 矢量可由式（6.4）所示，从中可以看出，Mueller 散射矩阵含有 8 个非零元素，其中 6 个是独立的矩阵元[3]。

$$\boldsymbol{S}_{s} = \begin{bmatrix} I_s \\ Q_s \\ U_s \\ V_s \end{bmatrix} = \frac{1}{(kr)^2} \begin{bmatrix} S_{11} & S_{12} & 0 & 0 \\ S_{12} & S_{22} & 0 & 0 \\ 0 & 0 & S_{33} & S_{34} \\ 0 & 0 & -S_{43} & S_{44} \end{bmatrix} \begin{bmatrix} I_i \\ Q_i \\ U_i \\ V_i \end{bmatrix} \tag{6.4}$$

对于球形粒子，由于镜面对称性和球对称性，可以得出球形粒子的散射矩阵，其入射光的 Stokes 矢量与散射光的 Stokes 矢量可由式（6.5）所示，从中可以看出，Mueller 散射矩阵含有 8 个非零元素，其中 4 个是独立的矩阵元[2]。

$$\boldsymbol{S}_{s} = \begin{bmatrix} I_s \\ Q_s \\ U_s \\ V_s \end{bmatrix} = \frac{1}{(kr)^2} \begin{bmatrix} S_{11} & S_{12} & 0 & 0 \\ S_{12} & S_{22} & 0 & 0 \\ 0 & 0 & S_{33} & S_{34} \\ 0 & 0 & -S_{34} & S_{33} \end{bmatrix} \begin{bmatrix} I_i \\ Q_i \\ U_i \\ V_i \end{bmatrix} \tag{6.5}$$

对于实际的雾霾粒子群，散射光的 Stokes 矢量等于各个独立粒子的散射光 Stokes 矢量之和，即粒子群的散射矩阵元也等于各个独立粒子的散射矩阵元之和。因此，分析单粒子的散射偏振是以后分析粒子群的散射偏振特性的基础。

（2）非球形粒子的散射理论

① T 矩阵方法

对非球形粒子的电磁散射进行精确计算，T 矩阵方法是最有效、应用最广泛的方法之一。T 矩阵方法最初是由 Waterman[4] 提出的，$\boldsymbol{T}$ 矩阵的基本特征即 $\boldsymbol{T}$ 矩阵的元素不依赖于入射和散射场，而取决于散射粒子的形态、粒径和复杂折射率等参数。如图 6.3 所示在入射场照射下[5]，非球形颗粒物表面会有电流产生，电流激发进而形成散射场，入射光和散射光按照球谐矢量函数展开，将散射光的球谐矢量函数的展开系数与入射光的球谐矢量函数的展开系数通过转移系数联系起来，并采用扩展边界条件求解，利用数值计算有效解决了非球形粒子的光散射问题，即对于一个有限大小的单粒子散射体，粒子占据空间 V_1，表面有 S 被包围，入射光在介质内部的波数为 k_s，散射体位于坐标系的原点，散射体以外的空间记为 V_0，对于包含散射体的最小外接球半径是 $r<$，外接球以外的空间为 V_{out}，最大外接球半径为 $r>$，内接球以外的空间为 V_{in}。

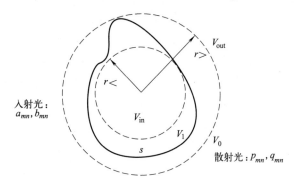

图 6.3 单粒子散射结构

利用球谐矢量函数，入射场 E^{inc} 和散射场 E^{sca} 可描述为：

$$E^{inc}(r) = \sum_{n=1}^{\infty} \sum_{m=-n}^{n} \left[a_{mn} RgM_{mn}(kr) + b_{mn} RgN_{mn}(kr) \right]$$

$$E^{sca}(r) = \sum_{n=1}^{\infty} \sum_{m=-n}^{n} \left[p_{mn} M_{mn}(kr) + q_{mn} N_{mn}(kr) \right], \quad |r| > r_0 \quad (6.6)$$

式中，k 为周围介质的波数；r 为散射体等效半径；r_0 为能够完全包围散射粒子的最小球的半径，即散射体的外切球半径；$RgM_{mn}(kr)$ 和 $RgN_{mn}(kr)$ 为正则矢量球面波函数；M_{mn}、N_{mn} 为具有 k_s 的矢量波函数；入射场展开系数为 a_{mn}、b_{mn}，可由数值积分获得，其表达式为：

$$\begin{cases} \alpha_{mn} = 4\pi(-1)^m i^n d_n E_0^{inc} C_{mn}^*(\vartheta^{inc}) \exp(-im\varphi^{inc}) \\ b_{mn} = 4\pi(-1)^m i^{n-1} d_n E_0^{inc} B_{mn}^*(\vartheta^{inc}) \exp(-im\varphi^{inc}) \end{cases} \quad (6.7)$$

由于麦克斯韦方程的线性性质，散射场展开系数 p_{mn}、q_{mn} 和入射场扩展系数 a_{mn}、b_{mn} 之间具有以下的线性相关关系，可以通过转换矩阵（$\boldsymbol{T}$ 矩阵）给出表达式：

$$\begin{cases} p_{mn} = \sum_{n'm'} \left[T_{mnm'n'}^{11} a_{mn} + T_{mnm'n'}^{12} b_{mn} \right] \\ q_{mn} = \sum_{n'm'} \left[T_{mnm'n'}^{21} a_{mn} + T_{mnm'n'}^{22} b_{mn} \right] \end{cases} \quad (6.8)$$

则入射场与散射场展开系数可以用 $\boldsymbol{T}$ 矩阵来联系：

$$\begin{bmatrix} p \\ q \end{bmatrix} = \boldsymbol{T} \begin{bmatrix} a \\ b \end{bmatrix} = \begin{bmatrix} T^{11} & T^{12} \\ T^{21} & T^{22} \end{bmatrix} \begin{bmatrix} a \\ b \end{bmatrix} \quad (6.9)$$

矩阵 $\boldsymbol{T}$ 可表示为：

$$\boldsymbol{T} = -\boldsymbol{RgQ}\boldsymbol{Q}^{-1} \qquad (6.10)$$

式中，$\boldsymbol{Q}$ 和 $\boldsymbol{RgQ}$ 是 2×2 的矩阵，即 $\boldsymbol{Q} = \begin{bmatrix} Q^{11} & Q^{12} \\ Q^{21} & Q^{22} \end{bmatrix}$。矩阵 $\boldsymbol{Q}$ 中的各元素则由散射粒子的表面场进行展开得到，计算表达公式如式（6.11）、式（6.12），可以由 k_s 的矢量波函数 M_{mn}、N_{mn} 及正则矢量球面波函数 RgM_{mn}、RgN_{mn} 表示：

$$\begin{cases} Q^{11}_{mnm'n'} = -\mathrm{i}kk_s J^{21}_{mnm'n'} - \mathrm{i}k^2 J^{12}_{mnm'n'} \\ Q^{12}_{mnm'n'} = -\mathrm{i}kk_s J^{11}_{mnm'n'} - \mathrm{i}k^2 J^{22}_{mnm'n'} \\ Q^{21}_{mnm'n'} = -\mathrm{i}kk_s J^{22}_{mnm'n'} - \mathrm{i}k^2 J^{11}_{mnm'n'} \\ Q^{22}_{mnm'n'} = -\mathrm{i}kk_s J^{12}_{mnm'n'} - \mathrm{i}k^2 J^{21}_{mnm'n'} \end{cases} \qquad (6.11)$$

$$\begin{bmatrix} J^{11}_{mnm'n'} \\ J^{12}_{mnm'n'} \\ J^{21}_{mnm'n'} \\ J^{22}_{mnm'n'} \end{bmatrix} = (-1)^m \int_s \mathrm{d}Sn(r) \times \begin{bmatrix} RgM_{m'n'}(k_s r, \vartheta, \phi) \times M_{-mn}(kr, \vartheta, \phi) \\ RgM_{m'n'}(k_s r, \vartheta, \phi) \times N_{-mn}(kr, \vartheta, \phi) \\ RgN_{m'n'}(k_s r, \vartheta, \phi) \times M_{-mn}(kr, \vartheta, \phi) \\ RgN_{m'n'}(k_s r, \vartheta, \phi) \times N_{-mn}(kr, \vartheta, \phi) \end{bmatrix}$$

$$(6.12)$$

对于正则矢量球面波函数 $\boldsymbol{RgQ}$ 的计算，则采用正则矢量球面波函数替代式（6.12）中的矢量球面波函数进行计算。在求得 $\boldsymbol{T}$ 矩阵之后，则可以获得散射振幅矩阵中的各个矩阵元，如式（6.13）～式（6.16）。

$$S_1 = \sum_{n=1}^{\infty} \sum_{n'=1}^{\infty} \sum_{m=-n}^{n} \sum_{m'=-n'}^{n'} \alpha_{mnm'n'} [T^{11}_{mnm'n'} \tau_{mn}(\vartheta^{sca}) \tau_{m'n'}(\vartheta^{inc}) + T^{21}_{mnm'n'} \tau_{mn}(\vartheta^{sca}) \tau_{m'n'}(\vartheta^{inc})$$
$$+ T^{12}_{mnm'n'} \tau_{mn}(\vartheta^{sca}) \pi_{m'n'}(\vartheta^{inc}) + T^{22}_{mnm'n'} \pi_{mn}(\vartheta^{sca}) \pi_{m'n'}(\vartheta^{inc})] \exp[\mathrm{i}(m\varphi^{sca} - m'\varphi^{inc})]$$

$$(6.13)$$

$$S_2 = \sum_{n=1}^{\infty} \sum_{n'=1}^{\infty} \sum_{m=-n}^{n} \sum_{m'=-n'}^{n'} \alpha_{mnm'n'} [T^{11}_{mnm'n'} \pi_{mn}(\vartheta^{sca}) \pi_{m'n'}(\vartheta^{inc}) + T^{21}_{mnm'n'} \tau_{mn}(\vartheta^{sca}) \pi_{m'n'}(\vartheta^{inc})$$
$$+ T^{12}_{mnm'n'} \pi_{mn}(\vartheta^{sca}) \tau_{m'n'}(\vartheta^{inc}) + T^{22}_{mnm'n'} \tau_{mn}(\vartheta^{sca}) \tau_{m'n'}(\vartheta^{inc})] \exp[\mathrm{i}(m\varphi^{sca} - m'\varphi^{inc})]$$

$$(6.14)$$

$$S_3 = \mathrm{i} \sum_{n=1}^{\infty} \sum_{n'=1}^{\infty} \sum_{m=-n}^{n} \sum_{m'=-n'}^{n'} \alpha_{mnm'n'} [T^{11}_{mnm'n'} \pi_{mn}(\vartheta^{sca}) \tau_{m'n'}(\vartheta^{inc}) + T^{21}_{mnm'n'} \tau_{mn}(\vartheta^{sca}) \tau_{m'n'}(\vartheta^{inc})$$
$$+ T^{12}_{mnm'n'} \pi_{mn}(\vartheta^{sca}) \pi_{m'n'}(\vartheta^{inc}) + T^{22}_{mnm'n'} \tau_{mn}(\vartheta^{sca}) \pi_{m'n'}(\vartheta^{inc})] \exp[\mathrm{i}(m\varphi^{sca} - m'\varphi^{inc})]$$

$$(6.15)$$

$$S_4 = -\mathrm{i} \sum_{n=1}^{\infty} \sum_{n'=1}^{\infty} \sum_{m=-n}^{n} \sum_{m'=-n'}^{n'} \alpha_{mnm'n'} [T^{11}_{mnm'n'} \tau_{mn}(\vartheta^{sca}) \pi_{m'n'}(\vartheta^{inc}) + T^{21}_{mnm'n'} \pi_{mn}(\vartheta^{sca}) \pi_{m'n'}(\vartheta^{inc})$$

$$+ T^{12}_{mnm'n'}\tau_{mn}(\vartheta^{\mathrm{sca}})\tau_{m'n'}(\vartheta^{\mathrm{inc}}) + T^{22}_{mnm'n'}\pi_{mn}(\vartheta^{\mathrm{sca}})\tau_{m'n'}(\vartheta^{\mathrm{inc}})]\exp[\mathrm{i}(m\varphi^{\mathrm{sca}} - m'\varphi^{\mathrm{inc}})]$$

$$(6.16)$$

式（6.13）～式（6.16）中

$$a_{mnm'n'} = \mathrm{i}^{n'-n-1}(-1)^{m+m'}\left[\frac{(2n+1)(2n'+1)}{n(n+1)n'(n'+1)}\right]^{1/2}$$

$$\pi_{mn}(\vartheta) = \frac{m}{\sin\vartheta}d^{n}_{0m}(\vartheta), \quad \pi_{-mn}(\vartheta) = (-1)^{m+1}\pi_{mn}(\vartheta)$$

$$\tau_{mn}(\vartheta) = \frac{d}{d\vartheta}d^{n}_{0m}(\vartheta), \quad \tau_{-mn}(\vartheta) = (-1)^{m}\tau_{mn}(\vartheta)$$

对于定向的散射体，若 T 矩阵已知，则利用上式可以计算散射场。同时 T 矩阵也被称为散射振幅矩阵，即可由 T 矩阵计算粒子的散射矩阵，即 Mueller 矩阵，其中矩阵元只依赖散射体的物理特性和几何结构（形状、尺寸参数和复杂折射率），而与入射场和散射场的传播方向和偏振特性无关。同时，Mishchenko 等人[2-5]对取向随机或者是由旋转对称性、特定粒径分布粒子的远场散射特性做了简洁的分析。

② 离散偶极子近似理论

对于非球形粒子散射偏振的研究，离散偶极子近似方法也是重要理论。1973 年，Purcell 和 Pennypacker[6] 经过理论研究分析首次提出了离散偶极子近似方法，可以将实际上的散射粒子近似为有限个离散的、相互作用的可极化的点阵，并以此分析固体微粒的散射、吸收问题。理论上说，离散偶极子近似法是将散射粒子用一组离散且相互作用的偶极子代替，任何点通过对局域电场（入射场以及其他点的辐射场）的响应获得偶极矩，而对于粒子的散射场可以通过散射粒子的所有点的辐射相加得到。

离散偶极子的基本思想[7] 为：研究散射粒子用 N 个离散且相互作用的偶极子构成的阵列替代，每个偶极子的极化率设为 α_j，中心位置为 $\boldsymbol{r}_j (j = 1, 2, \cdots, N)$，每个偶极子在局域场 $\boldsymbol{E}(\boldsymbol{r}_j)$ 的作用下产生极化矢量为：

$$\boldsymbol{P}_j = \alpha_j \boldsymbol{E}(\boldsymbol{r}_j) \tag{6.17}$$

式中，$\boldsymbol{E}(\boldsymbol{r}_j)$ 是由入射场在 j 处电场 $\boldsymbol{E}_{\mathrm{inc},j}$ 和所有其他 k 处 $(k \neq j)$ 偶极子的激发场。$\boldsymbol{E}_{\mathrm{inc},j}$ 两个部分组成为：

$$\boldsymbol{E}(\boldsymbol{r}_j) = \boldsymbol{E}_{\mathrm{inc},j} + \boldsymbol{E}_{o,j}$$
$$\boldsymbol{E}_{\mathrm{inc},j} = \boldsymbol{E}_0 \exp(\mathrm{i}\boldsymbol{k}\boldsymbol{r}_j - \mathrm{i}wt)$$
$$\boldsymbol{E}_{o,j} = -\boldsymbol{A}_{jk}\boldsymbol{P}_k, \quad j \neq k \tag{6.18}$$

$-\boldsymbol{A}_{jk}\boldsymbol{P}_k$ 是位于 k 处的偶极子在 j 处产生的电场，可以求其表达式为：

$$A_{jk}P_k = \left\{ k^2 r_{jk} \times (r_{jk} \times P_k) + \frac{(1 - ikr_{jk})}{r_{jk}^2} \times [r_{jk}^2 P_k - 3r_{jk}(r_{jk}P_k)] \right\} \frac{\exp(ikr_{jk})}{r_{jk}^3}, \quad j \neq k$$

$$(6.19)$$

对于 $j=k$ 处，定义 $A_{jj} = \alpha_j^{-1}$，散射问题可以归纳为一个 N 维复线性方程，即：

$$\sum_{k=1}^{N} A_{jk}P_k = E_{\mathrm{inc},j}, \quad j = 1, \cdots, N$$

$$(6.20)$$

DDSCAT 是由普林斯顿大学的 Bruce T. Draine 和加利福尼亚大学的 Piotr J. Flatau 开发的利用 DDA 算法计算电磁波（光波）与任意形状粒子作用的软件包。

对于雾霾球形粒子，一般采用成熟 Mie 散射理论用于分析散射偏振特性。T 矩阵方法是精确计算单一非球形粒子电磁波散射特性中最有效、使用范围最广的方法之一。对比其他计算非球形粒子的方法，T 矩阵法效率更高，适用散射体的尺寸范围更大。同时，T 矩阵方法也是为数不多的几种验证非球形粒子散射的标准方法之一[7]。本节采用 T 矩阵方法分析非球形雾霾粒子的散射偏振特性。

6.1.2 雾霾粒子的仿真与分析

（1）单个雾霾球形粒子仿真分析

基于 Mie 散射理论建立紫外光 LOS 单次散射几何模型，主要分析单粒子的散射偏振特性，采用单次散射模型可以更精准地分析。仿真分析了紫外波段球形粒子的粒径，复折射率 $m = m_{\mathrm{real}} - m_{\mathrm{im}}\mathrm{i}$（$m_{\mathrm{real}}$ 为实部，m_{im} 为虚部）对散射光偏振的影响。

仿真参数设置入射光波长 $\lambda = 365\mathrm{nm}$，入射光 Stokes 矢量为 $S_i = [1 \quad 0 \quad 0 \quad 0]$，仿真分析结果如图 6.4 所示，可以看出随着粒子粒径和复折射率虚部的改变散射光 Stokes 矢量和偏振度的变化。

由图 6.4（a）分析得到单个球形粒子粒径对散射光 Stokes 矢量中总光强 I_s 影响最大，随着粒径的增加，I_s 整体呈增大趋势，且 I_s 增大的值较大，散射光 Stokes 矢量中 Q_s 和 U_s 表征的线偏振分量的变化不规律，变化范围小，表明线偏振分量少，散射光无圆偏振分量。

由图 6.4（b）散射光偏振度随粒径的变化分析知，散射光 Stokes 矢量中散射总光强 I_s 的值远大于 Stokes 矢量中 Q_s 和 U_s 的值，且散射光 Stokes 矢量中 Q_s 和 U_s 的变化范围小，因此，偏振度随粒径的变化与 I_s 随粒径变化趋势相反，呈整体下降趋势。粒径对于散射光 Stokes 矢量的影响，主要由粒子的 Mueller 矩阵的改变引起。

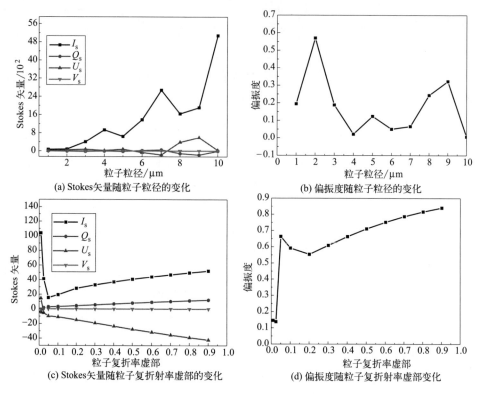

(a) Stokes矢量随粒子粒径的变化

(b) 偏振度随粒子粒径的变化

(c) Stokes矢量随粒子复折射率虚部的变化

(d) 偏振度随粒子复折射率虚部变化

图 6.4　球形粒子的仿真结果

从图 6.4（c）可以看出，随着粒子复折射率虚部的变化，散射光的 Stokes 矢量中 I_s 呈先减小后增大的趋势；Q_s 呈增大趋势，水平线偏振也在增大，但变化较慢；U_s 呈不断减小的趋势，表明 $-45°$ 偏振分量在不断增大。这说明散射光的线偏振分量在增加，粒子复折射率的虚部对散射光线偏振影响较大。从图 6.4（d）可以看出，随着粒子复折射率虚部的增大，散射光的偏振度基本呈现增大的趋势，虚部较小时，增大的趋势较快，当虚部在增大时，散射光的偏振度增大趋势较缓慢并趋于稳定。

（2）不同浓度的雾霾球形粒子分析

由图 6.5 可以看出，雾霾粒子粒径分布一样时，随着雾霾粒子浓度的增加，散射系数、消光系数和吸收系数呈线性增加，消光系数随着粒子浓度增加得更快，这是因为同一粒径分布，粒子浓度线性增加时粒子的个数也呈现线性的增加。

紫外光 NLOS 单次散射模型并基于蒙特卡洛仿真分析了同一粒径分布不同浓度的雾霾粒子散射光偏振状态。在仿真中，发射端发出的光子一定，且光子的初始 Stokes 矢量相同，可以得出接收端接收的光子数以及光子的 Stokes 矢量会随粒子浓度的改变而改变的结论。

表 6.1 为利用紫外光 NLOS 单次散射模型并基于蒙卡仿真，分析随着粒子浓度的增加，接收端收到的光子数量以及光子偏振状态的变化情况。随着粒子浓度的线性增加，可以看出接收端收到的光子呈现先增大后减小的趋势，同时接收端光子的 Stokes 矢量中 I_s 也是先增大后减小的趋势。发射端的光子数量一定，粒子浓度增加

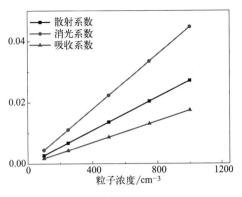

图 6.5　不同粒子浓度的相关系数

时，消光系数、散射系数和吸收系数呈现线性的增加，吸收系数增大使更多的光子被吸收。虽然散射系数也在不断增大，但散射接收的光子还是在减小，且接收端 Stokes 矢量中 Q_s、U_s 变化不规律。在仿真中接收端接收的光子的 Stokes 矢量在不断累加，但每个光子在散射中散射角选择是随机的，粒子的 Mueller 矩阵不同，Stokes 矢量中线偏振分量也会出现正负，在累加中导致接收端 Stokes 矢量中 Q_s、U_s 变化不规律，接收端光子偏振度的值变化也不规律，与接收端的光子数变化趋势不一致，这说明线偏振分量值还是对偏振度有影响。

▢ 表 6.1　接收端光子数及光子的偏振状态随粒子浓度的改变

颗粒浓度 /cm^{-3}	接收端 光子数	光子 Stokes 矢量中 I_s/×10^3	光子 Stokes 矢量中 Q_s	光子 Stokes 矢量中 U_s	光子 Stokes 矢量中 V_s	偏振度
100	129	4.42517	−0.16	−0.73	0	0.000169
250	227	8.05842	1.98	3.9	0	0.000543
500	284	10.06409	−3.39	1.33	0	0.000362
750	272	9.87388	−5.35	−7.14	0	0.000904
1000	226	8.30631	−2.35	−0.13	0	0.000283

(3) 链状球形粒子分析

对于雾霾粒子形态的分析，采用链状的球形粒子作为研究对象，用紫外光 LOS 单次散射几何模型和紫外光 NLOS 单次散射几何模型进行仿真，分析散射光 Stokes 矢量以及偏振度的改变。组成链状的球形粒子可以相同也可以不同。本节先分析了由同一球形粒子组成的链状，然后再分析了不同球形粒子组成的链状。对于分析由不同球形粒子组成的链状结构，通过改变球形粒子的粒径、复杂折射率等物理参数来仿真分析散射光 Stokes 矢量以及偏振度的变化。

图 6.6 中分别采用紫外光 LOS 和 NLOS 单次散射仿真分析相同球形粒子组成的链状结构、粒子个数的改变对散射光 Stokes 矢量的变化，可以看出，两者散射光 Stokes 矢量的变化趋势相同，只是变化的值不同，这是由于在仿真紫外

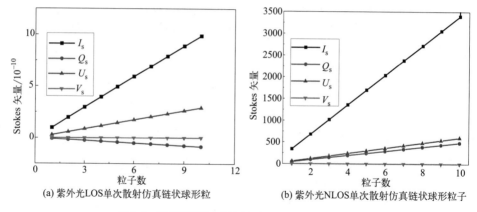

图 6.6 相同球形粒子个数的改变散射光 Stokes 矢量仿真

光直视和非直视中散射角的值不同，因此粒子的 Mueller 矩阵不同。由图 6.6 中还可以看出，随着粒子个数的增加，散射光的 Stokes 矢量各个分量呈线性的变化，但是在增加的过程中并未呈标准的线性，导致这种现象的原因是随着粒子个数的增加，球形粒子参数未发生改变，但是由于是链状结构，粒径很小，即使粒子个数在增加，散射角的改变也很细微，所以并未呈标准线性变化。

图 6.7 可以看出，链状粒子中粒径的变化对 Stokes 矢量影响最大，其次是复折射率实部的变化，最后是复折射率虚部的变化。从图 6.7 中可以看出，随着粒子个数的增加，粒径与复折射率实部 m_{real} 的变化是线性的，但是散射光的 Stokes 矢量变化是非线性的变化。由图中还可以看出，散射光的 Stokes 矢量的 I_s 均呈现非线性增大的趋势且粒子参数中粒径的变化对散射光的 Stokes 矢量的 I_s 影响更大，散射光的 Stokes 矢量的 Q_s 和 U_s 变化不规律，没有任何线性变化。从图 6.7 （c）知，随着粒子个数的增加，复折射率虚部 m_{im} 的变化比较均匀，散射光的 Stokes 矢量中的各参数的变化比较均匀，呈现一定的线性变化。将图 6.7 （a）（b）与图 6.6 （a）对比知，链状球形粒子中粒径与复折射率实部的改变使 Stokes 矢量变化呈现不规律，特别是 Q_s 和 U_s 的值变化无规律，但是 I_s 均呈现增大的趋势，可以近似为线性。将图 6.7 （c）与图 6.6 （a）对比知，链状球形粒子中复折射率虚部均匀变化，散射光的 Stokes 矢量各个参数的变化还是可以近似呈线性，但是相对于相同球形粒子的链状结构的线性变化，它的变化趋势比较缓慢。

图 6.8 分析了上述链状球形粒子散射光偏振度的改变，可以看出，粒子参数不变时，随着粒子个数的增加，散射光偏振度的改变比较细微，基本上是不变的。同时，当粒子参数改变时，随粒子个数增加，散射光的偏振度变化较大，且都是减小的趋势。这是由于粒子个数的增加，散射光的 Stokes 矢量的 I_s 在不断

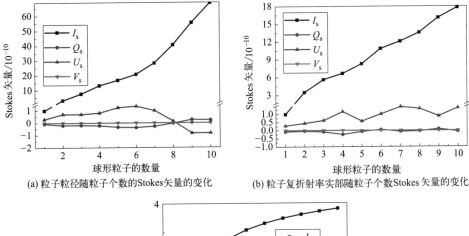

(a) 粒子粒径随粒子个数的Stokes矢量的变化   (b) 粒子复折射率实部随粒子个数Stokes矢量的变化

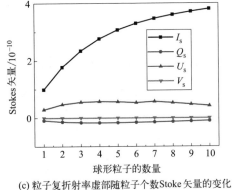

(c) 粒子复折射率虚部随粒子个数Stoke矢量的变化

图 6.7　粒子参数随粒子个数的变化散射光偏振的仿真结果

增大，所以偏振度呈现减小的趋势，且看出随着粒径的改变偏振度的变化较快。粒子参数中粒子复折射率实部 m_{real} 改变时，随着粒子个数的增加偏振度整体呈现减小的趋势，但偏振度的改变有起伏。随着粒子个数的增加，粒子复折射率虚部 m_{im} 呈现比较线性的减小趋势，这是因为粒子参数中复折射率虚部的线性变化，使散射光的 Stokes 矢量有规律地变化。

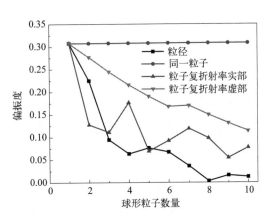

图 6.8　链状球形粒子散射光偏振度的改变

(4) 圆柱粒子散射光偏振特性仿真

　　基于 T 矩阵理论仿真分析了粒径不同的圆柱粒子，形变 $D/L=1$，复杂折射

率为 $m=1.5-0.01i$，入射光波长 265nm，入射光 Stokes 矢量 $\boldsymbol{S}_i = \begin{bmatrix} 1 & 0 & 0 \end{bmatrix}$ $0\,]$，得到散射光 Stokes 矢量以及偏振度随散射角的变化如图 6.9 所示。

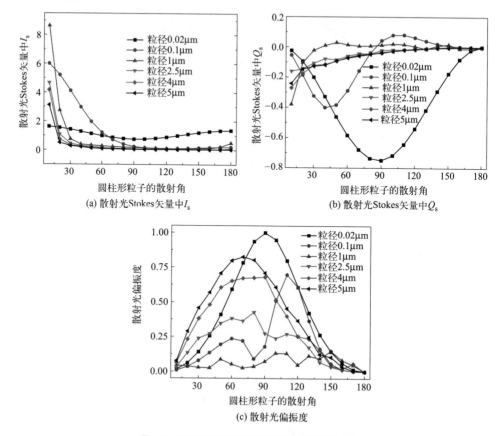

图 6.9 不同粒径圆柱粒子散射偏振光随散射角的变化

265nm 的紫外光入射粒径不同的圆柱粒子，散射光 Stokes 矢量中 I_s 随散射角的变化如图 6.9（a）所示，可以看出，圆柱粒子散射光 Stokes 矢量中 I_s 随散射角的变化会随粒径而改变，当粒径很小时，I_s 随散射角在前向散射呈现规律减小，后向散射呈现规律增大，I_s 最小值在散射角为 90°时。随着粒径的增大，I_s 随散射角呈现不断减小的趋势且趋于稳定，在前向散射中，I_s 随散射角减小的趋势也是先快后慢，同时当粒径增大时，I_s 随散射角的减小趋势也是在减缓；在后向散射中，粒径较大的圆柱粒子，I_s 随散射角变化的数值范围较小。对于粒径较大的圆柱粒子，在前向散射中的散射角，I_s 随粒径的增大呈现减小的趋势，在后向散射中的散射角，I_s 随粒径的变化比较细微，且粒径较大时 I_s 的数值也比较接近。当粒径增大到一定程度时，可以看出，I_s 与散射角的数值变化趋势一致，且数值比较接近。

265nm 的紫外光入射粒径不同的圆柱粒子，散射光 Stokes 矢量中 Q_s 随散射角的变化如图 6.9（b）所示，可以看出，散射光 Stokes 矢量中 Q_s 绝对值随粒径大小的改变而改变；粒径很小时，Q_s 绝对值随散射角呈现规律的抛物线，最大值出现在散射角为 90°时；随着粒径的增大，Q_s 绝对值呈现不断减小且趋于稳定的趋势，当粒径增大到一定程度时，Q_s 绝对值随散射角的变化基本趋于一致，Q_s 绝对值也是很接近。

265nm 的紫外光入射粒径不同的圆柱粒子，散射光偏振度随散射角的变化如图 6.9（c）所示，可以看出，当粒径很小时，偏振度随散射角呈现规律的抛物线，当粒径在不断增大时，偏振度随散射角的抛物线趋势在减弱，但是当粒径增大到一定程度，偏振度随散射角呈现的抛物线也很明显，但是变化不是很规律。对于粒径较大的圆柱粒子，在前向散射中，随着粒径的不断增大，偏振度随散射角呈现增大的趋势，且对于前向散射的散射角，偏振度随粒径的增大而增大；在后向散射中，偏振度随散射角呈现减小的趋势，且当粒径在增大时，偏振度随散射角减小趋势比较接近，对于后向散射的散射角，偏振度随粒径的变化不规律。

基于 T 矩阵理论仿真分析了形变不同的圆柱粒子，粒径为 $2.5\mu m$，复杂折射率 $m=1.5-0.01i$，入射光波长 265nm，入射光 Stokes 矢量 $\boldsymbol{S_i}=[1\ \ 0\ \ 0\ \ 0]$，得到散射光 Stokes 矢量以及偏振度随散射角的变化如图 6.10 所示。

265nm 紫外光入射形变不同的圆柱粒子，散射光 Stokes 矢量中 I_s 随散射角的变化如图 6.10（a）所示。整体上，对于不同形变的圆柱粒子，I_s 随散射角呈现不断减小的趋势且趋于稳定，在前向散射中减小的趋势较快，在后向散射中有增大的趋势。对于后向散射的散射角，不同形变的圆柱粒子 I_s 的数值比较接近，但是变化不规律。

265nm 紫外光入射形变不同的圆柱粒子，散射光 Stokes 矢量中 Q_s 随散射角的变化如图 6.10（b）所示。整体上，对于不同形变的圆柱粒子，Q_s 绝对值随散射角的变化有减小的趋势并趋于稳定。在数值上，Q_s 绝对值的值也是比较接近。对于圆柱粒子的同一散射角，Q_s 随形变的变化不规律。

265nm 紫外光入射形变不同的圆柱粒子，散射光偏振度随散射角的变化如图 6.10（c）所示。整体上，偏振度随散射角呈现抛物线的趋势。在前向散射中，偏振度随散射角的增大也是有规律的增大；在后向散射中，偏振度随散射角的增大而减小，但变化有起伏。不同形变下的圆柱粒子，偏振度随散射角的变化趋势相似且数值相近，对于同一散射角，偏振度随形变的变化无规律。

基于 T 矩阵理论仿真分析了复杂折射率实部不同的圆柱粒子，形变 $D/L=1$，粒径 $2.5\mu m$，入射光波长 265nm，入射光 Stokes 矢量 $\boldsymbol{S_i}=[1\ \ 0\ \ 0\ \ 0]$，

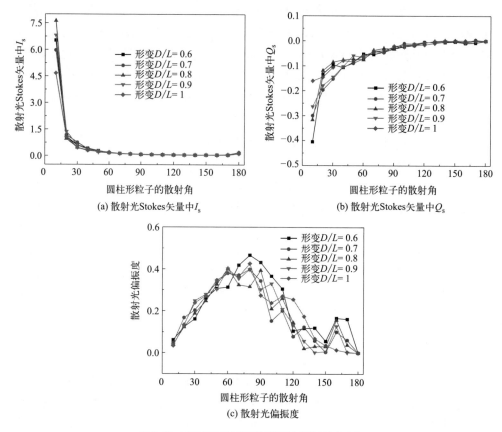

图 6. 10　不同形变圆柱粒子散射偏振光随散射角的变化

复杂折射率虚部为 0.01，得到散射光 Stokes 矢量以及偏振度随散射角的变化如图 6.11 所示。

265nm 的紫外光入射实部不同的圆柱粒子，散射光 Stokes 矢量中 I_s 随散射角的变化如图 6.11 （a）所示。整体上，I_s 随散射角呈现不断减小的趋势且趋于稳定。在前向散射中，I_s 随散射角有减小的趋势，但是对于同一散射角随实部的变化，I_s 的变化不规律；在后向散射中，I_s 随散射角有先减小后增大的趋势，且实部在减小时，I_s 随散射角的减小趋势和增大趋势也是在减缓。同时对于在后向散射中的散射角，I_s 随粒子复杂折射率实部的增大而增大，数值变化范围很小。

265nm 的紫外光入射实部不同的圆柱粒子，散射光 Stokes 矢量中 Q_s 随散射角的变化如图 6.11 （b）所示。Q_s 绝对值随散射角也是不断减小的趋势，且实部较大时，减小的趋势也较快。在前向散射中，同一散射角，Q_s 随粒子实部的变化不规律；在后向散射中，Q_s 的数值比较接近。

265nm 的紫外光入射实部不同的圆柱粒子，散射光偏振度随散射角的变化如图 6.11（c）所示。在前向散射中，偏振度随散射角整体呈现增大的趋势，不同粒子实部对应的增大趋势不同，粒子实部较大时，偏振度随散射角增大的比较有规律；在后向散射中，偏振度随散射角整体呈现减小的趋势，粒子实部较大时，偏振度随散射角减小趋势比较好。整体上，粒子实部较大时偏振度随散射角的变化优于粒子实部较小时。

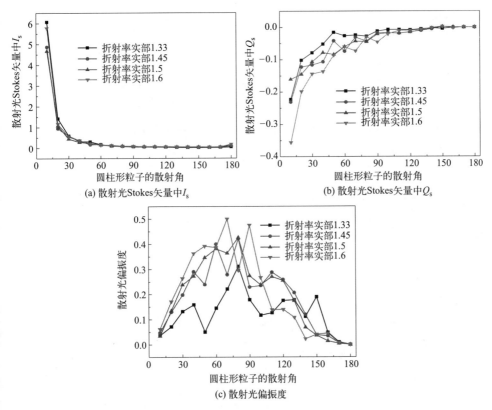

(a) 散射光Stokes矢量中 I_s

(b) 散射光Stokes矢量中 Q_s

(c) 散射光偏振度

图 6.11 不同实部圆柱粒子散射偏振光随散射角的变化

基于 T 矩阵理论仿真分析了复杂折射率虚部不同的圆柱粒子，形变 $D/L=1$，粒径 2.5μm，入射光波长 265nm，入射光 Stokes 矢量 $S_i=\begin{bmatrix}1 & 0 & 0 & 0\end{bmatrix}$，复杂折射率实部为 1.5，得到散射光 Stokes 矢量以及偏振度随散射角的变化如图 6.12 所示。

265nm 的紫外光入射虚部不同的圆柱粒子，散射光 Stokes 矢量中 I_s 随散射角的变化如图 6.12（a）所示。整体上，I_s 随散射角呈现不断减小的趋势且在后向散射趋于稳定。在前向散射中，I_s 随散射角的减小趋势先快后慢，当粒子复杂折射率虚部在不断增大时，I_s 随散射角变化的减小趋势也是在减缓；在后向散射中，I_s 随散射角变化先有减小的趋势后有增大的趋势，且当虚部不断增大时，I_s 随散射角增大趋势在减缓。对于同一散射角，I_s 随虚部的增大而减小，当虚部增大到一定程度，I_s 的数值很接近。

265nm 的紫外光入射虚部不同的圆柱粒子，散射光 Stokes 矢量中 Q_s 随散射角的变化如图 6.12（b）所示。可以看出，Q_s 绝对值随散射角整体上呈现减小的趋势，说明垂直线偏振所占的比例在增大。在前向散射中，Q_s 绝对值随散射角是减小的趋势，趋势也是先快后慢，虚部较大时，减小的趋势也在不断增大；在后向散射中，Q_s 绝对值随散射角也是减小的趋势，当散射角不断增大，Q_s 的数值比较接近。对于同一散射角，Q_s 绝对值随虚部的增大而减小，当虚部增大到一定程度时，Q_s 随散射角的变化趋势接近，且 Q_s 的数值也比较接近。

265nm 的紫外光入射虚部不同的圆柱粒子，散射光偏振度随散射角的变化如图 6.12（c）所示。整体上，偏振度随散射角呈现抛物线，虚部增大时，抛物线的趋势更明显。对于同一散射角的偏振度，随虚部的增大有增大的趋势，但虚

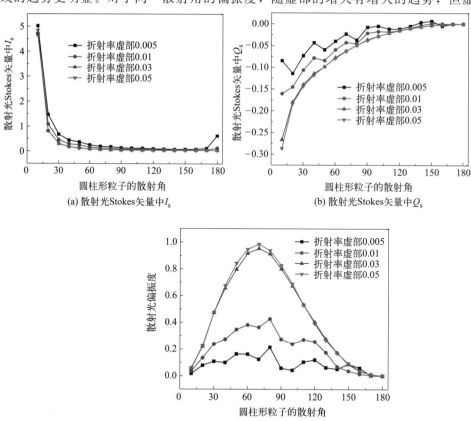

图 6.12 不同虚部圆柱粒子散射偏振光随散射角的变化

部增大到一定程度，偏振度的值趋于稳定。

（5）椭球粒子散射光偏振特性仿真

基于 T 矩阵理论仿真分析了粒径不同的椭球粒子，形变 $a/b=0.5$，复杂折射率为 $m=1.5-0.01\mathrm{i}$，入射光波长 265nm，入射光 Stokes 矢量 $\boldsymbol{S}_\mathrm{i}=[1\quad 0\quad 0\quad 0]$，得到散射光 Stokes 矢量以及偏振度随散射角的变化如图 6.13 所示。

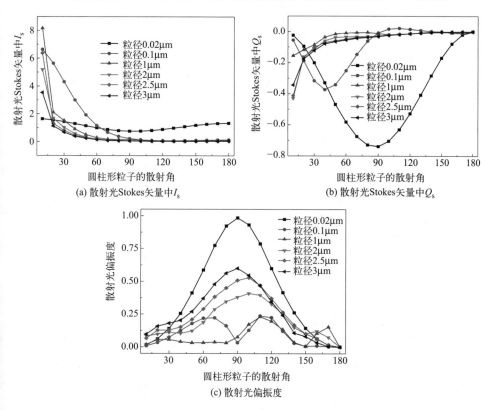

图 6.13 不同粒径椭球粒子散射偏振光随散射角的变化

265nm 紫外光入射粒径不同的椭球粒子，散射光 Stokes 矢量中 I_s 随散射角的变化如图 6.13（a）所示。整体上，大部分粒径的椭球粒子，I_s 随散射角增大呈现不断减小且趋于稳定的趋势，在前向散射中减小的趋势较快，在后向散射中有增大趋势。但是当粒径很小时，可以看出，前向散射中 I_s 随散射角很规律地减小，后向散射中 I_s 随散射角很规律地增大，且 I_s 的最小值为散射角度 90°。同时对于粒径较大的椭球粒子散射角度为 20°～120°，I_s 随粒径的增大而减小，但减小的趋势也在减缓。对于粒径较大的椭球粒子，前向散射中 I_s 随散射角变化也是在不断减小，减小的趋势是先快后慢，且 I_s 的减小趋势也随粒径增大而减缓；后向散射中 I_s 随散射角变化呈现先减小后增大的趋势，但这种趋势也是随粒径的增大而减缓；当粒径较大时，在后向散射中 I_s 随散射角的变化趋势比较接近，变化的数值范围小。

265nm 紫外光入射粒径不同的椭球粒子，散射光 Stokes 矢量中 Q_s 随散射角的变化如图 6.13（b）所示。粒径的改变会对散射光 Stokes 矢量中 Q_s 随散射角的变化造成很大的影响，粒径较小时，Q_s 绝对值随散射角也是呈现抛物线，前向散射和后向散射数值也很对称，Q_s 的数值变化范围也较大。对于粒径较大的椭球粒子，前向散射中 Q_s 绝对值随散射角的减小而减小，同样对于前向散射的散射角，Q_s 绝对值随粒径的增大有增大的趋势，但是这种增大的趋势也在减缓；后向散射中 Q_s 绝对值随散射角的变化也在不断减小，减小的趋势随粒径变化不明显，但粒径较大时，Q_s 随散射角的变化起伏比较接近。

265nm 紫外光入射粒径不同的椭球粒子，散射光偏振度随散射角的变化如图 6.13（c）所示。椭球粒子粒径很小时，偏振度随散射角也呈现很规律的抛物线。随着粒径的变化，偏振度与散射角变化趋势相同；但是随着粒径的不断增大，偏振度随散射角的变化更接近抛物线，但不是很规律。对于粒径较大的椭球粒子同一前向散射角，偏振度随粒径的变化呈现增大的趋势；偏振度最大时所对的散射角在中间段，同样随着粒径的增大，偏振度随散射角的增大而增大；对于后向散射的散射角，粒径较大时，各个散射角偏振度的值比较接近，同样，粒径较小时，各个散射角偏振度的值比较接近。

基于 T 矩阵理论仿真分析了形变不同的椭球粒子，粒径 $2.5\mu m$，复杂折射率为 $m=1.5-0.01i$，入射光波长 265nm，入射光 Stokes 矢量 $S_i=[1 \quad 0 \quad 0 \quad 0]$，得到散射光 Stokes 矢量以及偏振度随散射角的变化如图 6.14 所示。

265nm 紫外光入射形变不同的椭球粒子，散射光 Stokes 矢量中 I_s 随散射角的变化如图 6.14（a）所示。I_s 随散射角整体上均呈现不断减小的趋势，形变较大时，I_s 的减小趋势较大，但是对于同一散射角，I_s 随形变的变化不规律。

265nm 紫外光入射形变不同的椭球粒子，散射光 Stokes 矢量中 Q_s 随散射角的变化如图 6.14（b）所示。Q_s 绝对值随散射角的增大而减小。可以看出，随着形变的增大，Q_s 随散射角的变化趋势比较接近，且 Q_s 的数值也比较接近。

265nm 紫外光入射形变不同的椭球粒子，散射光偏振度随散射角的变化如图 6.14（c）所示。不同形变的椭球粒子，偏振度随散射角呈现抛物线趋势，且比较接近。

基于 T 矩阵理论仿真分析了实部不同的椭球粒子，形变 $a/b=0.5$，粒径 $2.5\mu m$，复杂折射率为 $m=1.5-0.01i$，入射光波长 265nm，入射光 Stokes 矢量 $S_i=[1 \quad 0 \quad 0 \quad 0]$，得到散射光 Stokes 矢量以及偏振度随散射角的变化如图 6.15 所示。

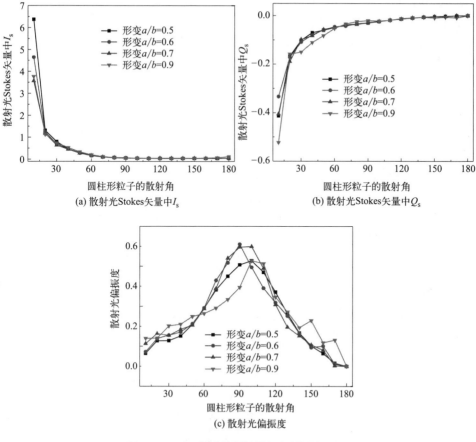

(a) 散射光Stokes矢量中I_s

(b) 散射光Stokes矢量中Q_s

(c) 散射光偏振度

图 6.14　不同形变椭球粒子散射偏振光随散射角的变化

　　265nm 紫外光入射复杂折射率实部不同的椭球粒子，散射光 Stokes 矢量中 I_s 随散射角的变化如图 6.15（a）所示。可以看出，对于实部不同的椭球粒子，I_s 随散射角的增大有减小并趋于稳定的趋势。在前向散射中，I_s 随散射角的减小趋势较快，且粒子实部较小时，I_s 随散射角的减小趋势更快。在同一散射角下，I_s 随实部的变化在前向散射中不规律；在后向散射中，I_s 呈现先减小后增大的趋势，但是对于后向散射的散射角，I_s 随实部的增大而增大，且增大的趋势可以近似线性。

　　265nm 紫外光入射复杂折射率实部不同的椭球粒子，散射光 Stokes 矢量中 Q_s 随散射角的变化如图 6.15（b）所示。对于实部不同的椭球粒子，Q_s 绝对值随散射角的增大而减小，且趋于稳定。同样，在前向散射中，Q_s 绝对值随散射角的减小趋势较快，且粒子的实部较大时，Q_s 绝对值减小的趋势更快，对于同一散射角，Q_s 绝对值随实部的增大而增大；在后向散射中，Q_s 绝对值也是呈现不断减小的趋势，且在90°到140°散射角中，Q_s 绝对值随实部的增大而增大且数值很小，相对于实部较小的椭球粒子，Q_s 随散射角有起伏变化。

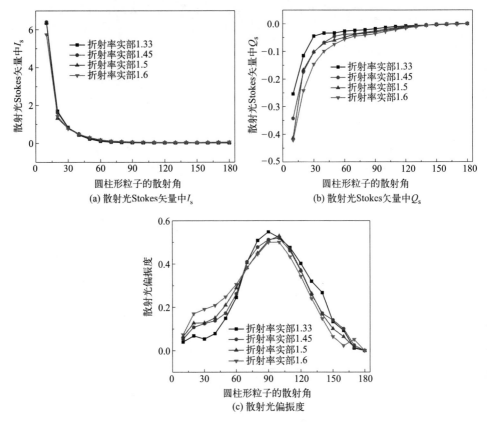

图 6.15　不同实部椭球粒子散射偏振光随散射角的变化

265nm 紫外光入射复杂折射率实部不同的椭球粒子，散射光偏振度随散射角的变化如图 6.15（c）所示。可以看出，不同实部的椭球粒子，偏振度随散射角变化呈现抛物线趋势。在 10°～70° 的散射角内，偏振度随实部的增大而增大，在 70°～170° 的散射角内，偏振度随实部的增大而减小。同样，在前向散射角中，偏振度随散射角是增大的趋势，实部较小时，增大的趋势有减缓；在后向散射中，偏振度随散射角有减小的趋势，实部较大时，减小的趋势较慢。

基于 T 矩阵理论仿真分析了虚部不同的椭球粒子，形变 $a/b=0.5$，粒径 2.5μm，复杂折射率实部为 1.5，入射光波长 265nm，入射光 Stokes 矢量 $S_i=$ [1　0　0　0]，得到散射光 Stokes 矢量以及偏振度随散射角的变化如图 6.16 所示。

265nm 紫外光入射虚部不同的椭球粒子，散射光 Stokes 矢量中 I_s 随散射角的变化如图 6.16（a）所示。整体上，对于不同虚部的椭球粒子，I_s 随散射角的增大呈现减小的趋势，虚部较大的椭球粒子，I_s 随散射角的趋势比较接近；同样对于同一散射角，I_s 随粒子虚部的增大而减小。在前向散射中，I_s 随散射角减小趋势也是先快后慢，且随着散射角的增大，I_s 的数值也是在不断接近；在后向散射中，I_s 随散射角的增大，数值变化范围小且趋于稳定。

265nm 紫外光入射虚部不同的椭球粒子，散射光 Stokes 矢量中 Q_s 随散射角变化如图 6.16（b）所示。Q_s 绝对值随散射角也是呈现减小的趋势，在前向散射中减小的趋势快，在后向散射中也有减小的趋势，且 Q_s 数值也趋于稳定。虚部较大时，Q_s 随散射角的变化趋势很接近，同样 Q_s 随散射角变化相对于虚部较小时也是比较有规律。同样对于同一散射角，Q_s 绝对值随粒子虚部的增大而增大；但对于后向散射角，这种增大趋势慢慢趋于平缓。

265nm 紫外光入射虚部不同的椭球粒子，散射光偏振度随散射角的变化如图 6.16（c）所示。不同复杂折射率虚部的椭球粒子，偏振度随散射角的变化也

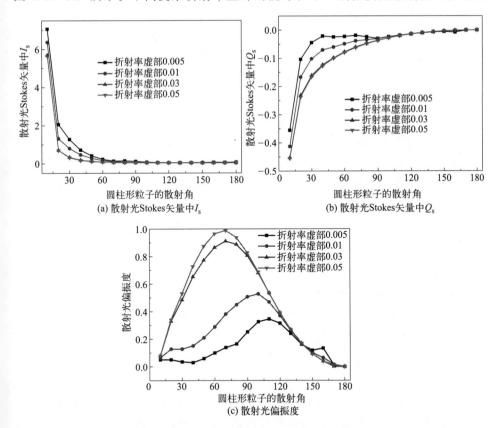

图 6.16 不同虚部椭球粒子散射偏振光随散射角的变化

是在改变，且近似抛物线。虚部较大时，偏振度随散射角的变化近似抛物线；虚部较小时，偏振度随散射角变化的起伏也较小。同样的，前向散射中，偏振度随虚部的增大而增大，但是在后向散射中，偏振度随虚部的增大数值比较接近。

(6) 切比雪夫粒子散射光偏振特性仿真分析

基于 T 矩阵理论仿真分析了粒径不同的切比雪夫粒子，形变 $\xi = 0.14$，$n = 2$，复杂折射率 $m = 1.5 - 0.01i$，入射光波长 265nm，入射光 Stokes 矢量 $S_i = [1 \quad 0 \quad 0 \quad 0]$，得到散射光 Stokes 矢量以及偏振度随散射角的变化如图 6.17 所示。

265nm 紫外光入射粒径不同的切比雪夫粒子，散射光 Stokes 矢量中 I_s 随散射角的变化如图 6.17 (a) 所示。切比雪夫粒子粒径很小时，I_s 随散射角呈现很规律的前向散射减小，后向散射增大并且比较对称；当粒径在增大时，I_s 随散射角改变呈抛物线趋势减弱，整体呈现不断减小的趋势，并在后向散射中有一定的增大趋势；同样粒径增大时，I_s 随散射角变化的增大趋势也是在减缓。对于粒径较大的切比雪夫粒子，前向散射中 I_s 随散射角变化的减小趋势也是先快后慢，且对于同一散射角，I_s 数值随着粒径的增大呈现减小的趋势；当散射角较大时，I_s 数值随粒径的增大减小得很缓慢，且数值也比较接近；对于后向散射，I_s 随散射角增大呈现先减小后增大的趋势，但是随着粒径的增大，I_s 随散射角的变化起伏在减缓；同样对于后向散射的散射角，大部分的后向散射角，I_s 随粒径的增大在减缓。

265nm 紫外光入射粒径不同的切比雪夫粒子，散射光 Stokes 矢量中 Q_s 随散射角的变化如图 6.17 (b) 所示。不同粒径的切比雪夫粒子，Q_s 绝对值随散射角的变化趋势在改变，粒径很小时，Q_s 绝对值随散射角增大呈现很规律的抛物线；Q_s 绝对值的最大值出现在散射角度为 90°时，随着粒径的增大，Q_s 绝对值随着散射角增大呈现不断减小的趋势，但是可以明显看出，随着粒径的增大，Q_s 随散射角减小趋势起伏较小。对于粒径较大的切比雪夫粒子，在前向散射中，Q_s 绝对值随散射角变化呈现不断减小趋势，减小的趋势先快后慢，且粒径较小时，Q_s 绝对值随散射角变化的减小趋势也快；在前向散射中散射角 20°~80°的情况中，Q_s 的绝对值随粒径的增大而减小；散射角较大时，对于粒径较大的切比雪夫粒子，Q_s 的数值也比较接近；在后向散射中，Q_s 绝对值随散射角不断减小，粒径较大时，Q_s 随散射角的变化趋势比较接近。

265nm 紫外光入射粒径不同的切比雪夫粒子，散射光偏振度随散射角的变化如图 6.17 (c) 所示。不同粒径的切比雪夫粒子，偏振度随散射角的变化不同。当粒径较小时，偏振度随散射角呈现明显的抛物线规律，前向散射和后向散射数值上也是比较对称，偏振度的最大值出现在散射角度为 90°时。随着粒径的增大，偏振度随散射角变化与抛物线相差较大，起伏也小，但是当粒径增大到一定程度时，偏振度随散射角变化又比较接近抛物线。对于粒径较大的切比雪夫粒子，在前向散射中，偏振度随散射角呈现不断增大的趋势，对于前向散射的散射角，偏振度随粒径的增大而增大；在后向散射中，偏振度随散射角呈现不断减小的趋势，但是后向散射的散射角，偏振度随粒径的增大变化数值较接近，且趋势也接近。

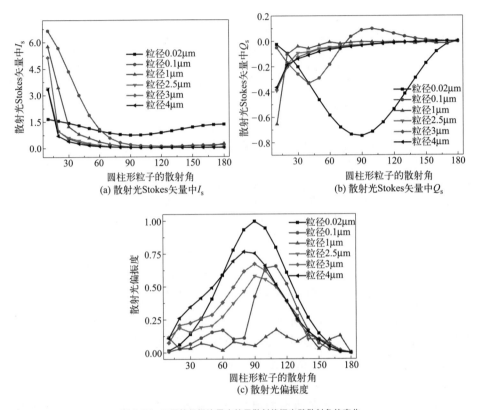

图 6.17　不同粒径切比雪夫粒子散射偏振光随散射角的变化

基于 T 矩阵理论仿真分析了形变不同的切比雪夫粒子，粒径 $2.5\mu m$，$n=2$，复杂折射率 $m=1.5-0.01i$，入射光波长 265nm，入射光 Stokes 矢量 $\boldsymbol{S}_i=[1\quad 0\quad 0\quad 0]$，得到散射光 Stokes 矢量以及偏振度随散射角的变化如图 6.18 所示。

265nm 紫外光入射形变不同的切比雪夫粒子，散射光 Stokes 矢量中 I_s 随散射角的变化如图 6.18（a）所示。整体上，I_s 随散射角变化呈现减小的趋势，且在后向散射中有增大的趋势，形变较大的，I_s 随散射角的减小趋势相对快些。同样，对于不同的散射角，I_s 随形变的变化有差异。

265nm 紫外光入射形变不同的切比雪夫粒子，散射光 Stokes 矢量中 Q_s 随

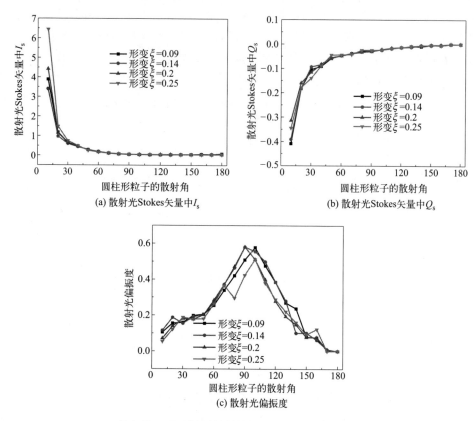

图 6.18 不同形变切比雪夫粒子散射偏振光随散射角的变化

散射角的变化如图 6.18（b）所示。Q_s 绝对值随散射角的变化整体上也是不断减小的趋势，形变较大时，Q_s 随散射角的变化起伏要小于形变较小时，同样的对于不同的散射角 I_s 随形变的变化不规律。

265nm 紫外光入射形变不同的切比雪夫粒子，散射光偏振度随散射角的变化如图 6.18（c）所示。偏振度随散射角近似抛物线，形变的改变没有改变整体的变化趋势。

基于 T 矩阵理论仿真分析了复杂折射率实部不同的切比雪夫粒子，粒径 2.5μm，形变 $\xi = 0.14$，$n = 2$，入射光波长 265nm，入射光 Stokes 矢量 $\boldsymbol{S}_i = \begin{bmatrix} 1 & 0 & 0 & 0 \end{bmatrix}$，复杂折射率虚部为 0.01，得到散射光 Stokes 矢量以及偏振度随散射角的变化如图 6.19 所示。

265nm 紫外光入射复杂折射率实部不同的切比雪夫粒子，散射光 Stokes 矢量中 I_s 随散射角的变化如图 6.19（a）所示。可以看出，I_s 随散射角变化呈现减小的趋势，且实部较小时，减小的趋势较快，在后向散射中也有增大的趋势；随着粒子实部的增大，后向散射的增大趋势在减缓。细节上，在散射角度 50°～

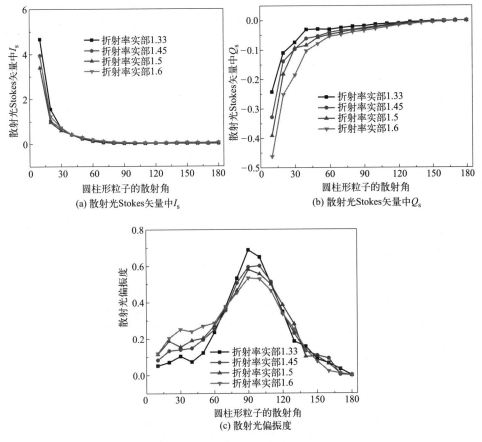

(a) 散射光Stokes矢量中I_s

(b) 散射光Stokes矢量中Q_s

(c) 散射光偏振度

图 6.19 不同实部切比雪夫粒子散射偏振光随散射角的变化

180°内，I_s 随粒子复杂折射率实部的增大而增大，且在后向散射中，这种增大趋势近似线性。在前向散射中 $10°\sim40°$的散射角，粒子实部较小时，I_s 随散射角的减小较快。

265nm 紫外光入射复杂折射率实部不同的切比雪夫粒子，散射光 Stokes 矢量中 Q_s 随散射角的变化如图 6.19（b）所示。Q_s 绝对值随散射角呈现不断减小的趋势且趋于稳定，同时实部较大的切比雪夫粒子，Q_s 绝对值随散射角的减小趋势较快。对于前向散射的散射角，Q_s 绝对值随实部的增大而增大，但是随着散射角的增大，这种增大趋势在减缓；在后向散射中，Q_s 绝对值随散射角也是呈现不断减小的趋势，在散射角 $90°\sim140°$内，Q_s 绝对值随实部的增大而增大；在后面的散射角中，实部较大的切比雪夫粒子，Q_s 随散射角的减小趋势较快，Q_s 随实部的变化呈现不规律。

265nm 紫外光入射复杂折射率实部不同的切比雪夫粒子，散射光偏振度随散射角的变化如图 6.19（c）所示。偏振度随散射角呈现抛物线趋势，在前向散射中，实部的减小使偏振度随散射角增大趋势较快；在前向散射 10°～70° 的散射角中，偏振度随实部的增大而增大，但是在 70°～100° 的散射角中，偏振度随实部的增大而减小；在后向散射中，偏振度随散射角的增大而减小，但是对于后向散射角，偏振度随实部的变化不规律。

基于 T 矩阵理论仿真分析了复杂折射率虚部不同的切比雪夫粒子，粒径 2.5μm，形变 $\xi = 0.14$，$n = 2$，入射光波长 265nm，入射光 Stokes 矢量 $\mathbf{S}_i = \begin{bmatrix} 1 & 0 & 0 & 0 \end{bmatrix}$，复杂折射率实部为 1.5，得到散射光 Stokes 矢量以及偏振度随散射角的变化如图 6.20 所示。

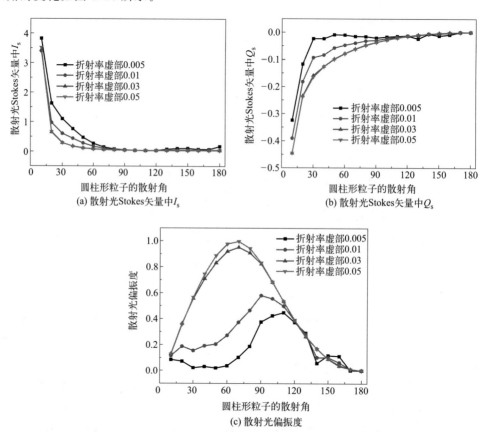

图 6.20　不同虚部切比雪夫粒子散射偏振光随散射角的变化

265nm 紫外光入射复杂折射率虚部不同的切比雪夫粒子，散射光 Stokes 矢量中 I_s 随散射角的变化如图 6.20（a）所示。I_s 随散射角的整体呈现减小的趋势，随着虚部的不断增大，I_s 随散射角的变化趋势比较接近，数值也接近；当虚部较小时，I_s 随散射角的变化起伏较大，但是随着虚部的增大，变化的起伏在不断减小。在前向散射中，I_s 随散射角的减小趋势较快；在后向散射中，I_s 随散射角的增大呈现先减小后增大的趋势，且虚部不断增大，I_s 在后向散射中的增大趋势比较缓慢，对于同一散射角，可以看出，I_s 随虚部的不断增大而减小。

265nm 紫外光入射复杂折射率虚部不同的切比雪夫粒子，散射光 Stokes 矢量中 Q_s 随散射角的变化如图 6.20（b）所示。Q_s 绝对值随散射角也是呈现不断减小的趋势，虚部在增大时，Q_s 随散射角的变化起伏在不断减小，且与 Q_s 随粒子复杂折射率虚部的增大而减小的趋势很接近。在散射角度为 $10°\sim120°$ 时可以看出，Q_s 绝对值随虚部的增大而增大，但是在后向散射的散射角中，随虚部的增大 Q_s 绝对值变化不是很规律。

265nm 紫外光入射复杂折射率虚部不同的切比雪夫粒子，散射光偏振度随散射角的变化如图 6.20（c）所示。不同虚部的切比雪夫粒子，偏振度随散射角的变化改变也比较大，但是，散射光偏振度随散射角呈现抛物线趋势；虚部较大时，抛物线趋势更明显，且变化趋势也很接近。在散射角度 $10°\sim120°$ 中，偏振度随虚部的增大而增大。

6.2 灰霾的紫外光后向散射回波与紫外光偏振

6.2.1 灰霾粒子的消光系数和散射相函数

灰霾粒子的尺度谱分布服从三对数正态分布，其粒子尺度谱分布的概率密度函数为：

$$n(r) = \sum_{i=1}^{3} \frac{C_i}{\sqrt{2\pi}\sigma_i r} \exp\left[-\frac{(\ln r - \ln r_c^i)^2}{2\sigma_i^2}\right] \qquad (6.21)$$

灰霾粒子的散射系数 k_{sca} 以及吸收系数 k_{abs} 的表达式为：

$$k_{sca} = N \int_{r_{min}}^{r_{max}} C_{sca}(r) n(r) dr \qquad (6.22)$$

$$k_{abs} = N \int_{r_{min}}^{r_{max}} C_{abs}(r) n(r) dr \qquad (6.23)$$

式（6.22）和式（6.23）中，N 是单位体积内灰霾粒子的个数；C_{sca}（r）和 C_{abs}（r）分别表示单个灰霾粒子的散射截面和吸收截面；r_{min} 和 r_{max} 表示灰霾粒子尺度谱半径的最小值和最大值，分别取值 $0.01\mu m$ 和 $1.25\mu m$。在实际灰霾环境中，大气分子对紫外光也具有散射和吸收作用。总的消光系数 $k_e = k_{sca} + k_{abs} + k_{scr} + k_{abr}$，总的散射系数 $k_s = k_{sca} + k_{scr}$，总的吸收系数 $k_a = k_{abs} + k_{abr}$。其中，k_{scr}、k_{abr} 分别为大气分子的 Rayleigh 散射系数和吸收系数。

散射相函数表示光子在与散射粒子发生碰撞后在各个方向上的散射强度，根据散射粒子的不同，可分为大气分子的 Rayleigh 散射相函数和灰霾粒子的散射相函数。Rayleigh 散射相函数表达式为：

$$P_R(cos\theta) = \frac{3[1+31+(1-1)(cos\theta)^2]}{4(1+21)} \tag{6.24}$$

式中，θ 是光子散射夹角；l 是模型参数。

为了更确切地体现灰霾粒子对紫外光的后向散射特性，本节使用改进的 RH-G 散射相函数。RH-G 散射相函数不仅能够反映球形灰霾粒子的后向散射特征，还能很好地模拟非球形灰霾粒子的后向散射特征[8]。其表达式为：

$$P_{RH\text{-}G}(\theta,g) = \frac{1-g^2}{(1+g^2-2gcos\theta)^{3/2}} + \frac{3(1-g)}{4}(1+cos^2\theta) + (g-1) \tag{6.25}$$

在已知粒子尺度谱分布的概率密度函数 $n(r)$ 的条件下，服从粒子尺度谱分布的散射相函数不对称因子 $g_{n(r)}$ 的表达式为：

$$g_{n(r)} = \frac{\int_{r_{min}}^{r_{max}} g_*(r) C_{ex}(r) n(r) \mathrm{d}r}{\int_{r_{min}}^{r_{max}} C_{ex}(r) n(r) \mathrm{d}r} \tag{6.26}$$

其中，不对称因子 g_* 由 $<cos\theta>$ 的表达式来推算，如式（6.27）和式（6.28）所示。

$$g_* = \frac{5}{9}<cos\theta> - \left(\frac{4}{3} - \frac{25}{81}<cos\theta>^2\right) x^{-1/3} + x^{1/3} \tag{6.27}$$

$$x = \frac{5}{9}<cos\theta> + \frac{125}{729}<cos\theta>^3 + \left(\frac{64}{27} - \frac{325}{243}<cos\theta>^2 + \frac{1250}{2187}<cos\theta>^4\right)^{1/2} \tag{6.28}$$

所以，服从粒子尺度谱分布的灰霾粒子的散射相函数 $P_{RH\text{-}G}(\theta, g_{n(r)})$ 的表达式为：

$$P_{RH\text{-}G}(\theta, g_{n(r)}) = \frac{1-g_{n(r)}^2}{(1+g_{n(r)}^2 - 2g_{n(r)}cos\theta)^{3/2}} + \frac{3(1-g_{n(r)})}{4}(1+cos^2\theta) + (g_{n(r)}-1) \tag{6.29}$$

综上所得，紫外光探测灰霾时，总的散射相函数表达式为：

$$P(cos\theta) = \frac{k_{scr}}{k_s}P_R(cos\theta) + \frac{k_{sca}}{k_s}P_{RH\text{-}G}(\theta, g_{n(r)}) \tag{6.30}$$

图 6.21 是不同复折射率条件下的球形灰霾粒子的散射相函数随角度的变化图。其中，灰霾粒子半径取 0.2μm，紫外光波长为 266nm，复折射实部分别取

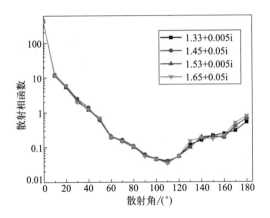

图 6.21 不同复折射率下的散射相函数

1.33、1.45、1.53 和 1.65，虚部分别取 0.005 和 0.05。由图 6.21 可以看出，复折射率的变化对灰霾粒子的散射相函数影响不大。

6.2.2 非球形灰霾粒子的散射参数和散射相函数

非球形灰霾粒子的尺度谱分布 $n(r)$ 服从对数正态分布，由非球形灰霾粒子的有效半径 r_{eff} 和有效方差 v_{eff} 决定，表达式分别为：

$$r_{\mathrm{eff}} = \frac{\int_{r_{\min}}^{r_{\max}} \mathrm{d}r n(r) r \pi r^2}{\int_{r_{\min}}^{r_{\max}} \mathrm{d}r n(r) \pi r^2} \tag{6.31}$$

$$v_{\mathrm{eff}} = \frac{\int_{r_{\min}}^{r_{\max}} \mathrm{d}r n(r)(r - r_{\mathrm{eff}})^2 \pi r^2}{r_{\mathrm{eff}}^2 \int_{r_{\min}}^{r_{\max}} \mathrm{d}r n(r) \pi r^2} \tag{6.32}$$

$$n(r) = \sum_{i=1}^{3} \frac{C_i}{\sqrt{2\pi}\sigma_i r} \exp\left[-\frac{(\ln r - \ln r_{\mathrm{c}}^i)^2}{2\sigma_i^2}\right] \tag{6.33}$$

根据"日盲"紫外光后向散射探测灰霾模型，利用蒙特卡洛方法仿真非球形灰霾的紫外光后向散射回波特性。椭球形灰霾粒子的半轴比 a/b 分别为 1/2、1/3、2/1、2/3、3/1、3/2；圆柱形灰霾粒子的直径与长度比 D/L 分别为 1/2、1/3、2/1、2/3、3/1、3/2；切比雪夫形灰霾粒子的形变参数 ξ 分别取 0.1、0.05 和 0.02；波纹参数 n 分别取 2、4 和 6。非球形灰霾粒子的分布也服从三对数正态分布，其粒子尺度谱分布的概率密度函数如式（6.33）所示。在紫外光波长为 266nm 的条件下，混合型灰霾粒子的复折射率 $m=1.53+0.005\mathrm{i}$。由于常见的混合型灰霾粒子的平均半径在 $0.2\mu\mathrm{m}$，在此，以有效半径 r_{eff} 取 $0.2\mu\mathrm{m}$ 的灰霾粒子为例，有效方差 v_{eff} 取 0.036。通过计算得出的相关散射参数见表 6.2。

◻ 表 6.2　灰霾粒子的相关散射参数表

灰霾 粒子	消光截面/ μm²	散射截面/ μm²	吸收截面/ μm²	单散反照率	不对称因子
$a/b=1/2$	0.5361	0.5021	0.0340	0.9365	0.7789
$a/b=1/3$	0.5312	0.4985	0.0327	0.9384	0.7978
$a/b=2/1$	0.5341	0.5004	0.0337	0.9369	0.7462
$a/b=2/3$	0.5486	0.5131	0.0355	0.9352	0.7785
$a/b=3/1$	0.5163	0.4861	0.0302	0.9415	0.8402
$a/b=3/2$	0.5473	0.5115	0.0358	0.9345	0.8143
$D/L=1/2$	0.5120	0.4812	0.0308	0.9398	0.7911
$D/L=1/3$	0.5061	0.4744	0.0317	0.9373	0.8204
$D/L=2/1$	0.5085	0.4805	0.0280	0.9449	0.7829
$D/L=2/3$	0.5246	0.4927	0.0319	0.9391	0.7762
$D/L=3/1$	0.5053	0.4745	0.0308	0.9390	0.8326
$D/L=3/2$	0.5179	0.4861	0.0318	0.9385	0.7732
切比雪夫形	0.5528	0.5171	0.0357	0.9354	0.7726
球形	0.5564	0.5203	0.0361	0.9351	0.8307

　　图 6.22 是不同半轴比的椭球形灰霾粒子的散射相函数随角度的变化图。由图 6.22 可以看出，散射相函数整体上呈先减小后增大的趋势，不同 a/b 的椭球形灰霾粒子的散射相函数在后向散射角度上区分相对明显。当散射角大于 160°时，球形灰霾粒子的散射强度略大于椭球形灰霾粒子的散射强度。图 6.23 是不同直径长度比的圆柱形灰霾粒子的散射相函数随角度的变化图。与椭球形灰霾粒子类似，不同 D/L 的圆柱形灰霾粒子的散射相函数在后向散射角度上区分也相对明显。当散射角大于 130°时，不同 D/L 的圆柱形灰霾粒子的散射强度呈上升趋势，且整体上小于球形灰霾粒子的散射强度。

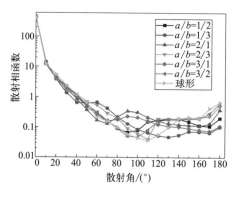

图 6.22　不同半轴比的椭球
形灰霾的散射相函数

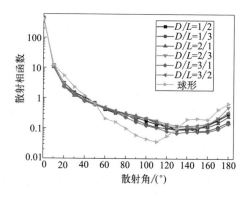

图 6.23　不同直径长度比的圆柱
形灰霾的散射相函数

图 6.24 是具有不同形变参数和波纹参数的切比雪夫形灰霾粒子的散射相函数随角度的变化图。从整体上看，散射相函数呈先减小后增大的趋势，且在后向散射角度上区分相对明显。由图 6.24（a）可以看出，当散射角大于 160°时，形变参数越大，切比雪夫形灰霾粒子的散射强度相对越大，且大于球形灰霾粒子的散射强度。由图 6.24（b）可以看出，当散射角大于 150°时，波纹参数越大，切比雪夫形灰霾粒子的散射强度相对越大，且大于球形灰霾粒子的散射强度。

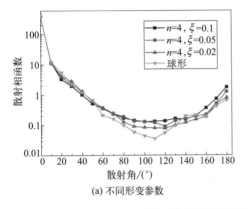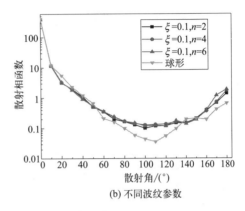

(a) 不同形变参数   (b) 不同波纹参数

图 6.24 不同参数的切比雪夫形灰霾的散射相函数

6.2.3 灰霾粒子的脉冲回波特性和紫外光偏振特性分析

（1）球形灰霾粒子的脉冲回波特性分析

图 6.25 是球形灰霾粒子在浓度为 $100 \sim 500 \mu g/m^3$ 条件下的紫外脉冲后向散射回波波形图。其中，混合型灰霾的复折射率为 $1.53 + 0.005i$。由图 6.25 可以看出，当发射脉冲宽度越窄时，球形灰霾的回波畸变越明显，随着发射脉冲的宽度不断增加，回波波形畸变逐渐变小。当发射脉冲宽度大于 10ns 时，回波波形近似为高斯波形。随着灰霾浓度的升高，球形灰霾的紫外脉冲回波峰值功率也在逐渐增加。

图 6.26 是不同浓度条件下球形灰霾的紫外脉冲回波峰值功率和发射脉冲宽度的关系图。由图 6.26 可以看出，发射脉冲宽度越大，回波峰值功率越大，当发射脉冲宽度达到 34ns 后，回波峰值功率增加幅度相对较小，逐渐趋于平缓。因此，在发射脉冲宽度相对较大时，想通过增加发射脉冲宽度来提高回波峰值功率的效果并不明显。由于球形灰霾粒子的散射作用，紫外脉冲回波峰值功率随着灰霾浓度的增大而增大，且发射脉冲宽度越大，不同浓度灰霾条件下的回波峰值功率相差越大。在发射脉冲宽度为 2ns 时，浓度为 $100 \mu g/m^3$、$200 \mu g/m^3$ 和 $500 \mu g/m^3$ 的灰霾对应的回波峰值功率分别为 $0.72 \mu W$、$1.02 \mu W$ 和 $1.29 \mu W$，相

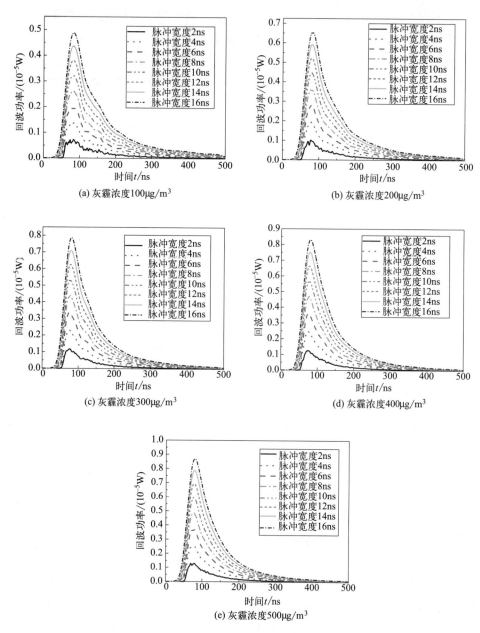

图 6.25 不同浓度条件下的球形灰霾的紫外脉冲后向散射回波

差不大，但当发射脉冲宽度为 40ns 时，它们对应的回波峰值功率分别为 8.98μW、11.72μW 和 16.49μW，差距相对较大。因此当灰霾浓度在 500μg/m³ 以内时，为了提高探测的准确度，可以设置较大的发射脉冲宽度，通过分析紫外脉冲回波峰值功率来区分不同浓度的球形灰霾粒子。

由图 6.26 还可以看出，当发射脉冲宽度相同时，低浓度灰霾的回波峰值功率相差相对较大，中高浓度灰霾的回波峰值功率相差相对较小。不同浓度的球形灰霾的紫外脉冲回波峰值功率之间近似呈线性关系。拟合函数的近似表达式为：

$$\begin{cases} P_{200}=1.295P+0.009 \\ P_{300}=1.551P+0.0062 \\ P_{400}=1.648P+0.0071 \\ P_{500}=1.719P+0.0053 \end{cases} \tag{6.34}$$

式中，P 是浓度为 $100\mu g/m^3$ 的球形灰霾对应的回波峰值功率；P_{200}、P_{300}、P_{400} 和 P_{500} 是浓度分别为 $200\mu g/m^3$、$300\mu g/m^3$、$400\mu g/m^3$ 和 $500\mu g/m^3$ 的球形灰霾对应的回波峰值功率。因此，可以根据拟合函数表达式制定不同浓度灰霾的紫外脉冲回波峰值功率对比标准，结合发射脉冲宽度来区分不同浓度的球形灰霾。

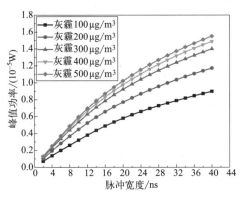

图 6.26　球形灰霾的脉冲回波峰值功率　　　　图 6.27　球形灰霾的脉冲回波半高全宽

图 6.27 是不同浓度条件下的球形灰霾的紫外脉冲回波半高全宽和发射脉冲宽度的关系图。由图 6.27 可以看出，发射脉冲宽度越大，回波半高全宽越大，回波半高全宽与发射脉冲宽度之间呈良好的线性关系，发射脉冲宽度每增加 2ns，回波半高全宽约增加 3ns。脉冲回波半高全宽随着球形灰霾浓度的增大而减小，当发射脉冲宽度小于 24ns 时，浓度为 $100\mu g/m^3$ 的灰霾比中高浓度灰霾对应的回波半高全宽明显大一些。当发射脉冲宽度大于 24ns 时，浓度为 $100\mu g/m^3$ 的球形灰霾对应的回波半高全宽比浓度为 $200\mu g/m^3$、$300\mu g/m^3$、$400\mu g/m^3$ 和 $500\mu g/m^3$ 的球形灰霾对应的回波半高全宽分别大 6ns、11ns、14ns 和 16ns。因此，可以通过分析紫外脉冲回波半高全宽的变化规律来区分不同浓度的球形灰霾粒子，回波半高全宽越小，灰霾浓度越大。

(2) 椭球形灰霾粒子的紫外光散射线偏振度分析

图 6.28 是半轴比 a/b 分别为 1/2、1/3、2/1、2/3、3/1 和 3/2 的椭球形灰

霾粒了的紫外光散射线偏振度随散射角度变化规律图。其中，粒径为 $0.2\mu m$，复折射率为 $1.53+0.005i$。由图 6.28 可以看出，当散射角小于 40°时，不同半轴比的椭球形灰霾粒子的线偏振度变化幅度不大，当散射角大于 40°时，线偏振度变化幅度随散射角度的增大而逐渐增大，呈振荡趋势。在 140°~180°的后向散射角度范围内，线偏振度变化幅度最大。半轴比分别为 1/2、1/3、2/1 和 3/1 的椭球形灰霾粒子的线偏振度最大值都位于 160°左右的后向散射角度上，而半轴比为 2/3 和 3/2 的椭球形灰霾粒子的线偏振度最大值都位于 150°左右的后向散射角度上。对于半轴比互为倒数的椭球形灰霾粒子，它们线偏振度的最大值很相近；对于不同半轴比的椭球形灰霾粒子，当垂直半轴和水平半轴相差越小，即粒子越接近球形时，线偏振度的最大值越大，后向散射角度上线偏振度的变化幅度也越大。因此，通过分析后向散射角上线偏振度的最大值可以区分不同半轴比的椭球形灰霾粒子，椭球形灰霾粒子的形变量越小，其线偏振度最大值越大。

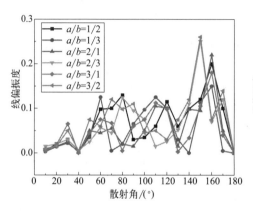

图 6.28　不同半轴比的椭球形灰霾的线偏振度

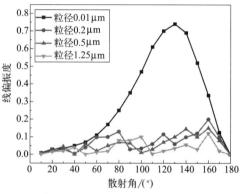

图 6.29　不同粒径的椭球形灰霾的线偏振度

图 6.29 是不同粒径的椭球形灰霾粒子的紫外光散射线偏振度随散射角度变化规律图。其中，复折射率为 $1.53+0.005i$，半轴比 a/b 为 1/2。由图 6.29 可以看出，对于粒径较小的椭球形灰霾粒子，其线偏振度的变化较大，且随着散射角度的增大，线偏振度呈先增大后减小的趋势。椭球形灰霾粒子线偏振度的最大值随着粒径的增大而减小，且随着粒径的增大，线偏振度振幅逐渐减小，线偏振度的差距也逐渐减小。在 150°~180°的后向散射角度范围内，当粒径越大时，线偏振度的值越小。半径为 $0.01\mu m$ 的椭球形灰霾粒子对应的线偏振度最大值位于 130°左右的散射角上，而半径为 $0.2\mu m$、$0.5\mu m$ 和 $1.25\mu m$ 的椭球形灰霾粒子对应的线偏振度最大值都位于 160°左右的后向散射角度上。和球形灰霾粒子类似，粒径越大，椭球形灰霾粒子的线偏振度最大值越向后向散射角度上偏移。因此，可以利用后向散射角度上线偏振度最大值的分布规律来区分不同粒径的椭球形灰

霾粒子，线偏振度最大值越大，粒子粒径就越小。

图 6.30 是复折射率实部不同的椭球形灰霾粒子的紫外光散射线偏振度随散射角度变化规律图。其中，粒径为 $0.2\mu m$，半轴比 a/b 为 $1/2$，复折射率虚部为 0.005。由图 6.30 可以看出，不同实部的椭球形灰霾粒子的线偏振度变化幅度随着散射角度的增大而增大，特别是在 $140°\sim180°$ 之间的后向散射角度上，不同实部的椭球形灰霾粒子的线偏振度变化幅度相对较大。线偏振度变化幅度随着实

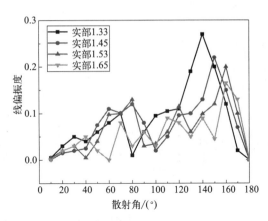

图 6.30　不同实部的椭球形灰霾的线偏振度

部的增大而减小，且实部越小，线偏振度的最大值越大。实部为 1.33 和 1.45 对应的线偏振度最大值分别位于 $140°$ 和 $150°$ 左右的后向散射角度上，实部为 1.53 和 1.65 对应的线偏振度最大值都位于 $160°$ 左右的后向散射角度上。以上规律表明，椭球形灰霾粒子的复折射率实部对线偏振度的影响也主要集中在后向散射角度上。

图 6.31 是复折射率虚部不同的椭球形灰霾粒子的紫外光散射线偏振度随散射角度变化规律图。其中，粒径为 $0.2\mu m$，半轴比 a/b 为 $1/2$，复折射率实部分别为 1.33、1.53。由图 6.31 可以看出，相对于实部，复折射率虚部对椭球形灰霾粒子线偏振度的影响更大，当虚部越大时，线偏振度的最大值也越大，线偏振度的变化幅度也越大。在虚部为 0.1 的情况下，椭球形灰霾粒子的线偏振度在整个散射角度上呈先增大后减小的趋势，变化曲线拟合开口向下的抛物线。由图 6.31（a）可以看出，虚部为 0.005、0.01、0.05 和 0.1 的椭球形灰霾粒子对应的线偏振度最大值分别位于 $140°$、$130°$、$120°$ 和 $100°$ 左右的散射角度上；由图 6.31（b）可以看出，虚部为 0.005、0.01、0.05 和 0.1 的椭球形灰霾粒子对应的线偏振度最大值分别位于 $160°$、$130°$、$120°$ 和 $100°$ 左右的散射角度上。同球形灰霾粒子类似，随着虚部的减小，椭球形灰霾粒子的线偏振度最大值也逐渐向后向散射角度上偏移。因此，可以通过分析后向散射角度上紫外光线偏振度的变化规律来区分复折射率不同的椭球形灰霾粒子。

(3) 圆柱形灰霾粒子的紫外光散射线偏振度分析

图 6.32 是 D/L 分别为 1/2、1/3、2/1、2/3、3/1 和 3/2 的圆柱形灰霾粒子的紫外光散射线偏振度随散射角度变化规律图。其中，粒径为 $0.2\mu m$，复折射

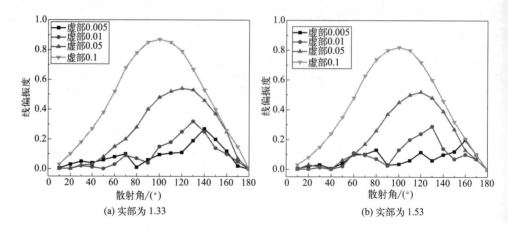

（a）实部为 1.33　　　　　　　　　　（b）实部为 1.53

图 6.31　不同虚部的椭球形灰霾的线偏振度

率为 $1.53+0.005i$。由图 6.32 可以看出，随着散射角的增大，圆柱形灰霾粒子的线偏振度变化幅度也在逐渐增大。在 $130°\sim180°$ 的后向散射角度范围内，线偏振度变化幅度相对较大。对于圆柱形灰霾粒子，当底面圆直径与长度差异越小时，线偏振度的最大值越大，线偏振度变化幅度也越大。在 D/L 互为倒数的情况下，不同形变的圆柱形灰霾粒子的线偏振度最大值很相近。对于 D/L 为 2/3 和 3/2 的圆柱形灰霾粒子，其线偏振度的最大值都位于 $160°$ 左右的后向散射角上；当 D/L 为 1/2 和 2/1 时，其线偏振度的最大值都位于 $150°$ 左右的后向散射角上；当 D/L 比为 1/3 和 3/1 时，其线偏振度的最大值都位于 $140°$ 左右的后向散射角上。由此可见，随着底面圆直径与长度差异的减小，圆柱形灰霾粒子的线偏振度最大值逐渐向后向散射角度上偏移。在 $160°\sim180°$ 的后向散射角度范围内，底面圆直径与长度的差异越小，圆柱形灰霾粒子的线偏振度越大。因此，可以根据上述规律，通过分析后向散射角度上线偏振度的差异来区分不同 D/L 的圆柱形灰霾粒子。

图 6.33 是不同粒径的圆柱形灰霾粒子的紫外光散射线偏振度随散射角度变化规律图。其中，复折射率为 $1.53+0.005i$，D/L 为 2/1。由图 6.33 可以看出，粒径对线偏振度的影响较大，当粒径越小时，圆柱形灰霾粒子的线偏振度最大值越大，线偏振度的变化幅度也越大。相对于粒径较小的情况，随着粒径的增大，线偏振度之间的差异在减小。当粒径为 $0.01\mu m$、$0.2\mu m$、$0.5\mu m$ 和 $1.25\mu m$ 时，圆柱形灰霾粒子对应的线偏振度最大值分别位于 $130°$、$150°$、$160°$ 和 $170°$ 左右的后向散射角度上。由此可见，圆柱形灰霾粒子的线偏振度最大值随着粒径的增大逐渐向后向散射角度上偏移。因此，可以利用后向散射角度上线偏振度最大值的变化规律来区分不同粒径的圆柱形灰霾粒子，线偏振度最大值越大，粒径越小。

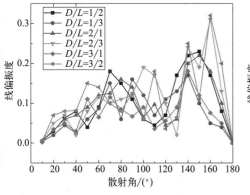

图 6.32 不同直径长度比的圆柱
形灰霾的线偏振度

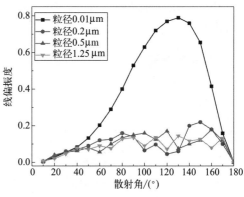

图 6.33 不同粒径的圆柱
形灰霾的线偏振度

图 6.34 是复折射率实部不同的圆柱形灰霾粒子的紫外光散射线偏振度随散射角度变化规律图。其中，粒径为 $0.2\mu m$，D/L 为 $2/1$，复折射率虚部为 0.005。由图 6.34 可知，圆柱形灰霾粒子的线偏振度随着散射角度的增加呈振荡变化趋势，振荡幅度随着散射角度的增大而增大。在 $150°\sim 180°$ 之间的后向散射角度范围内，线偏振度变化相对较大。对于圆

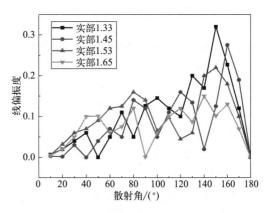

图 6.34 不同实部的圆柱形灰霾的线偏振度

柱形灰霾粒子，当实部越小时，线偏振度的最大值越大，不同实部对应的线偏振度的最大值分别位于 $140°$、$150°$ 和 $160°$ 左右的后向散射角度上。由此可知，复折射率实部对圆柱形灰霾粒子线偏振度的影响也主要集中在后向散射角度上。

图 6.35 是复折射率虚部不同的圆柱形灰霾粒子的紫外光散射线偏振度随散射角度变化规律图。其中，粒径为 $0.2\mu m$，D/L 为 $2/1$，复折射率实部分别为 1.33、1.53。由图 6.35 可以看出，虚部对线偏振度的影响比实部相对要大，圆柱形灰霾粒子线偏振度的最大值随着虚部的增大而增大，在虚部为 0.1 和 0.05 的情况下，线偏振度在整个散射角度上呈先增大后减小的趋势，变化曲线拟合为开口向下的抛物线。虚部为 0.005、0.01、0.05 和 0.1 的圆柱形灰霾粒子对应的线偏振度最大值分别位于 $150°$、$140°$、$110°$ 和 $100°$ 左右的散射角度上。由此可知，随着虚部的减小，圆柱形灰霾粒子线偏振度最大值也逐渐向后向散射角度上

偏移。因此，可以根据紫外光线偏振度的变化规律来区分复折射率不同的圆柱形灰霾粒子。

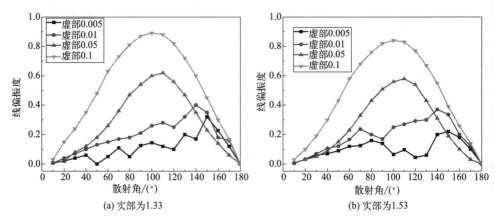

(a) 实部为1.33 (b) 实部为1.53

图 6.35 不同虚部的圆柱形灰霾的线偏振度

（4）切比雪夫形灰霾粒子的紫外光散射线偏振度分析

图 6.36 是在形变参数 ξ 分别取 0.1、0.05 和 0.02，波纹参数 n 分别取 2、4 和 6 的条件下，切比雪夫形灰霾粒子的紫外光散射线偏振度随散射角度变化规律图。其中，粒径为 $0.2\mu m$，复折射率为 1.53＋0.005i。由图 6.36 可以看出，不同形变的切比雪夫形灰霾粒子的线偏振度在整个散射角度上呈振荡变化，且在 150°～180°的后向散射角范围内，线偏振度的变化幅度相对较大。当形变参数 ξ 和波纹参数 n 越小时，线偏振度的最大值越大，线偏振度的变化幅度也越大。对于不同形变的切比雪夫形灰霾粒子，其线偏振度的最大值都位于 160°左右的后向散射角度上。因此，可以通过分析后向散射角度上线偏振度的变化来判断切比雪夫形灰霾粒子的变形程度。

图 6.37 是不同粒径的切比雪夫形灰霾粒子的紫外光散射线偏振度随散射角度变化规律图。其中，复折射率为 1.53＋0.005i，ξ 取 0.1，n 取 4。由图 6.37 可以看出，当粒径越小时，切比雪夫形灰霾粒子的线偏振度最大值越大，线偏振度的变化幅度也越大。在粒径为 $0.01\mu m$ 的条件下，切比雪夫形灰霾粒子的线偏振度在整个散射角度上呈先增大后减小的趋势，且其线偏振度的最大值大于其他粒径较大的粒子的线偏振度最大值。在粒径相对较大时，它们之间线偏振度的差异逐渐变小。当粒径为 $0.01\mu m$、$0.5\mu m$ 和 $1.25\mu m$ 时，切比雪夫形灰霾粒子对应的线偏振度最大值分别位于 130°、160°和 170°左右的后向散射角度上，另外，粒径为 $0.2\mu m$ 的切比雪夫形灰霾粒子的线偏振度最大值也位于 160°左右的后向散射角上。切比雪夫形灰霾粒子的线偏振度最大值主要集中在后向散射角度上，且随着粒径的增大而逐渐后移。因此，可以根据后向散射角度上线偏振度的变化

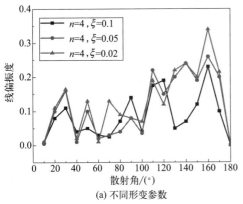

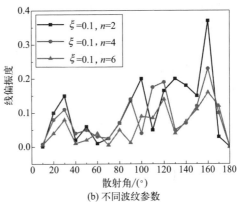

(a) 不同形变参数 (b) 不同波纹参数

图 6.36 不同参数的切比雪夫形灰霾的线偏振度

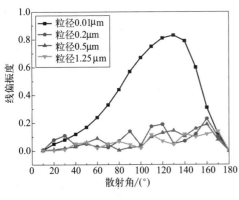

图 6.37 不同粒径的切比雪夫
形灰霾的线偏振度

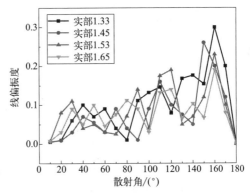

图 6.38 不同实部的切比雪夫
形灰霾的线偏振度

规律来区分不同粒径的切比雪夫形灰霾粒子，线偏振度最大值越小，粒径越大。

图 6.38 是复折射率实部不同的切比雪夫形灰霾粒子的紫外光散射线偏振度随散射角度变化规律图。其中，粒径为 $0.2\mu m$，ξ 取 0.1，n 取 4，复折射率虚部为 0.005。由图 6.38 可以看出，相对于前向散射角度，切比雪夫形灰霾粒子的线偏振度在后向散射角度上的变化幅度更大，特别是在 150°～180° 之间的后向散射角度范围内，线偏振度的变化比较剧烈。对于切比雪夫形灰霾粒子，不同实部对应的线偏振度最大值分别位于 150° 和 160° 左右的后向散射角度上，且实部越小，线偏振度的最大值越大。

图 6.39 是复折射率虚部不同的切比雪夫形灰霾粒子的紫外光散射线偏振度随散射角度变化规律图。其中，粒径为 $0.2\mu m$，ξ 取 0.1，n 取 4，复折射率实部分别为 1.33、1.53。由图 6.39 可以看出，对于切比雪夫形灰霾粒子，当复折

射率虚部越大时，线偏振度的最大值也越大，线偏振度的变化曲线也越接近于开口向下的抛物线。虚部为 0.005、0.01、0.05 和 0.1 的切比雪夫形灰霾粒子对应的线偏振度最大值分别位于 160°、140°、120° 和 90° 左右的散射角度上。由此可知，随着虚部的减小，切比雪夫形灰霾粒子的线偏振度最大值逐渐向后向散射角度上偏移。因此，可以根据紫外光线偏振度的变化规律来区分复折射率不同的切比雪夫形灰霾粒子。

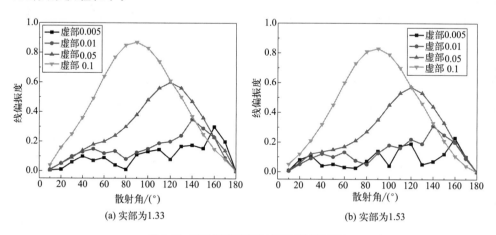

图 6.39　不同虚部的切比雪夫形灰霾的线偏振度

265nm 紫外光入射复杂折射率虚部不同的切比雪夫粒子，散射光 Stokes 矢量中 I_s 随散射角的变化如图 6.40（a）所示。I_s 随散射角增大整体呈现减小的趋势，随着虚部的不断增大，I_s 随散射角的变化趋势比较接近，数值也接近；当虚部较小时，I_s 随散射角的变化起伏较大，但是随着虚部的增大，变化的起伏在不断减小。在前向散射中，I_s 随散射角的减小趋势较快；在后向散射，I_s 随散射角的增大呈现先减小后增大的趋势，且虚部不断增大，I_s 在后向散射中的增大趋势比较缓慢；对于同一散射角，可以看出，I_s 随虚部的不断增大而减小。

265nm 紫外光入射复杂折射率虚部不同的切比雪夫粒子，散射光 Stokes 矢量中 Q_s 随散射角的变化如图 6.40（b）所示。Q_s 绝对值随散射角增大也是呈现不断减小的趋势，虚部在增大时，Q_s 随散射角的变化起伏在不断减小，且 Q_s 随粒子复杂折射率虚部的增大而减小的趋势很接近。在散射角度为 10°~120° 时，可以看出，Q_s 绝对值随虚部的增大而增大；但是在后向散射的散射角，Q_s 绝对值随虚部的增大变化不是很规律。

265nm 紫外光入射复杂折射率虚部不同的切比雪夫粒子，散射光偏振度随散射角的变化如图 6.40（c）所示。不同虚部的切比雪夫粒子，偏振度随散射角

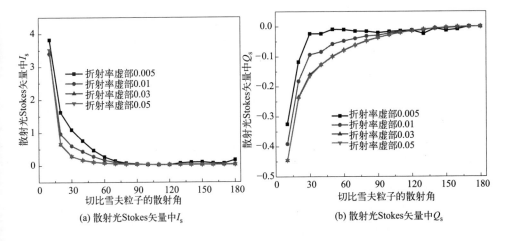

(a) 散射光Stokes矢量中I_s (b) 散射光Stokes矢量中Q_s

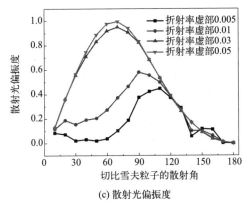

(c) 散射光偏振度

图 6.40 不同虚部切比雪夫粒子散射偏振光随散射角的变化

的变化改变也比较大，但是，散射光偏振度随散射角呈现抛物线趋势，虚部较大时，抛物线趋势更明显，且变化趋势也很接近。在散射角度为 10°～120°时，偏振度随虚部的增大而增大。

6.3 雾霾粒子浓度的光散射测量方法

6.3.1 光散射法测量原理

(1) 基于角散射的单颗粒检测技术

角散射法是通过测量一定角度内的散射光通量来反演被测粒子性质的一种光散射测量方法[9]。根据 Mie 理论，在给定散射角内，通过下面公式来表示散射光通量 F 和粒子 D 的关系：

$$F = \frac{\lambda^2 I_0}{4\pi^2} \int_{\theta_1}^{\theta_2} [i_1(\theta) + i_2(\theta)] \sin\theta \times \left\{ \pi - 2\arcsin \frac{\cos[(\theta_2 - \theta_1)/2]}{\sin\theta} \right\} \mathrm{d}\theta$$

$$(6.35)$$

式中，θ 为散射光与入射光的夹角；$i_1(\theta)$ 和 $i_2(\theta)$ 是被测粒子的粒度函数。

角散射法工作原理如图 6.41 所示，入射光经准直聚焦后，选取合适的角度来接收散射光信号，经过光电转换后，通过计算电信号来得到粒子的分布情况。

（2）基于衍射散射的粒子检测技术

衍射散射法是通过测量非常小的前向角度内的散射光强来反演推算被测粒子的性质的一种光散射测量方法[10]。在此种方法中，被测量的粒子粒径越大，衍射散射的角度越小。根据 Mie 理论，假设入射光光强为 I_0，散射距离为 r，光电探测阵列探测的第 N 环的散射光强可表示为：

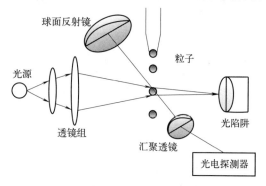

图 6.41　基于角散射的单颗粒测量系统结构图

$$E_N = c^i \sum_i \frac{W_i}{D_i^3} \int_{s_N}^{s_{N+1}} \frac{i_1 + i_2}{r^2} s \, \mathrm{d}s \qquad (6.36)$$

式中，i_2 和 i_1 分别是水平方向和垂直方向的散射光强；W_i 为颗粒的尺寸分布。式（6.36）可以简化表示为 $E = TW$，T 是光分布矩阵系数，若探测到的能量为 E，就能求出粒子的尺寸分布 W。衍射散射法工作原理如图 6.42 所示[11]，入射光为平行光，由光电阵列采集散射光强，通过计算不同位置的散射光强就能得到被测粒子的粒度分布信息。

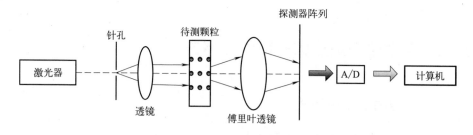

图 6.42　基于衍射散射的粒子测量原理图

（3）基于动态光学散射的粒子检测技术

动态光散射是一种通过光谱技术来测量粒子粒度的测量方法，它通过测量一定角度内随时间变化的散射光强度信号来反演粒子粒度分布信息[12]。在动态光散射系统中，光电探测器探测到的散射光强为：

$$I_s = I_s(1)\left[N + 2\sum_{j>i=1}^{N}\cos(\delta_i - \delta_j)\right]\tag{6.37}$$

式中，$I_s(1)$ 是单个粒子的散射光强；δ_i 是第 i 个粒子的散射光相位角。因为每个粒子的瞬时散射光相位角因粒子的热运动而不同，所以总散射光强 I_s 就可以表示成为时间的函数[13]。

动态光散射粒子检测原理如图 6.43 所示，光电探测器由精密控制的短脉冲信号进行控制，接收样品池的散射光信号，并且记录散射光强度，自相关函数可以用光散射模型计算，通过傅里叶变

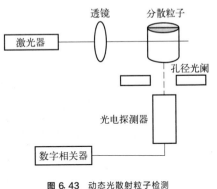

图 6.43 动态光散射粒子检测
技术系统图

换可以得到散射光的频谱分布函数，最终反演并计算散射颗粒的粒径信息[14]。

(4) 基于全散射的粒子检测技术

全散射光散射测量方法也被称为消光法，它能够测量多粒子状况下粒子的散射特性。该方法以 Lambert-Beer 为理论基础，通过测量入射光经过粒子时的信号衰减来反演出粒子的物理特性[15]，当被测量的粒子的性质相同时，粒子群的散射光强度与其浓度成正比。该方法对在 Mie 散射光强公式基础上做了修正。修正公式为：

$$F = \frac{\lambda^2 I_0}{8\pi^2}\int_{D=0}^{D=\infty}\int_{\theta=\phi-\beta}^{\theta=\phi+\beta}[i_i(D,\theta,m) + i_2(D,\theta,m)]\omega(\theta,\phi)F_N(D)\mathrm{d}\theta\mathrm{d}D$$

$$\tag{6.38}$$

式中，$\omega(\theta,\phi)$ 为检测立体角函数；$F_N(D)$ 为颗粒数量分布函数；$i_i(D,\theta,m)$ 和 $i_2(D,\theta,m)$ 为待测粒子粒度的函数。全散射光散射工作原理如图 6.44 所示，与单粒子检测系统的结构相似，该系统主要由入射光源、样品池、透镜组、光电探测器和光陷阱组成[16]。

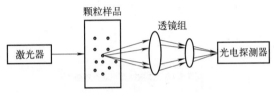

图 6.44 全散射光散射工作原理图

6.3.2 日盲紫外光测量系统的设计

日盲紫外光雾霾粒子测量系统是建立在全光散射粒子测量方法上的测量系统，其入射光源为日盲波段紫外光。散射体示意图如图 6.45 所示。

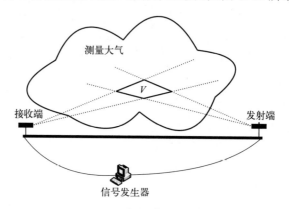

图 6.45 散射体示意图

紫外光的日盲特性可以使其减小背景光影响，实现开放式测量，测量发生在大气环境中，能够更真实地反映实时的大气粒子状态，但是散射是发生在一定范围以内的，如何有效计算散射体体积就成为了当下需要解决的问题。

（1）有效散射体的估算

紫外光发送光束与接收光束在空中形成一定空间角度的重叠区域被称为有效散射体体积 V，通过计算有效散射体体积 V 的大小，利用粒子数目 N 精准地计算粒子浓度。由于有效散射体形状不规则，因此，有效散射体体积 V 难以计算。本节通过微积分的算法对其进行了计算，散射体体积微元判断示意图如图 6.46 所示。

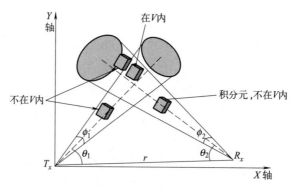

图 6.46 体积微元判断示意图

空间散射体体积估算步骤如下：

Step1：确定紫外光发送光束发散角 ϕ_1、发送仰角 θ_1、接收光束视场角 ϕ_2、接收仰角 θ_2 以及收发端之间水平距离 r。

Step2：采用空间直角坐标系，确定发送端与接收端空间坐标以及收发端与 x 轴偏转角。

Step3：将收发端光束切割成一定大小的体积微元，确定有效散射体体积 V 的 x、y、z 坐标的边界值。

Step4：判断被切割的体积微元的 x、y、z 坐标是否在有效散射体体积 V 的边界值内，如果判断结果为是，根据式（6.39）进行相加，如果判断结果为否，舍去，继续进行下一个切割的体积微元的判断。

$$\iiint_\Omega f(x,y,z)\mathrm{d}v = \lim_{\lambda \to 0} \sum_{i=1}^{n} f(\xi_i,\eta_i,\zeta_i)\Delta v_i \tag{6.39}$$

Step5：直到全部体积微元判断完成，则有效散射体体积计算完毕。

（2）雾霾粒子浓度的光散射测量实验分析

本节首先通过实验分析了消光系数与粒子浓度的关系。在该实验过程中应用粒子浓度测量系统测量粒子浓度，而消光系数通过一款能见度仪器测量的能见度值换算得出。换算公式如下：

$$V = \frac{3.912}{\beta_{\mathrm{ext}}} \tag{6.40}$$

式中，V 为测量能见度值；β_{ext} 为消光系数；3.912 是一个换算系数。

实验条件如下：将能见度仪与粒子测量系统同时放入一个密封的室内环境当中，对该密室人工制造烟雾（烟尘与水雾），待该室中烟雾将近饱和时开始排气并且进行测量，这样就能够较为准确地得到能见度与粒子浓度的信息。实验结果如图 6.47 所示。

由图 6.47 可以看出，随着粒子浓度的增大，测量所得能见度值逐渐减小。粒子测量系统的粒子浓度测量范围主要集中在 $600\mu g/m^3$ 以下，在该浓度区间内，能见度值随着粒子浓度的增加迅速减小；粒子浓度在 $700\mu g/m^3$ 以上，能见度值随着粒子浓度的增加减小逐渐变缓慢，说明在该粒子浓度下能见度值已经接近最小。在整个测量过程中，能见度随着

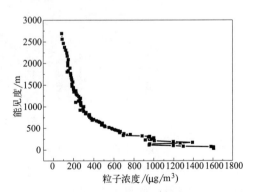

图 6.47　能见度与粒子浓度的关系

粒子浓度的增加总体呈现减小的趋势，但是图中出现了一些不符合该现象的采样

点，这是由于测量系统的稳定性不够所引起的。

根据式（6.40），可以由能见度值计算得出消光系数，对数据进行处理可以得到粒子浓度与消光系数的关系，如图 6.48 所示。从图 6.48 可以看出，在粒子浓度为 $0\sim1000\mu g/m^3$ 的范围内，消光系数缓慢增加并且成一定线性；在粒子浓度大于 $1000\mu g/m^3$ 时，消光系数增大幅度明显；在粒子浓度达到 $1600\mu g/m^3$ 时，消光系数呈现了垂直增加的趋势。这表明粒子测量系统测量值已经饱和。

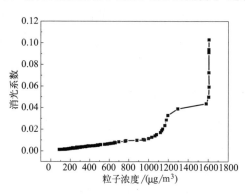

图 6.48　粒子浓度与消光系数的关系

随后利用紫外光信号收发系统作为简单的实验平台，通过测量接收端在不同浓度下接收到的散射信号来分析粒子浓度对紫外光散射的影响。其中，发射端应用的日盲紫外 LED 为美国 SET 公司的 UVTOP260、UV-TOP265 和 UVTOP270，该系列日盲紫外 LED 的最大功耗是 0.3mW，正向直流电流最大为 20mA，主要工作波长分别为 260 ± 5nm、265 ± 5nm 和 270 ± 5nm。在其他波段光功率密度迅速下降，因此，在该型号日盲紫外 LED 正常工作时，该系列日盲紫外 LED 工作波长主要分布在 $200\sim280$nm 的日盲波段，接收端应用日盲倍增管进行散射信号的探测工作。并且通过实验的方法分别分析了散射角度对散射光强的影响和入射光波长变化对散射光强的影响，实验系统如图 6.49 所示。

图 6.49　实验系统

在实验中应用倍增管作为散射光接收端，发射端采用波长为 265nm 的紫外 LED，在雾霾粒子浓度为 $45\mu g/m^3$ 条件下，分别在不同角度上对紫外光的散射光强进行了探测，如图 6.50 所示。

图 6.50 为雾霾粒子浓度为 $45\mu g/m^3$ 时，通过示波器显示的经过倍增管和放大电路得到的测量值。在紫外光发射端，给紫外 LED 加载了 7V、10Hz 的方波

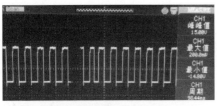

(a) 接收角度0°

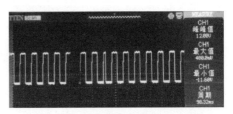

(b) 接收角度30°

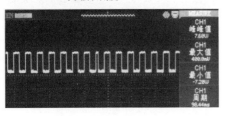

(c) 接收角度60°

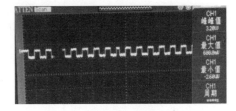

(d) 接收角度90°

图6.50　不同角度下的散射信号

信号，光电倍增管输出的是电流信号，经过放大电路，波形显示的电压信号可以表示倍增管接收到的散射光强。从图中可以看出，随着角度的增加，散射强度逐渐减小，这验证了紫外光散射光强随角度的变化情况，而接收波形的变化可以从一定层面上反映紫外光对雾霾粒子的散射情况。这为紫外光作为光散射粒子测量方法的探测光源提供了有力的依据。

参 考 文 献

[1]　Bohren C F，Huffman D R．Absorption and scattering of light by small particles [M]．Germany：Wiley-VCH Verlag GmbH & Co. KGaA，2004：46-68.

[2]　Mishchenko M I，Travis L D，Lacis A A．Scattering，Absorption，and Emission of light by Small Particles [M]．U K：Cambridge University Press，2002：105-171.

[3]　饶瑞中．现代大气光学 [M]．北京：科学出版社，2012：31-35.

[4]　Waterman P C．New Formulation of Acoustic Scattering [J]．J. Acoust. Soc. Am，1969，45（6）：1417-1429.

[5]　Mishchenko M I，Travis L D，Maeke A．Scattering of light by polydisperse，randomly oriented，finite circular cylinders [J]．Applied Optics，1996，35（24）：4927-4940.

[6]　Purcell E M，Pennypacker C R．Scattering and absorption of light by Nonspherical dielectricgrains [J]．Astrophysical Journal，1973，2（186）：705-714.

[7]　王丽．DDA 在粒子散射特性研究中的应用 [D]．西安：西安电子科技大学，2009：7-9.

[8]　程晨，徐青山，朱琳．非球形气溶胶粒子散射相函数经验公式 [J]．光谱学与光谱分析，2019，39（1）：7-13.

[9]　李建立，袁景和，霍丙忠，等．基于 Mie 散射理论的微球体颗粒数值模拟计算和实验研究 [J]．上海计量测试，2009，11（04）：5-9.

[10]　魏永杰，魏耀林，葛宝臻．两探测面结构激光粒度仪的接收光路设计 [C]．第七届全国颗粒测试学术会议、2008 上海市颗粒学会年会，2008：4.

[11]　葛宝臻，潘林超，张福根，等．颗粒散射光能分布的反常移动及其对粒度分析的影响

[J]. 光学学报，2013，33（06）：327-334.

[12] 李春燕，孔明，赵军. 光子相关光谱法测量不同浓度金颗粒粒径的测量时间分析 [J]. 激光与红外，2010，40（11）：1178-1181.

[13] 郑刚，申晋，孙国强，等. 对动态光散射颗粒测量技术中几个问题的讨论 [J]. 上海理工大学学报，2002，04：313-318.

[14] 王远. 基于动态光散射的超细颗粒测试技术研究 [D]. 重庆：重庆大学，2005. 18-22.

[15] 王乃宁，卫敬明. 光学全散射微粒测量方法的改进和发展 [J]. 上海机械学院学报，1987，9（04）：7-16.

[16] 王莹. 提高光度计法可吸入颗粒物质量浓度测量系统的精度研究 [D]. 南京：南京理工大学，2008：30-34.

第 **7** 章
无线日盲紫外光探测电力线电晕

7.1 无人机巡检输电线放电的紫外探测定位方法

随着我国电力行业的持续发展、电力基础设施的逐步完善、高压输电技术的不断突破，电能已经广泛应用于各行各业、每家每户中。伴随着能源技术的革新和当代社会的多样化需求，越来越多人将目光投向"智能电网"[1-4]。国家电网也在 2019 年将"三型两网，世界一流"定为战略目标，在 2024 年建成泛在电力物联网。如今，规模庞大的电网系统不仅扮演着能源传输的角色，还承肩负着智能互联的任务。电力输送设施如若出现故障将牵一发而动全身，不仅影响人们的日常生活还会妨碍社会的生产。因此，对电力设施进行放电检测、故障预警、设备状态评估和维修养护等技术的研究具有重要意义。

7.1.1 放电及紫外检测理论

输电线等电气设施放电主要发生在设施表面，其实是一种气体放电现象，本质是在电场的作用下，空气中离子、电子等各类带电粒子按照一定方向进行移动形成电流的现象。

（1）输电线放电及检测方法

① 输电线电晕放电理论

输电线等电力设施的放电均是不均匀电场下的气体自持放电，往往由电晕放电开始，逐渐演变为更剧烈、更严重的其他放电形式。电晕放电的产生是因为局部电场很大，距离稍远的电场明显减弱，电离稳定发生在强电场附近。在黑暗的情况下，可以看到放电过程中因电离向周围辐射出大量蓝紫色的光晕，这层光晕被称为电晕[5]。电晕放电与其他形式的放电也有区别，即电晕放电的电流强度不是由电路中的阻抗决定的，而是和外加电压、周围气体参数以及电极形状等影响气体电导的因素有关。

美国电力工程师皮克（F W Peek）最早对电晕放电进行研究，根据一系列的电晕放电实验总结了经验公式[6]。电晕放电临界场强 E_{cor} 经验公式为：

$$E_{cor} = 30.3\delta\left(1 + \frac{0.298}{\sqrt{r_0\delta}}\right) \tag{7.1}$$

式中，E_{cor} 单位为 kV/cm；δ 表示标准大气压下以大气密度为基准的气体相对密度；r_0 表示电晕放电导线的半径。式（7.1）成立的前提是放电导线表面干净，空气干燥。为了更具有普遍性，皮克引入 m_1 和 m_2 这两个参数对上述公式进行修正。m_1 表示导线表面污秽程度，根据沙尘、鸟粪等污染物的影响进行取值，一般约为 0.8～1.0；m_2 表示空气干燥程度，根据风、霜、雨、雪等天气条件的影响进行取值，一般约为 0.8～1.0。修正后公式为：

$$E_{cor} = 21.4m_1m_2\delta\left(1 + \frac{0.298}{\sqrt{r_0\delta}}\right) \tag{7.2}$$

式（7.2）很明确地指出输电线电晕发生的条件，除了和输电线的半径有关外，还和输电线是否污秽，输电线所处的空气环境是否干燥有关。

② 输电线电晕放电影响

当外加电压较低时，电晕放电均匀稳定，一旦外加电压较高，将演变为不均匀、不稳定的流注放电。电晕放电和流注放电均会发生在输电线上，相较于流注放电，电晕放电多趋于稳定，而且电晕放电的现象不明显，尤其是在白天肉眼难以发现[7]，但是并不意味着在输电线等电力设施放电检测时就可以将电晕放电忽略，电晕放电的危害也有很多[6]，总结如下：

a. 各类形式的气体放电都会发生化学反应，在空气中放电会产生 O_3、NO 和 NO_2 等物质，这些物质对输电线等电力设施的影响尤为严重。

b. 电晕放电一旦形成，将以工频电压的半个周期为周期进行持续放电，一次电晕放电会产生高频脉冲电流并包含多个高次谐波。输电线输送的电压等级不同，电晕放电产生的电磁波影响也不同，我国高压、特高压输送线建设广泛，电晕放电产生的电磁干扰已经造成一定程度的影响。

c. 电晕放电虽不剧烈，但同样会产生人可以听见的噪声，这类噪声往往会引起人们身体或心理上的不适，500kV 以上的电力输送系统如若出现电晕放电现象，其噪声问题尤其严重。

d. 输电系统的周围都存在一定的电磁场，电晕放电往往会增强这类电磁场，电磁场的强化极有可能对人们的健康和动植物的生长造成影响。

e. 电晕放电会产生能量转换，造成电能的巨量浪费，在不完全统计的情况下，我国每年因输电线路放电造成的电能流失不低于 2050GWh[8]。

③ 放电检测方法

为了满足广大居民的用电需求，防止因放电故障维修不及时而引起的停电事故，保障输电线等电力设施的安全正常运转，需要定期对输电线等电力设施进行放电检测，针对输电线等电力设施放电检测的方法也有很多[9-11]，主要包括下列检测方法：放电人为检测法、放电热红外检测法、超声波检测法、放电超高频检测法、放电脉冲电流检测法、放电紫外检测法。

(2) 放电紫外探测原理

放电现象可以说成是电能通过能量转换，转换为其他形式的能量向外辐射的过程，放电过程中伴随的复杂物理变化和化学反应至今也难以表述清楚，下面只针对放电如何产生紫外光的过程进行简单的介绍。

玻尔理论认为原子中的核外电子不能按任意轨道绕着原子核进行旋转，只能按照符合电子能级的轨道进行旋转，这些电子轨道的能级并不是连续变换的，而是符合一定规律进行阶跃变化，且离原子核越近的轨道能级越低，反之能级越高。当一个原子的核外电子沿着稳定的轨道进行旋转时，该原子不发光；当电子从距离原子核较远的高能级轨道 W_d 跃迁到距离原子核较近的低能级轨道 W_s 时，该原子就会向外辐射出单色光。单色光的频率 f 为：

$$f = \frac{W_d - W_s}{h} \tag{7.3}$$

式中，h 为普朗克常数。

空气中一些分子和原子的激励电位和电离电位如表 7.1 所示，表中的单位为电子伏 eV，表示一个电子所带的能量，即 $1eV = 1.602 \times 10^{-19}J$。

⊡ **表 7.1 空气中分子和原子的激励电位和电离电位[6]**

名称	第一电离电位/eV	第二电离电位/eV	第一激励电位/eV
N	14.5	29.8	6.3
N_2	15.8	/	6.1
O	13.6	35.1	9.1
O_2	12.5	/	7.9
H	13.6	/	10.15
H_2	15.9	/	10.8
CO_2	14.4	/	10.0

放电现象会使空气中的分子和原子发生电离，玻尔理论解释了放电现象辐射光波的原因，放电现象辐射的光子频段为空气中 N_2 电离生成各种氮类化合物所释放的混合频段[12]。通过对放电现象进行光谱测量更能反映其情况，如图 7.1 所示。图 7.1（a）为全波段放电光谱图，为了更清晰地表示 200～400nm 放电光波的强度，将图 7.1（a）中 200～400nm 范围的放电光波放大得到图 7.1（b）。

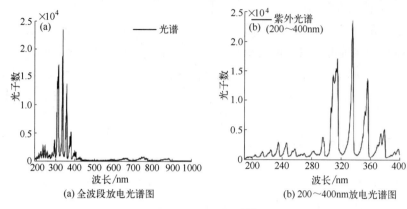

(a) 全波段放电光谱图

(b) 200～400nm放电光谱图

图 7.1　放电光谱图[13]

从图 7.1（a）中可以明显看出，放电产生的光波主要集中在 200～400nm 这一波段，其中 300～400nm 的光波强度明显，当探测该波段的光波时，太阳产生的强烈背景光会将放电辐射的光波完全淹没[14]，放电探测只能在夜晚进行，有着很大的局限性。从图 7.1（b）中可以看到，200～280nm 也有明显的强度，又因为臭氧层对 200～280nm 的紫外波段有着强烈的吸收作用，造成地球表面没有该波段的太阳背景噪声，200～280nm 的紫外光又被称为"日盲"紫外光[15]，因此，对输电线等电力设施进行"日盲"波段的光波检测可以实现全天候放电检测，打破了放电光波探测的局限性。

R7154 型光电倍增管（PMT）检测光谱范围宽泛，结合"日盲"紫外滤光片的使用可以滤除太阳背景光的干扰，实现对放电紫外信号进行探测；型号为 CTP-2000k 的等离子脉冲电晕发生器可以产生不同频率、不同占空比的电晕放电。使用 PMT 对等离子脉冲放电进行放电紫外探测验证实验，实验数据如图 7.2 和图 7.3 所示。

为了方便信号波形的同级观测，将电晕放电的电信号和光电倍增管探测的紫外光信号放入同

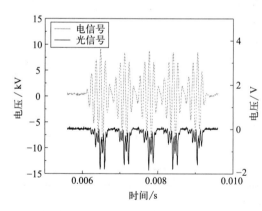

图 7.2　放电信号和紫外信号对比图

一图中，如图 7.2 所示。灰色线为电晕放电的电信号波形，该信号通过衰减 1000 倍的高压探头进行采集得到，其幅值大小与图 7.2 中左侧坐标轴相对应；黑色线为 PMT 探测的光信号波形，该信号通过 PMT 输出阳极并联电阻后得到，

其幅值大小与图7.2中右侧坐标轴相对应。图7.2中，电晕放电的电信号为一定频率的正负高压脉冲信号，最大脉冲峰值不超过±10kV；PMT探测的光信号是与电信号拥有相同频率的负电压脉冲信号（PMT输出信号为负电流信号，通过并联电阻从而得到负电压信号），最大脉冲峰值不超过−2V。可以明显地看出，电晕放电的电信号与PMT探测的紫外光信号有着良好的波形重合，说明紫外光信号能够良好地反映电晕放电的情况。

保持相同实验条件，通过旋转调压器旋钮改变高压电源对CTP-2000k型等离子脉冲电晕发生器的输入，只改变等离子电晕放电的电压，实验结果如图7.3所示。横坐标为不同高压电源输入的等离子电晕放电的电压信号，电压强度的取值为放电信号脉冲的峰值；纵坐标为PMT探测的紫外光信号，探测信号电压的取值同样为探测信号脉冲的峰值。图7.3中，矩形点线为实验数据，随着放电电压强度的升高，光信号的强度也在增强，为了更直观地体

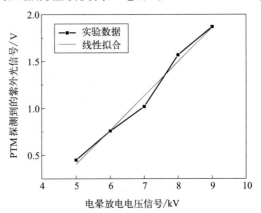

图7.3 放电信号强度和紫外信号强度关系图

现实验数据的线性，添加线性拟合的细实线。不难看出，电晕放电的强弱和紫外光信号的强弱成正相关，即紫外光信号的强弱可以反映放电的强弱。

综上，放电紫外检测方法是一种不仅能够判断放电有无，还能根据探测信号的强弱对放电强弱进行判断的放电检测方法。

7.1.2 基于紫外探测的无人机巡检放电定位方法

为了快速发现输电线上的局部放电，在放电紫外探测的基础上，本节对如何结合无人机巡检和快速定位的方法进行研究。将紫外光的大气传输特性和光电倍增管的使用特点相结合，推导放电紫外探测功率模型；根据传统无源定位方法，结合无人机放电巡线场景设计一种放电定位方法；最后通过实验验证并对实验结果进行分析。

(1) 放电紫外探测功率模型

无线紫外光在大气中传输有一定的衰减，使用光电倍增管进行直视探测时，光敏区域接收的紫外光功率 P_r 可表示为[16-18]：

$$P_r = P_t \left(\frac{\lambda}{4\pi d}\right)^2 e^{-K_e d} \frac{4\pi A_r}{\lambda^2} \qquad (7.4)$$

式中，P_t 为局部放电辐射的紫外光功率；λ 为局部放电辐射出的紫外光的波长；π 为圆周率；d 为局部放电与光电倍增管之间的探测距离；K_e 为无线紫外光在大气中传播中的衰减系数；A_r 为光电倍增管光敏区域的面积；$\left(\dfrac{\lambda}{4\pi d}\right)^2$ 表示局部放电辐射出的紫外光在空间中传播的路径损耗；$e^{-K_e d}$ 表示局部放电辐射出的紫外光在空间中传播的大气衰减；$\dfrac{4\pi A_r}{\lambda^2}$ 表示光电倍增管的接收增益。将式（7.4）化简后可得：

$$P_r = \frac{P_t A_r}{4\pi d^2} e^{-K_e d} \tag{7.5}$$

光电倍增管探测得到的是负电流信号，示波器等仪器的采样信号往往为正电压信号，因而得到的光电倍增管的探测信号的电压 U 表示为：

$$U = kIR_L \tag{7.6}$$

式中，k 表示反相系数，主要是将负电流转换为正，其值为负；I 为光电倍增管的阳极输出电流；R_L 为光电倍增管的负载电阻。根据光电倍增管的特性，光电倍增管的阳极输出电流 I 与光敏区域接收的紫外光功率 P_r 的关系为[19]：

$$I = P_r T_A \eta S_k G \tag{7.7}$$

光电倍增管虽然探测灵敏度较高，但其探测光谱也比较宽泛，为了防止太阳背景光在放电紫外探测时产生干扰，对光电倍增管进行套袋"日盲"滤光片。式（7.7）中 T_A 是"日盲"滤光片的透过率，η 是光电倍增管阴极的量子转换效率，S_k 是光电倍增管阴极电流灵敏度，G 是光电倍增管的放大增益。式（7.7）表达的含义为，紫外光子通过"日盲"滤光片后投射到光电倍增管的光敏区域，光敏区域上的光敏材料不同导致量子转换效率和电流灵敏度不同，通过光敏材料的响应产生阴极电流，阴极产生的电流通过层层倍增，最后从阳极输出阳极电流。整合公式（7.5）～式（7.7）可得：

$$P_t = \frac{4U\pi d^2}{k\eta G T_A R_L S_k A_r e^{-K_e d}} \tag{7.8}$$

从式（7.8）可知，当采样到光电倍增管的探测信号的电压 U 和光电倍增管与局部放电之间的探测距离 d 时，就可以估算出局部放电辐射出的紫外光功率，进而反映局部放电的强弱。

（2）无源定位方法

输电线等电力设施局部放电定位可以看成一种无源定位，即使用光电倍增管作为紫外接收装置单向接收局部放电辐射的紫外光信号。

根据测取的参数不同，无源定位方法可分为到达时间（Time of Arrival，

TOA）定位法、到达时间差值（Time Difference of Arrival，TDOA）定位法、到达信号强度（Received Signal Strength，RSS）定位法和到达角度（Angle of Arrival，AOA）定位法四种。上述各个定位方法均是将不同的测量参数换算为几何参数，然后通过几何参数进行位置坐标解算。其中，RSS 定位法和 TOA 定位法分别将不同位置测量得到的信号强度和信号到达时间转换为距离，然后通过圆周进行位置坐标解算；TDOA 定位法是将不同位置测量得到的信号到达时间差值换算为各探测点的距离差值，然后通过双曲线进行位置坐标解算；AOA 定位法是通过不同位置测量得到的信号到达角度进行位置坐标解算[20]。

① 圆周解算

圆周解算示意图如图 7.4 所示，图中实心矩形点代表探测点，探测点的位置已知，坐标表示为 $R_i=(x_i，y_i)$，i 代表探测点序号；图中实心圆形点代表定位目标 T，位置未知，坐标表示为 $T=(x，y)$。在探测点探测到的信号强度或到达时间经过换算转换为定位目标到各探测点的探测距离 r_1、r_2、r_3，以各个探测点为圆心，分别以 r_1、r_2、r_3 为半径做圆，三个圆周的交叉点即为定位目标的位置，表示为：

$$\begin{cases} (x-x_1)^2+(y-y_1)^2={r_1}^2 \\ (x-x_2)^2+(y-y_2)^2={r_2}^2 \\ (x-x_3)^2+(y-y_3)^2={r_3}^2 \end{cases} \qquad (7.9)$$

圆周解算需要三个及以上的探测点才能完成对定位目标的位置解算。

② 双曲线解算

双曲线解算示意图如图 7.5 所示，同样地，图中实心矩形点代表探测点，探测点的位置已知，坐标表示为 $R_i=(x_i，y_i)$，i 代表探测点序号；图中实心圆形点代表定位目标 T，位置未知，坐标表示为 $T=(x，y)$。取第一个探测点 R_1 作为基准探测点，将其余探测点与基准探测点探测到同样信号的时间差值转换为距离差值 $r_{i1}=r_i-r_1$，以除基准探测点外的任意探测点和基准探测点为焦点做一组双曲线，各组双曲线的交叉点即为定位目标的位置，表示为：

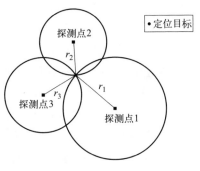

图 7.4 圆周解算

$$\begin{cases} \sqrt{(x-x_2)^2+(y-y_2)^2}-\sqrt{(x-x_1)^2+(y-y_1)^2}=|r_{21}| \\ \sqrt{(x-x_3)^2+(y-y_3)^2}-\sqrt{(x-x_1)^2+(y-y_1)^2}=|r_{31}| \end{cases} \qquad (7.10)$$

当只有三个探测点时，通过式（7.10）求解，将会解算出两个位置坐标，如图7.5中黑色实心圆形点和黑色空心圆环所示，然后可以根据不同探测点探测信号强度进一步确定。因此，双曲线解算需要四个及以上的探测点才能完成对唯一定位目标的位置解算。

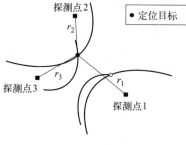

图7.5　双曲线解算

③ 角度解算

角度解算示意图如图7.6所示，与图7.4和图7.5相同，图中实心矩形点代表探测点，探测点的位置已知，坐标表示为 $R_i=(x_i, y_i)$，i 代表探测点序号；图中实心圆形代表定位目标 T，位置未知，坐标表示为 $T=(x, y)$。ϕ_i 为第 i 探测点的探测角度，将探测点和该探测点的探测角度相结合做射线，两条射线的交叉点即为定位目标的位置。

图7.6中定位成功的交叉点坐标求解公式为：

$$\begin{cases} (x-x_1)\tan\phi_1 + y_1 = y \\ (x-x_2)\tan\phi_2 + y_1 = y \end{cases} \quad (7.11)$$

角度解算需要两个及以上的探测点，并且每个探测点的探测信号要有较强的方向性才能完成对定位目标的位置解算。输电线等电力设

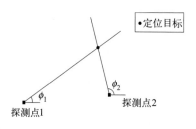

图7.6　角度解算

施的局部放电辐射出的紫外光信号强度未知，所以无法根据到达信号强度来换算距离，同时紫外光以光速在大气中传输且存在一定的衰减，即使探测点的时间有着高度的同步，在有效的探测距离下很难根据不同探测点的到达时间和到达时间差值来换算距离，所以，上述圆周解算和双曲线解算很难用于局部放电的定位。紫外光虽然由于大气散射可进行非直视传输，但相较于直视探测得到的探测信号，在信号强度上还是有所差距，即紫外信号传播路径有着良好的方向性，因此，可以采用角度解算来定位局部放电所在的位置。

（3）无人机紫外探测及放电定位方法

① 无人机紫外探测巡线方法

使用角度解算的定位方法需要已知探测角度，针对无人机快速巡检输电线局部放电紫外探测这一特定场景，本节设计一种摆动光电倍增管的多角度探测方法。

无人机紫外探测巡线示意图如图7.7所示。图中，输电线用实线表示，无人机航迹用虚线表示，光电倍增管的直视探测链路用双点线表示，局部放电用实心圆形点表示。光电倍增管可通过转台装置左右摆动进行多角度探测，摆动角度为

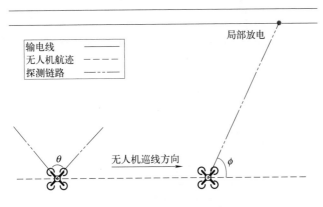

图 7.7 无人机紫外探测巡线

θ，光电倍增管与无人机巡线方向的夹角 ϕ 作为探测角度。无人机沿输电线朝着一定方向巡检，光电倍增管进行摆动探测，当巡检到局部放电时，一个摆动周期会探测到多组信号，而在一个摆动周期内，直视探测得到信号的强度毋庸置疑是大于非直视探测信号的。因此，当在一个摆动周期内探测信号强度最大时，即可确定此时为直视探测，记录当前探测角度 ϕ、探测位置 R 和探测信号的电压 U。

在光电倍增管摆动转向时，即光电倍增管处于摆动角度 θ 的最左端或者最右端时，如图 7.7 所示，也有可能出现探测信号强度最大，导致直视探测的误判，为了防止这种情况，当探测角度 ϕ 满足 $\phi = \left(\dfrac{\pi}{2} - \dfrac{\theta}{2}\right)$ 或 $\phi = \left(\dfrac{\pi}{2} + \dfrac{\theta}{2}\right)$ 时，将数据剔除。

② 放电定位

根据上节的无人机紫外探测巡检方法对放电进行定位，放电定位示意图如图 7.8 所示。

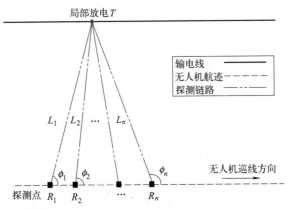

图 7.8 放电定位示意图

图 7.8 中，输电线用实线表示，无人机航迹用虚线表示，光电倍增管的直视探测链路 $L_1 \sim L_n$ 用双点线表示，局部放电 $T = (x, y)$ 坐标未知用实心圆形点表示，探测点 $R_i = (x_i, y_i)$ 坐标已知用实心矩形点表示，每个探测点的探测链路与无人巡线方向的夹角为该探测点的探测角度 ϕ_i。利用角度解算，局部放电坐标为：

$$
\begin{cases}
y = (x - x_1) \tan\phi_1 + y_1 \\
y = (x - x_2) \tan\phi_2 + y_2 \\
\qquad\qquad \vdots \\
y = (x - x_n) \tan\phi_n + y_n
\end{cases}
\tag{7.12}
$$

理论上，式（7.12）能够解算出一组确定的坐标值，但各种因素都会导致实际测量中会产生误差，导致直视探测链路 $L_1 \sim L_n$ 交于多个点，而通过式（7.12）的联立求解，会出现无解的情况。随着探测数据的数量 n 的增多，直视探测链路 $L_1 \sim L_n$ 即使不交于一点，它们的交叉点也将集中于一个区域[21]，式（7.12）中任意两个公式联立都可以求得一个交叉点，将解得的全部交叉点整理为一个交叉点的集合 T_i，表示为：

$$
\left\{ T_i = (x_i, y_i), \left(i = \frac{n(n-1)}{2} \right) \right\}
\tag{7.13}
$$

得到的交叉点集合 T_i 可以看作初步定位结果，为了进一步缩小放电定位的范围，将交叉点集 T_i 中较离散的点判定为数据误差点并进行剔除，数据误差点的判别条件为：

$$
D_i \geqslant \frac{1}{m} \sum_{i=1}^{m} D_i, \quad m = \frac{n(n-1)}{2}
\tag{7.14}
$$

式中，D_i 表示 T_i 中第 i 点与点集中其他各个点的距离和，如式（7.15）所示。式（7.15）中的 m 与式（7.14）含义相同，代表交叉点集 T_i 中点的个数。当 i 点的 D_i 大于等于整个交叉点集 T_i 中每个点到其他各个点的距离和的平均时，即可说明 i 点处于整个交叉点集的边缘区域并将其剔除，原交叉点集 T_i 剔除数据误差点后可得新的交叉点集记为 T_i'，将 T_i' 导入 K-means 算法中进行精确定位求解。

$$
D_i = \sum_{\substack{j=1 \\ j \neq i}}^{m} \sqrt{(x_i - x_j)^2 + (y_i - y_j)^2}
\tag{7.15}
$$

K-means 算法是一种经典的聚类算法，目前广义上的 K-means 算法是由 J B MacQueen 在 1967 年在一篇会议论文中给出的。K-means 算法的核心思想是通过使用 k 个聚类中心将一组数据分成 k 聚类，使得每个聚类中的样本数据到本聚类中心的距离尽量小，而到其他聚类中心的距离尽量大[22,23]。K-means 算法流程如图 7.9 所示。

③ 放电紫外光功率估算

通过上节中的方法将放电成功定位后，将探测点 $R_i=(x_i,y_i)$ 的位置坐标和放电 $T=(x,y)$ 的位置坐标相结合就可以解出探测点 R_i 的探测距离 d_i：

$$d_i=\sqrt{(x-x_i)^2+(y-y_i)^2} \qquad (7.16)$$

将探测点 R_i 探测的探测信号的电压 U_i 和式 (7.16) 解出的 d_i 代入式 (7.8)，即可得到探测点 R_i 处的放电辐射的紫外光功率 P_{tR_i}：

$$P_{tR_i}=\frac{4U_i\pi d_i^2}{k\eta GT_A R L S_k A_r e^{-K_e d_i}} \qquad (7.17)$$

为了进一步精确放电紫外光功率的估算，对每个探测点计算得到的 P_{tR_i} 求取平均，记为 P_T，作为局部放电 T 放电时辐射的紫外光功率：

$$P_T=\frac{1}{n}\sum_{i=1}^n P_{tR_i} \qquad (7.18)$$

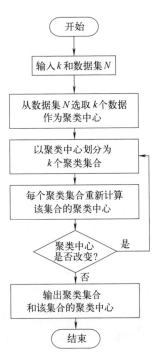

图 7.9 K-means 算法流程

(4) 基于紫外探测的无人机巡检放电定位方法结果分析

① 实验装置介绍

实验采用的紫外探测器是型号为 R7154 光电倍增管（PMT），该光电倍增管的阴极光敏材料是 Cs-Te，该材料光响应灵敏，能够对 $160\sim320\text{nm}$ 波段的紫外光进行探测，其主要参数如表 7.2 所示。

R7154 PMT 的放大增益与其供应电压有关，关系如图 7.10 所示。图中，横坐标为 PMT 的外加供应电压，纵坐标为阳极灵敏响应，其含义即为阴极电流到达阳极的放大增益。

如表 7.2 所示，R7154 PMT 的频谱范围为 $160\sim320\text{nm}$，不仅包含"日盲"紫外光，还包含其他紫外光源，为了避免太阳的背景信号的干扰和方便计

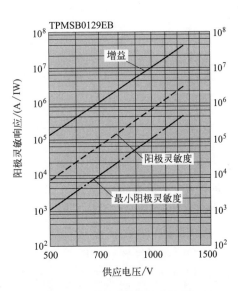

图 7.10 R7154 PMT 供应电压与放大增益关系图

参　　　　数	数　　　值
光谱响应范围	160～320nm
阴极量子转换效率	30%（在254nm）
阴极响应灵敏度	62mA/W（在254nm）

算，特选取透过中心峰值为 254nm、透过率为 20% 的窄带"日盲"滤光片对该型号的 PMT 进行套袋，完成对放电源的紫外探测。通过对日光灯进行探测，使用套袋"日盲"滤光片的光电倍增管与未套袋"日盲"滤光片的 PMT 的探测信号如图 7.11 所示。从图 7.11（a）中明显看到日光灯的闪烁波形，因为日光灯不能产生"日盲"紫外光，因此图 7.11（b）中未探测到任何信号波形。

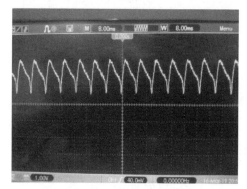
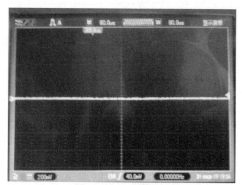

(a) 未套袋滤光片的日光灯探测信号　　　　　　　　(b) 套袋滤光片的日光灯探测信号

图 7.11　"日盲"滤光片套袋与否对比图

实验采用的放电源是一种由特斯拉线圈放大原理构成的高压脉冲放电装置，该装置体积小、效率高、放电强度猛烈、能够进行一分钟左右的持续放电，很适合做本实验的放电源。为了防止放电的电弧距离不同而引起放电强度的不同，将放电的两根导线固定在绝缘的硬塑料上。

② 探测角度及放电源定标实验

为了探究探测角度和 PMT 探测信号强度的关系，选取合适的摆动角度 θ 进行实验，实验结果如图 7.12 所示，图中信号电压是由 PMT 阳极并联电阻输出的负电压取正得来的。

图 7.12 中纵坐标为信号电压，横坐标为探测角度，探测角度为 0° 说明当前为直视探测，角度的正方向为光电倍增管顺时针转动方向，相反，角度为负代表光电倍增管逆时针转动。图中线条分别为距离放电源 9m、12m、18m、25m 和 32m 的探测数据。不难看出，当直视探测时，探测信号强度最大，且随着探测距离的增加探测信号的强度逐渐衰减；同一探测距离，随着探测角度的增加，探测信号的强度也逐渐衰减；当探测角度大于 45° 时，探测角度增大与探测强度减

小的比例明显减小。

③ 放电源定位及功率估算实验

分别在距离放电源 18m、30m 和 50m 的直线上进行三次模拟实验，模拟无人机巡线紫外探测实验，每次实验在直线上选取七个点模拟无人机航迹中的七个探测位置，在这七个点上摆动 PMT 进行多角度探测实验。以无人机航迹的起点为原点，无人机航迹方向为 x 轴正方向，以放电

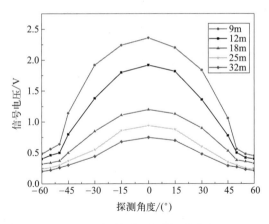

图 7.12 探测角度和信号电压关系图

源位置的方向为 y 轴正方向建立坐标系。三次实验的实验数据如表 7.3～表 7.5 所示。表中，$R_i(x_i, y_i)$ 均表示在该实验中第 i 个探测点的位置坐标，ϕ_i 均表示在该实验中第 i 个探测点对放电源进行直视探测时的探测角度，U_i 均表示在该实验中第 i 个探测点对放电源进行直视探测时的探测脉冲强度。

表 7.3 距离放电源 18m 模拟巡线的实验数据

序号 i	$R_i(x_i, y_i)$/m	ϕ_i/(°)	U_i/V
1	(1.8,0.0)	70	1.16
2	(4.8,0.0)	75	1.24
3	(6.6,0.0)	83	1.32
4	(12.0,0.0)	100	1.30
5	(13.8,0.0)	110	1.22
6	(18.0,0.0)	118	1.16
7	(22.2,0.0)	130	1.05

表 7.4 距离放电源 30m 模拟巡线的实验数据

序号 i	$R_i(x_i, y_i)$/m	ϕ_i/(°)	U_i/V
1	(0.0,0.0)	66	0.70
2	(5.0,0.0)	75	0.71
3	(10.0,0.0)	84	0.73
4	(15.0,0.0)	89	0.74
5	(20.0,0.0)	101	0.73
6	(25.0,0.0)	110	0.71
7	(30.0,0.0)	116	0.66

表 7.5　距离放电源 50m 模拟巡线的实验数据

序号 i	$R_i(x_i, y_i)$/m	$\phi_i/(°)$	U_i/V
1	(0.0,0.0)	73	0.41
2	(5.0,0.0)	77	0.44
3	(10.0,0.0)	82	0.44
4	(20.0,0.0)	87	0.48
5	(25.0,0.0)	100	0.46
6	(30.0,0.0)	102	0.44
7	(35.0,0.0)	112	0.42

　　将表 7.3～表 7.5 中的数据代入第 3 节的定位方法中去，结果分别如图 7.13～图 7.15 所示。

　　图 7.13～图 7.15 中的图（a）为放电源位置的初步定位结果，即通过式（7.12）中任意两个子式联求解得到的交叉点集 T_i，其表达式即为式（7.13），三次实验均选取七个探测点，图 7.13（a）、图 7.14（a）和图 7.15（a）交叉点的个数均为 21 个，大多数交叉点均集中于一个区域，随着探测距离的增加，交叉点就越显得离散，其原因是随着探测距离的增加，实验中微小的误差都会被放大，进而导致初步定位的交叉点集就越显得离散。

　　继续上节中的定位方法，放电源位置的精确结果如图 7.13～图 7.15 中的图（b）所示。图 7.13（b）、图 7.14（b）和图 7.15（b）的交叉点是通过式（7.18）将对应图（a）中的交叉点进行误差剔除得到的，即交叉点集 T_i'。图 7.13～图 7.15 中的 T_i' 相较于 T_i 分别剔除了 4 个、5 个和 8 个误差数据点，这也说明了随着探测距离的增加，实验误差也在增加。最后，将 T_i' 导入 K-means 算法中即可求得精确定位坐标，放电源的精确坐标即为 K-means 算法的聚类中心点，结果如图 7.13（b）、图 7.14（b）和图 7.15（b）中实心圆点所示。

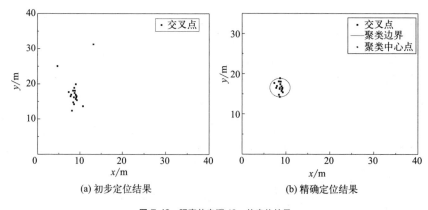

(a) 初步定位结果　　　　　　　(b) 精确定位结果

图 7.13　距离放电源 18m 的定位结果

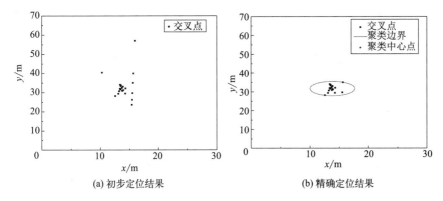

(a) 初步定位结果　　　　　　　　(b) 精确定位结果

图 7.14　距离放电源 30m 的定位结果

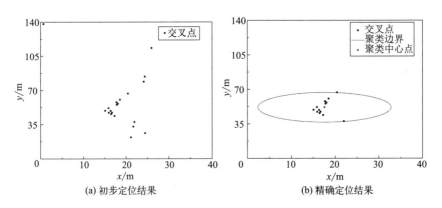

(a) 初步定位结果　　　　　　　　(b) 精确定位结果

图 7.15　距离放电源 50m 的定位结果

图 7.13～图 7.15 中聚类中心点的坐标分别为（8.6，17.6）、（13.8，31.6）和（17.6，51.9），即该定位方法解算出的放电源坐标分别为（8.6，17.6）、（13.8，31.6）和（17.6，51.9）。在三次实验中放电源放置的实际坐标分别为（9.0，18.0）、（17.0，30.0）和（21.0，50.0），定位误差分别为 1.5m、2.7m 和 3.1m，相较于无人机巡线时距输电线的距离，定位误差均小于 9%。结合式（7.16）～式（7.18）对放电源的放电紫外光功率进行估算，结果分别为 10.8mW、11.6mW 和 12.0mW，相较于实验放电源的基准值，放电源放电紫外光功率的估算误差分别为 2.9%、10.5% 和 14.3%。

7.1.3　无人机电力巡线中自适应模糊紫外电晕探测

在无人机电力线巡检中，能够及时发现电晕放电现象并识别电晕强度，对电力系统检修具有重要意义。当电晕发生时，短时间检测不能准确表征放电强度，而且瞬时数据缺乏有效性，因此本节研究了基于 ANFIS 的无人机电力线电晕探测强度评估方法。通过实验分析了不同强度的电晕与探测距离、环境相对湿度之间的关系。最后建立自适应模糊推理系统模型并与 BP 神经网络算法对比，能够更好地在无人机电晕探测过程中对电晕等级状态进行识别。

(1) 电晕自动识别方法

① 基于紫外成像的电晕识别

紫外成像电晕检测系统框图如图 7.16 所示，采用双通道检测方式，在接收到光信号后，一致采样通道把可见光滤除送入装有紫外 CCD 照相机通道，剩下的背景光送入可见光通道。紫外光通道没有受到背景光干扰可以得到高清图像，可见光通道根据拍摄周围的环境配合紫外光通道进行图像融合处理。图像输出可以清晰地看出放电点的位置和光斑的大小。图像处理需要将放电区域与放电背景区分开，对图像进行分割从而提取放电特征，常用的处理方法是将图像二值化。二值化需要设置阈值，不同的亮度对阈值的选择有较大影响，如果阈值过高，亮度较暗的地方就会过滤掉；如果阈值设置过低，有些不是放电的点也会被算上，处理结果会影响检测人员的判断。

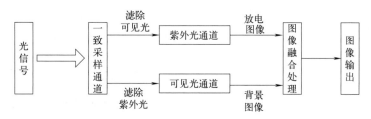

图 7.16 双通道紫外检测系统结构框图[24]

② 基于紫外光子计数脉冲检测的电晕识别

文献 [25] 利用紫外成像仪对绝缘子电晕放电现象检测，电晕识别的方法不是根据光斑面积，而是统计接收光子数判断放电程度。紫外光子计数识别电晕的方法就是在一定时间内，通过统计电晕产生的光子数量来表征放电程度。美国和以色列的研究人员给出了用光子数表征放电等级的评判标准，将接收光子数分为三个等级，其评判的标准是在大量放电设备检测的基础上，对每分钟光子数进行统计，详细分级如表 7.6 所示。

表 7.6　紫外光子分级判定[26]

放电强度	每分钟光子数	检测结果	采取措施
高度集中	＞5000	部件已经严重损坏	马上维修或者更换部件
中度集中	1000~5000	部件可能腐蚀或有一定的损坏	确定维修时间
轻度集中	＜1000	设备部件轻微损耗	继续留意电晕发展

光子分级的方法可以表征放电的程度，但接收光子数量的变化范围较大，难于统计容易造成误差。检测仪器的增益对接收光子数影响较大，当增益达到一定

程度时，仪器计算光子数会出现溢出现象，而且在实际检测过程周围环境也会影响光子数的接收，导致不能精准地表征电晕放电强度。

③ 基于 ANFIS 的无人机巡线电晕识别方法

根据上述分析，在降低成本的情况下提高检测效率和识别精准度，通过无人机机载紫外探测系统对电力线电晕放电进行探测，并利用自动识别方法评估电晕强度，能够实现全天候电力线检测。图 7.17 所示为无人机电力线巡检时对电晕放电强度识别原理图。

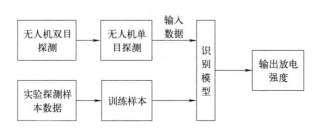

图 7.17 无人机电力线巡检中自适应模糊识别原理图

(2) 放电强度特征参量的相关性

① 单个脉冲信号特征分析

在紫外电晕探测过程中发现，通过测量不同强度的电晕光源，单个脉冲信号呈现出一定的规律性，可以作为判断电晕放电强度识别的依据。光信号与电信号具有相关性，这种衰减的特征可用局部放电信号模型进行分析[27]。

放电信号可以用数学模型表示为：

a. 单指数衰减形式

$$f_1(t) = Ae^{-t/\tau} \tag{7.19}$$

b. 双指数衰减形式

$$f_2(t) = A(e^{-1.3/\tau} - e^{-2.2/\tau}) \tag{7.20}$$

式中，A 为信号幅值；τ 为衰减系数。实际工程应用中信号都会有一定的振荡性。由探测到紫外光脉冲信号波形可知，信号具有衰减和振荡特征，通过采用单指数衰减振荡形式来分析放电信号，模型为：

$$f_3(t) = Ae^{-t/\tau}\sin(f_c \times 2\pi t) \tag{7.21}$$

式中，f_c 为振荡频率。通过模型可知，A 控制着信号幅值大小，τ 控制信号衰减时间，f_c 为信号振荡频率，三个参数可以共同描述单个脉冲特性。图 7.18 为检测单个信号波形和衰减模型仿真图。图 7.18（a）为检测到输出电压 12kV 电晕强度的单个脉冲信号波形，根据脉冲信号最大、最小值和脉冲振荡时间计算出模型中的三个参数，图 7.18（b）为信号衰减模型仿真图。经过多次试验探测发现，同一种强度电晕光源辐射出的紫外脉冲信号，衰减时间和振荡频率基本一致,不同的只是信号的幅值不一样。为了验证这个结论,在不同距离探测输出电压 12kV 的光源。图 7.19 为不同距离下单个信号波形和衰减模型仿真图。图 7.19 (a) 为不同距离下输出电压 12kV 电晕强度的单个脉冲信号波形,图 7.19 (b) 为信号衰减模型仿真图。从图中可以看出,脉冲幅值变大,而信号衰减的时间和振荡频率基本不变。

采用不同强度光源进行试验,对输出电压 50kV 电晕放电光源进行探测,如图 7.20 所示。对比图 7.20 (a) 和图 7.18 (a),幅值、衰减时间和振荡频率都不相等,强度大的光源幅值较大,衰减的时间较慢。对于相同输出电压 50kV 电晕光源,测量的衰减时间和振荡频率基本一致,图 7.20 (b) 为信号衰减模型仿真图。

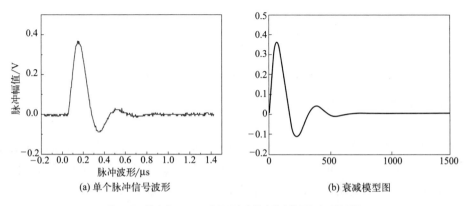

(a) 单个脉冲信号波形　　　　　　　　　(b) 衰减模型图

图 7.18　输出电压 12kV 电晕强度的单个脉冲信号与衰减模型图

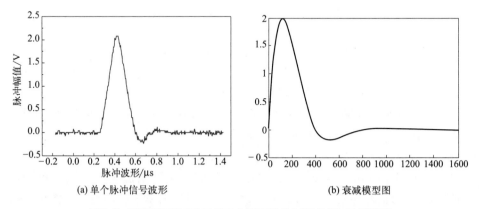

(a) 单个脉冲信号波形　　　　　　　　　(b) 衰减模型图

图 7.19　不同距离下输出电压 12kV 电晕强度的单个脉冲信号与衰减模型图

经过上述实验,对于不同程度电晕放电光源的信号识别,可以从此模型对信号进行分析,根据信号衰减时间和振荡频率确定放电程度。此方法比较适合定点电晕检测,对于无人机电力线电晕的探测,需要考虑探测距离和环境等因素影

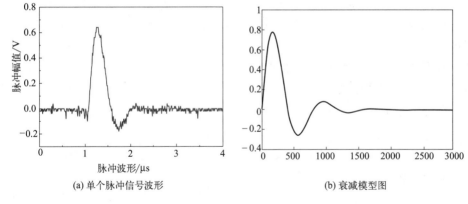

(a) 单个脉冲信号波形

(b) 衰减模型图

图 7.20 输出电压 50kV 电晕强度的单个脉冲信号与衰减模型图

响，而且电晕识别方法要更智能化。因此，需要进一步研究脉冲信号幅值与距离的关系和环境对接收不同强度脉冲信号的影响。

② 不同放电源与距离之间的关系

在实验探测过程中发现，在室内和室外采用同样的探测系统和放电源，实验的结果会不一样，经过分析，主要是室外的空气温湿度等环境的变化影响探测结果。因此，在分析放电强度特征量的时候，把空气湿度的影响考虑在内，在不同的湿度环境下进行探测实验。实验场地设在室外，时间是冬季下午，空气温度为$-3 \sim 0 ℃$，相对湿度范围 $50\% \sim 98\%$，为保证实验结果的有效性，除研究影响的因素外其他参数保持一致。相关的实验步骤和方法如下：

a. 研究不同放电强度下脉冲最大幅值与距离变化的关系。电晕发生装置下接三种不同高压模块，使其产生 12kV、50kV 和 400kV 输出电压，分别在不同距离下探测放电源，并记录脉冲幅值。探测距离点如下：10m、15m、20m、25m、30m、35m 、40m。

b. 不同湿度下同一放电强度脉冲幅值与距离的关系。根据天气相对湿度选择三种不同范围进行探测：$50\% \sim 70\%$、$70\% \sim 80\%$、$80\% \sim 98\%$。分别记录同一放电源在不同距离下脉冲幅值，探测距离同方法 a。为避免数据单一性，实验是多次进行的，在相同湿度范围内测量值都是多次探测后取平均值得到的。

通过上述步骤和方法 a，实验探测到三种放电程度不同的光源与距离之间的关系，如图 7.21 所示。在光源强度不同的情况下，探测到脉冲幅值都呈现出随着距离的增加逐渐减小的趋势，但是距离越大，幅值减小的速度就越慢。相同距离下光源强度越大，探测幅值就越大，在 10m 时探测到三种光源幅值之间差值最大，当距离逐渐增加时，幅值之间差值在减小，到 40m 时达到最小，幅值之间差值不是随着距离的变化呈线性减少。三种不同放电源在前面测量数值之差较大，差异明显，随着距离增加时，越来越不容易区分三种放电程度。因此，结合功率误差分析，选择 20m 处对放电探测较为合适，能够区分不同强度的放电强度。

根据图 7.21，探测幅值与距离存在某种函数关系，文献［28］通过指数函数关系对测量值进行拟合，而文献［29］通过幂函数关系拟合测量值与距离的关系。因此，本节采用两种拟合方式对比，对于指数函数关系拟合公式为：

$$Y = a\,\mathrm{e}^{bx} \tag{7.22}$$

式中，Y 为脉冲幅值；a 为常数系数；b 为指数函数系数；x 为探测距离。幂函数拟合公式为：

$$F(d) = Ad^{-b} \tag{7.23}$$

式中，F 为脉冲幅值；d 为探测距离；A 为常数系数；b 为幂函数指数。对输出电压 400kV 放电光源进行拟合，如图 7.22 所示。

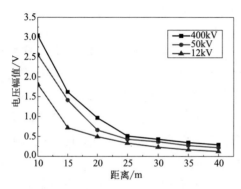

图 7.21　不同强度光源与探测距离的关系

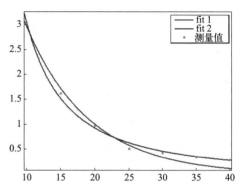

图 7.22　幅值与距离函数关系拟合

图 7.22 中，fit 1 表示的是指数函数拟合曲线，拟合度为 0.9858；fit 2 表示的是幂函数拟合曲线，拟合度为 0.9955。由此可以看出，幂函数拟合的曲线更接近测量值。因此，在同一种放电强度下，脉冲幅值与探测距离近似呈幂函数关系。

对图 7.21 曲线进行拟合，表 7.7 给出三种不同放电程度下脉冲幅值与探测距离的拟合公式，其中 R 为拟合精度，值越大拟合度越高。由表中数据可以看出，三种放电强度下，拟合精度都大于 0.99，可见在不同放电强度下可以采用幂函数对探测数据进行拟合。

⊡ 表 7.7　脉冲幅值与探测距离变化的拟合函数表达式

光源输出电压/ kV	拟合函数表达式	拟合精度 R
12	$F(d) = 163.3d^{-1.96}$	0.9943
50	$F(d) = 159.8d^{-1.789}$	0.9911
400	$F(d) = 162.7d^{-1.724}$	0.9955

③ 不同湿度范围下同一放电源与距离的关系

根据实验方法 b，探测到同种放电源在不同湿度情况下幅值与距离变化曲线，如图 7.23 所示。图 7.23（a）所示为放电源输出电压为 400kV 时，在三种不同湿度环境下测得幅值与距离之间的关系。在每种湿度环境下，测量幅值都是随着距离的增加而减小，而且近距离的时候减小的速度快，距离越远减小的速度越慢。相对湿度范围在 50%～70% 时，相同距离情况下测量幅值较其他而言是最小的，相对湿度值越大时探测到幅值也越大，但是三者之间的差值在 0.2V 范围内，当距离增加时，差值在逐渐减小。图 7.23（b）和图（c）所示为放电源输出电压为 50kV、12kV 时，不同湿度环境下测得幅值与距离之间的关系，图中曲线的规律与图（a）中相似，都是相对湿度值越大测量幅值越大。通过对比三个图，在相同湿度环境下，不同强度的光源测量值不同，距离一定时输出电压值越大的光源探测的幅值就越大。

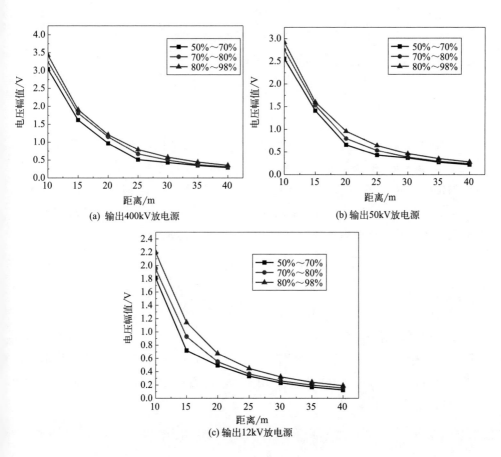

图 7.23　同种光源下不同湿度与探测距离的关系

(3) 放电强度评估的 ANFIS 算法

① ANFIS 算法原理

1993 年，Jang Roger 提出自适应神经模糊推理系统[30]，它结合神经网络的学习能力和模糊系统推理的优点，设计隶属度函数制定模糊逻辑规则，具有良好的鲁棒性和自适应学习能力。在电力故障诊断应用中适用类型较多，容易建立系统模型，训练过程中自动调节参数，不会陷入局部最优。

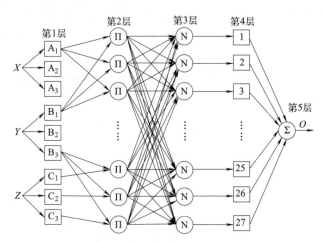

图 7.24　三输入单输出 ANFIS 结构图

本节利用 ANFIS 算法建立三输入单输出的等效结构，如图 7.24 所示。图中 x、y、z 分别表示探测距离、探测幅值和相对湿度，算法共分为五层。第一层为模糊化层，$\omega_{i,j}$ 表示每一层节点的输出，利用三个隶属度函数 $\mu_{A_i}(X)$、$\mu_{B_{i-3}}(X)$ 和 $\mu_{C_{i-6}}(X)$ 将输入量划分为三个模糊集，每一个模糊集对应神经元的输入隶属于某一个模糊规则的程度。第一层的节点输出为：

$$\begin{cases} \omega_{1,j}=\mu_{A_i}(X), i=1,2,3 \\ \omega_{1,j}=\mu_{B_{i-3}}(X), i=4,5,6 \\ \omega_{1,j}=\mu_{C_{i-6}}(X), i=7,8,9 \end{cases} \tag{7.24}$$

第二层是规则推理层，共有 27 条模糊规则，每一规则神经元分别接收第一层的输入，输出为每一个输入的乘积。第三层为归一化层，表示第 i 条规则的适用度与所有规则适用度之和的比值，用 ω_i 和 $\overline{\omega}_i$ 表示分别第 i 条规则的适用度和归一化的值，第三层输出为：

$$\overline{\omega}_i = \frac{\omega_i}{\sum\limits_{i=1}^{27}\omega_i}, \quad i=1,2,3,\cdots,27 \tag{7.25}$$

第四层的每一个神经元接收所有归一化层的输出，若每条规则权值为r_i，权值可以通过数据训练得到，每个节点输出为：

$$\omega_{4,i}=\overline{\omega}_i r_i \tag{7.26}$$

第五层为 ANFIS 输出，该层只有一个固定节点，计算第四层所有神经元的加权和，输出为：

$$y=\sum_{i=1}^{27}\overline{\omega}_i r_i \tag{7.27}$$

② ANFIS 模型的建立

本节前期实验是对三种放电强度不同的光源进行探测，通过上述实验分析，不同强度的光源探测到脉冲幅值与距离和湿度有关，因此对电晕强度识别是根据脉冲幅值、探测距离和空气相对湿度三种因素来判断的，这是个模糊推理过程。根据探测距离和环境相对湿度因素建立基于 ANFIS 放电识别模型，如图 7.25 所示。该模型通过输入探测距离、探测幅值和相对湿度来预测出是哪种放电程度的光源。训练过程如下：

a. 样本获取与数据处理。根据上述实验数据利用插值法获得 282 组样本数据，其中 252 组用来训练，随机选 30 组用来验证数据。每组数据包括三个输入和一个输出，输入包括探测距离、探测幅值和相对湿度，输出值

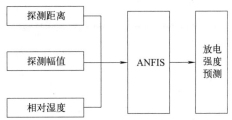

图 7.25 ANFIS 放电识别模型

1、2、3 分别表示输出电压为 12kV、50kV 和 400kV 的放电强度等级，训练数据组成一个 252×4 的矩阵。由于输入量纲不同，需要对数据进行归一化到 [0,1] 区间，归一化采用如下方式：

$$f_n=\frac{f(x)-f_{\min}}{f_{\max}-f_{\min}} \tag{7.28}$$

式中，$f_{\min}$ 和 $f_{\max}$ 为样本数据中最小值和最大值。

b. 确定输入变量隶属度函数类型，选用广义钟形隶属度函数。

c. 用 genfis1 函数产生 FIS 机构初值。

d. 设置 ANFIS 训练批数、训练误差范围值、初始步长等参数。

e. 利用 ANFIS 函数对数据进行训练。

f. 得出训练结果，并用测试数据检验训练结果。

③ 识别结果

通过对 252 组样本数据进行训练得到训练预测值与实验标准值对比图，如图 7.26 所示。可以看出，模型训练的预测值与实验标准值趋于一致，系统将样本数

据准确地与三个等级的光源强度相匹配，随着训练批次的增加，训练的精度越来越高。

为了进一步检验系统识别性能，将算法与 BP 神经网络算法对比，输入 30 组测试数据来验证，如图 7.27 所示，两种识别算法对测试样本识别的结果与实际等级对比。从图中可以看出，基于 ANFIS 算法的预测值与实际值都比较接近，能够准确地识别三种放电光源的等级。ANFIS 算法预测的结果在标准值上下浮动较小，更贴近标准值，而 BP 神经网络算法预测值整体幅度较大，算法不太稳定。

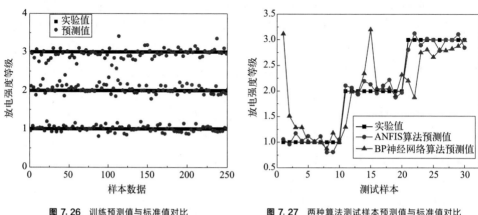

图 7.26　训练预测值与标准值对比　　　　图 7.27　两种算法测试样本预测值与标准值对比

如图 7.28 所示，分析两种算法预测值与标准值之间的误差，ANFIS 算法预测值的误差比较稳定，第 25、27 和 28 组测试数据最接近真实值，而第 18 组测试数据的误差最大，为 0.22。BP 神经网络算法预测值整体跨度较大不太稳定，第 1、2、11、15、21、22 组数据误差都达到 0.5 之上，已经无法准确判断该组

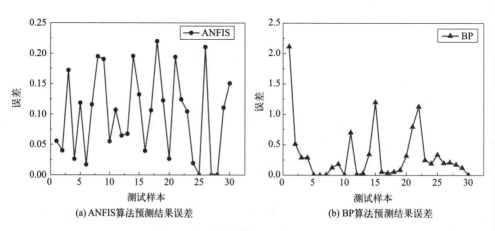

(a) ANFIS算法预测结果误差　　　　　　(b) BP算法预测结果误差

图 7.28　两种算法测试样本预测值与标准值误差

的放电等级。因此，根据训练结果和测试样本识别结果可知，当输入探测幅值、距离和相对湿度数据时，该 ANFIS 放电识别模型能够准确识别出放电源的等级。

7.2 高压输电线路电晕放电检测系统设计

在智能电网的建设中，首先要掌握输电线路的运行状态，才能判断线路是否健康运行。为了及时获得输电线路的运行状态信息，以便在发现线路隐患时及时启动预警和检修措施，从而避免电网事故的恶化以及发生，必须通过研制稳定可靠、先进适用的线路运行状态监测设备[31] 来达到这一目标。因而，有效减少我国高压输电线路事故的发生、提高高压输电的安全性对我国的经济发展和民众生活有着重要意义。

7.2.1 电晕放电检测系统的硬件设计

高压输电线路中电力设备电晕放电的过程中伴随着能量的转移和释放，如会产生声、光、热、电磁波等信号，其中日盲波段的紫外光信号是其放电过程中产生的物理信号之一，相对于普通的可见光信号和太阳光源，检测电力设备电晕放电产生的日盲波段紫外光信号可以有效降低外界环境的背景噪声对探测结果的干扰，提高探测的精度。因此，本节选择检测紫外光信号作为判断电晕放电产生与否以及放电程度强弱的特征信号。

系统软硬件实现流程如图 7.29 所示。

根据系统的总体设计方案，下面对系统中主要的硬件模块的选型和设计进行介绍。

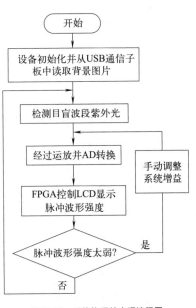

图 7.29 系统软硬件实现流程图

(1) 光-电转换模块

光电转换模块是整个电晕放电检测系统的核心，主要包括日盲光电倍增管以及高压电源模块。

① R7154 日盲型光电倍增管

高压输电线路发生电晕放电所辐射的日盲波段紫外光信号非常微弱，因此必须选择灵敏度非常高的紫外光传感器才能探测到该微弱信号。本电晕放电检测系统选择了日本 HAMAMATMU（滨松）公司研发生产的型号为 R7154（图 7.30）的日盲型光电倍增管（Photo Multiplier Tube，PMT），该 PMT 为侧窗型结构，具有响应速度快、灵敏度高、信噪比极高、噪声低等特点。

② 高压电源模块

为使 R7154 正常工作，需要给 PMT 的阴极和阳极施加直流负高压，本系统采用日本HAMAMATMU 公司生产的小型高压包CC238 作为光电倍增管的驱动电源。

图 7.30　R7154 日盲型光电倍增管

CC238 为管座型电源模块，采用＋15V 电压输入，50kΩ 电位器或 0～5V 电压控制，使用简单方便。内置分压器采用锥形分压器设计为其主要特点，这样一来，可以使 PMT 拥有很高的直流输出线性。

（2）信号调理电路

信号调理电路的作用是将 PMT 输出的负极性的电流信号转换为正极性的电压信号，并进一步放大并去除噪声干扰，为后期高精度 ADC 采样做准备。

① I-U 转换

PMT 输出的是负极性的电流信号，而后面与它相连的电路，是基于正极性的电压信号设计的。因此，电流到电压的转换（I-U 转换）常用一个负载电阻来完成。本节选择在光电倍增管阳极后串接小的负载电阻实现 I-U 转换功能，同时使电路性能达到最佳。在本系统中，为了兼顾倍增管输出的电流信号的范围，系统设计采用阻值为 100Ω 的小电阻 Rf1 来实现 I-U 的转换。

② 脉冲信号放大电路

在 PMT 输出的小电流信号经过初步的 I-U 转换变为负极性的电压信号之后，其幅值仍然很小很微弱，最大约为－10mV，仍然不能满足实际工程中的所需要远距离探测功能，还需要对信号进行进一步的放大和处理。一般采用单运放外加电阻构成同相或反向放大器，但外接的电阻难以精密匹配，导致放大电路的共模抑制比较低，电晕放电形成的共模干扰信号也被放大形成干扰。本系统采用德州仪器的放大器 INA128，INA128 采用了单片集成的三运放构成的差分运算放大器，由于放大器内部的各个电阻和电路都进行了精密调整，因此该运放具有优异的放大性能。即使在放大 100 倍的情况下，其共模抑制比依然高可达 120dB，增益误差为 0.05％，带宽可达 200kHz。脉冲信号放大电路如图 7.31 所示。

使用差分运算放大电路具有抗噪声能力增强、动态范围增大一倍和能消除偶次谐波等优点。

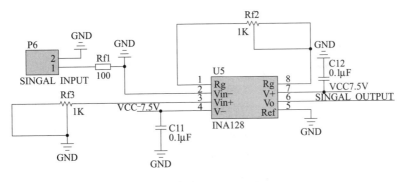

图 7. 31 脉冲信号放大电路

(3) 滤光系统

由于太阳光中紫外光的辐射强度相对电晕放电所辐射出的紫外光强度要强很多，所以为了去除这部分背景环境中紫外光的干扰，必须在 PMT 前端加日盲紫外滤光片。这样就避免了太阳光所造成的复杂背景噪声，保证了在对电力设备进行电晕放电检测时，PMT 在日盲紫外波段探测接收到的日盲波段紫外光信号不受太阳光和其他环境背景噪声的影响的干扰。滤光系统测试如图 7.32 所示。

(a) 未加滤光片之前检测到的信号

(b) 加滤光片之后检测到的信号

图 7. 32 滤光系统测试

(4) 高精度 ADC 模数转换

高压设备表面的电晕放电具有凸脉冲特性，相应的光电倍增管的输出信号也具有脉冲特性，含有丰富的高频分量，这样的信号对采样速度要求较高。本系统选用 ADS7945 作为高精度 ADC。ADS7945 是 14 位、采样速率达 2MSPS 的模数转换芯片，双通道，差分单端的超低功耗模数转换器，ADS7945 作为从机与FPGA 核心板主机采用 SPI 口进行通信，满足本节研究需要。ADS7945 电路如图 7.33 所示。

为了使 ADS7945 能够正常工作，还要使用 REF5010 芯片作为 ADS7945 的参考电源。REF5010 是低噪声、低偏移、高精度的参考电源。REF5010 电路如图 7.34 所示。

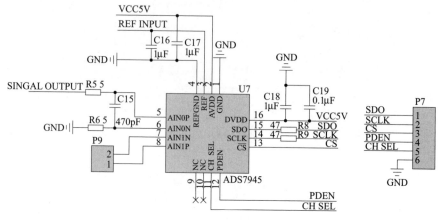

图 7.33 ADS7945 电路

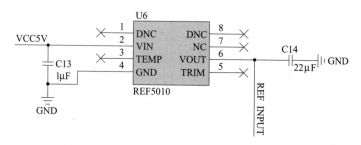

图 7.34 REF5010 电路

(5) 电源管理及转换电路

本节设计的高压输电线路电晕放电检测系统是一套手持便携式检测系统，因此在系统供电上选用 18V 蓄电池作为电源，经过 LM7815 芯片将 18V 转为 15V，15V 不仅是为光电倍增管高压包模块的电源，也是后续电源转换电路的基础。18V 转 15V 电路如图 7.35 所示。

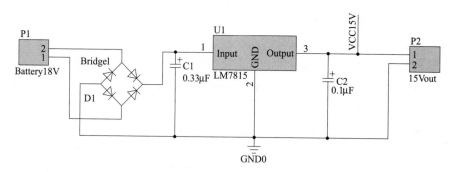

图 7.35 18V 转 15V 电路

15V 经过 TDA2030 芯片，转为 ±7.5V 双电源，±7.5V 为后续信号调理电路及高精度 ADC 提供电源。TDA2030 集成电路本是用于音频功放电路。利用它的互补输出级，可以将单极性电源一分为二，转换成某些小功率电路所需要的正负双电源。单电源转双电源电路如图 7.36 所示。

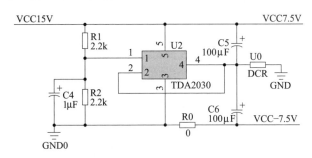

图 7.36　单电源转双电源电路

在产生了±7.5V 双电源后，利用其中的 7.5V 经过 LM7805 转换为 5V，为 ADS7945 及 FPGA 核心板供电，电路如图 7.37 所示。

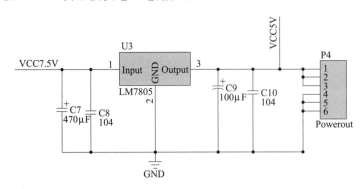

图 7.37　7.5V 转 5V 电路

(6) 嵌入式 FPGA 系统及其辅助电路

本系统采用 EP4CE22F17C8N 作为核心处理器，EP4CE22F17C8N 属于 Altera Cyclone Ⅳ，该处理器采用了与以往取得巨大成功的 Cyclone Ⅰ、Ⅱ和Ⅲ系列器件相同的低功耗、低成本的核心架构。

FPGA 核心板如图 7.38 所示。

(7) 其他模块

① LCD 液晶显示模块

本系统选用 7 英寸 800×480 的

图 7.38　FPGA 核心板

液晶显示屏作为系统的显示模块，16 位并口，65536 色，5V 供电，可以清晰地显示采集到的脉冲信号。自带 3 路高速 DA 芯片 ADV7123 以及外围电路，来实现电平转换，因此在本节的 FPGA 驱动实现中，起始输出的也是和 LCD 一样的 565 的 RGB 数字信号。

② USB 通信子板

系统在显示波形的同时，还要显示部分文字和图片，因此需要一块 USB 通信子板来实现图片和文字的烧录。

7.2.2 电晕放电检测系统的软件设计

电晕放电检测系统的嵌入式软件设计主要涉及顶层模块和各个子模块，用 Verilog 语言编写，包括 PLL 模块、Qsys 系统的例化、DDR2 的例化以及 FIFO 的实现、IP 核配置实现双口 RAM、LCD 液晶屏幕驱动模块、高精度 ADC 数据采集模块、波形显示模块等。

(1) EDA 开发工具介绍

在本设计中主要用到了 Altium Designer 09 的原理图设计及 PCB 驱动板设计的功能。

本节中使用的 FPGA 芯片为 Altera 公司生产的 Cyclone Ⅳ 系列中的 EP4CE22F17C8N，主要用 QUARTUS Ⅱ 13.1 完成电晕放电检测系统的调试以及功能实现。

(2) FPGA 实现的模块框架

在本系统中，涉及的数据流向如图 7.39 所示。

图 7.39 系统数据流向

系统检测到日盲波段紫外光后，经过光电转换、I-U 转换和脉冲信号放大，变为适合进入 ADS7945 的模拟信号，经过模数转换后，数字信号经过 SPI 口传送至 FPGA 中例化的 NIOS Ⅱ 处理器，NIOS Ⅱ 处理器将数据经 Avalon-MM 总线传送至双口 RAM，LCD 读取双口 RAM 中的数据并将该数据显示在 LCD 液晶屏幕上。

FPGA 作为电晕放电检测系统的核心器件，根据系统的功能及要求，实现了 FPGA 核心板与驱动板以及外部接口之间通信的逻辑控制。

7.2.3 电晕放电检测系统测试和实验

系统的联调主要分为硬件电路和软件程序的调试与样机的测试，其中硬件电路和软件程序的调试需要做大量探索性的实验来验证硬件电路及信号调理电路的性能，在进行系统整体测试前，先要测试驱动电路 PCB 板硬件的电气性能。PCB 板打样后，按照原理图焊接各个元件，焊接完成后用万用表测试各个电气连接是否有虚焊、短路、断路等情况。对照 PCB 图测试完硬件的电气性能后，保证各个焊点都焊接良好，并保证有电气连接的焊点之间相互导通。

在做完硬件的电气性能测试后，给驱动电路 PCB 板施加驱动电压 18V，用万用表或示波器测试各个元件之间在通电后的电气性能，并测试电源转换电路各个芯片的输入输出电压是否正常工作，各个芯片的输出电压是否能驱动后续电路正常运行。

经测试，驱动电路 PCB 板在施加 18V 驱动电压后，各个电源转换芯片均能正常工作，其输出电压也能够驱动后续电路正常工作，达到了设计的性能指标，符合预期的设计要求。

(1) 电晕放电检测系统样机

本系统的测试样机装配如图 7.40 所示。FPGA 核心板的 P2 连接 USB 通信子板，USB 通信子板上的 UART 将用于显示界面背景图的烧录以及字库的烧录；FPGA 核心板的 P4 插座接 7 英寸 LCD 液晶显示屏，用于 LCD 液晶显示屏的显示驱动；FPGA 核心板的 P3 插座与 PCB 驱动板预留的模数转换接口相连；CC238 高压包从 PCB 驱动板上取 15V 电源，将光电倍增管插入 CC238 的插口，将光电倍增管的输出信号线和信号地线接入驱动 PCB 板的信号输入端。

图 7.40 电晕放电检测系统样机

另外，驱动电路 PCB 板预留了多个 5V 和 GND 扩展插针，一方面便于 FP-GA 核心板从驱动电路 PCB 板取 5V 电源，另一方面要使驱动电路 PCB 板和 FP-GA 核心板共地，防止其他噪声对信号产生影响，保证信号的完整性。

(2) 线性度测试

在对电晕放电产生的紫外光辐射信号进行探测时，就要要求检测系统具有良好的线性度，只有当信号调理电路在线性区域工作，才能准确测量电晕放电产生的紫外光的信号。

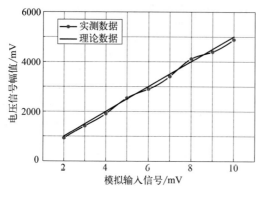

图 7.41　实测值与理论值对比曲线

在线性度实验中，由信号发生器发出 2～10mV 的方波信号，该信号经过信号调理电路放大之后，在信号调理电路的输出端用示波器观察输出的电压信号有无失真以及放大后信号的幅值，将实测的输出信号幅值与理论的输出信号幅值做对比。将测得的输出信号值与理论值进行拟合，拟合结果如图 7.41 所示。

通过图 7.41 可以看出，实测值在理论值曲线上下浮动，但是仍然与理论曲线保持一致的变化趋势，经过分析，是由于电阻的精度对运放放大倍数存在影响，但是该影响很小。通过图 7.41 可以看出，直线的拟合相关系数可达 0.99，平均相对误差为 70.44mV，系统的相对误差都在 7.18% 以内，可见数据的拟合线性度很高。因此，对于不同的放电紫外光辐射强度，都可以进行统一量化，即可在不同强度的电晕放电情况下对所产生的紫外光信号进行精确测量，提高了系统的实用性。

(3) 灵敏度测试

灵敏度是检测系统的重要指标之一，用来衡量系统接收极其微弱的光信号的能力。本环节使用电火花、日盲紫外激光器和日盲紫外 LED 作为信号源分别进行系统灵敏度测试。

① 电火花实验测试

系统首先进行电火花实验，本环节选择用电焊发出的电火花作为信号源，光电倍增管同时配合滤光片使用，使系统检测电火花中产生的微弱的紫外光脉冲信号。使用电火花进行实验是由于电晕放电时会产生剧烈的放电现象，电火花是其表征之一，因此选用电火花进行实验是验证系统性能的重要参考之一。

测试环境：电弧焊机一台，傍晚时间在路边进行测试。

实验对象：当电弧焊工作电流为 90A 时，具体测试如图 7.42 所示。

当电弧焊工作电流分别为 70A、90A 和 110A 时，对其产生的电火花进行测试，并对测试所得的幅值和距离的数据进行曲线拟合，拟合结果如图 7.43 所示。

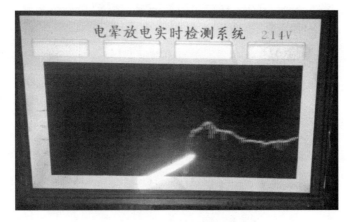

图 7.42 电火花距离光电倍增管距离 18m

通过图 7.43 可以看出，系统在放大 50～100 倍的情况下，电弧焊工作的电流越大，产生的电火花强度越强，信号能够被系统检测到的距离越远。被测信号的幅值随着探测距离的增加而减小。在工作电流为 70A 时，最远的探测距离为 30m，工作电流为 90A 时，最远的探测距离为 32m；工作电流为 110A 时，最远的探测距离

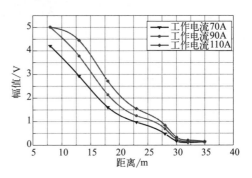

图 7.43 电火花实验对比

达到 35m。这是由于产生电火花时释放的能量集中且强大，能够很好地被 PMT 检测到，因此检测距离很远。

② 日盲紫外 LED 实验测试

最后系统进行日盲紫外 LED 实验，本环节使用的日盲紫外 LED 为美国 SET 公司 UVTOP255、UVTOP260、UVTOP265 和 UVTOP270，该系列日盲紫外 LED 其最大功耗是 0.3mW，正向直流电流最大为 20mA，主要工作波长分别为 255 ± 5nm、260 ± 5nm、265 ± 5nm 和 270 ± 5nm，在其他波段，光功率密度迅速下降，因此在该型号日盲紫外 LED 正常工作时，该系列日盲紫外 LED 工作波长主要分布在 200～280nm 的日盲波段。实验使用恒压恒流模块，输出电流分别为 10mA 和 15mA 时，控制日盲紫外 LED 的工作电流，光电倍增管同时配合滤光片使用，使系统检测该波段的日盲紫外光信号。

测试环境：楼道内进行实验测试。

实验对象：恒压恒流模块输出电流为 10mA 时（图 7.44），由信号发生器分别驱动一颗 UVTOP255/260/265/270 日盲紫外 LED，发出脉冲信号，具体测试

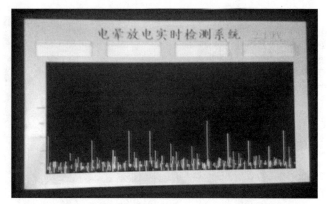

图 7.44 UVTOP265 距离光电倍增管距离 11m（电流 10mA）

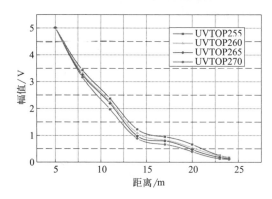

图 7.45 日盲紫外 LED 拟合曲线（电流 10mA）

结果如下。

控制 UVTOP 系列日盲紫外 LED 工作电流为 10mA 时，将测试所得幅值与距离的数据进行曲线拟合，拟合结果如图 7.45 所示。

从图 7.45 可以看到，随着探测距离变远，探测到的日盲波段紫外光信号的强度和幅值也随之减小。在日盲紫外 LED 实验中，系统在放大 50～100 倍的情况下，极限的检测距离约为 24m，这是由于紫外光信号在空气中是通过散射的方式传输的，因此信号衰减比较强烈。

实验对象：恒压恒流模块输出电流为 15mA 时（图 7.46），由信号发生器分

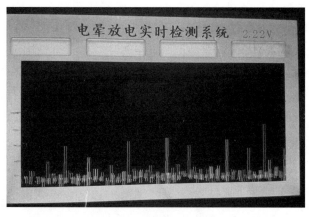

图 7.46 UVTOP265 距离光电倍增管距离 11m（电流 15mA）

别驱动一颗 UVTOP255/260/265/270 日盲紫外 LED，发出脉冲信号，具体测试结果如下。

控制 UVTOP 系列日盲紫外 LED 工作电流为 15mA 时，将测试所得幅值与距离的数据进行曲线拟合，拟合结果如图 7.47 所示。

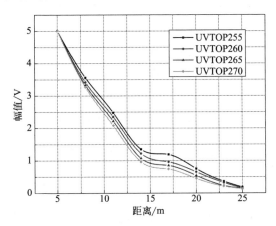

图 7.47 日盲紫外 LED 拟合曲线（电流 15mA）

从图 7.47 可以看到，随着探测距离变远，探测到的日盲波段紫外光信号的强度和幅值也随之减小。在日盲紫外 LED 实验中，系统在放大 50～100 倍的情况下，极限的检测距离约为 25m，这是由于紫外光信号在空气中是通过散射的方式传输的，因此信号衰减比较强烈。

另外，对比图 7.45 和图 7.47 中 UVTOP255/260/265/270 所拟合的曲线，可以发现，在相同距离条件下所测得的幅值大小为 UVTOP255＞UVTOP260＞UVTOP265＞UVTOP270，这是由于 R7154 的最大响应波长为 230nm，因此被检测的信号波长越接近 230nm，R7154 的响应越高，所测得的幅值也越大。同时，也可以看出，UVTOP255/260/265/270 四条拟合的曲线趋势基本一致，相差不大，符合预期的设想。

通过电火花实验和日盲紫外 LED 实验说明：系统对电晕放电产生的特征信号，如电火花和微弱的日盲波段紫外光信号，探测灵敏度很高，可以对这些特征信号进行有效探测，并且探测效果明显，达到预期的设计目标。

现实情况中，在输电电压高于 110kV 的高压输电线路上，发生电晕放电时放出的日盲波段紫外光和电火花的强度将远大于单颗日盲紫外 LED 和电弧焊的辐射强度，将更容易被本系统检测到，检测距离也将更远。

参 考 文 献

[1] 张东霞，姚良忠，马文媛. 中外智能电网发展战略［J］. 中国电机工程学报，2013，33

（31）：2-14.

［2］　余贻鑫，刘艳丽. 智能电网的挑战性问题［J］. 电力系统自动化，2015，39（2）：1-5.

［3］　余贻鑫. 智能电网实施的紧迫性和长期性［J］. 电力系统保护与控制，2019，47（17）：1-5.

［4］　Tian M，Cui M，Dong Z，et al. Multilevel Programming-Based Coordinated Cyber Phys-ical Attacks and Countermeasures in Smart Grid［J］. IEEE Access，2019：9836-9847.

［5］　Tarasenko V F，Baksht E K，Sosnin E A，et al. Characteristics of a Pulse-Periodic Co-rona Discharge in Atmospheric Air［J］. Plasma Physics Reports，2018，44（5）：520-532.

［6］　沈其工，方瑜，周泽存，等. 高电压技术［M］. 北京：中国电力出版社，2012：12-42.

［7］　Chang J S，Lawless P A，Yamamoto T. Corona discharge processes［J］. 1991，19（6）：1152-1166.

［8］　冯贺春. 架空线电晕放电的高频测量天线电磁仿真设计［D］. 成都：电子科技大学，2019：1-3.

［9］　梁钊，杨晔闻，叶彦杰. 电力变压器局部放电检测方法探讨［J］. 南方电网技术，2011（01）：91-95.

［10］　李军浩，韩旭涛，刘泽辉，等. 电气设备局部放电检测技术述评［J］. 高电压技术，2015（08）：116-134.

［11］　马立新. 紫外放电状态识别与故障预测方法［M］. 北京：中国电力出版社，2017：5-12.

［12］　王彦，梁大开，赵光兴，等. 基于ICCD的高压电晕放电紫外光谱检测［J］. 红外与激光工程，2013，42（9）：2431-2436.

［13］　房陈岩，李清灵，庾金涛，等. 室内高压电弧/电晕的紫外特性分析和测量研究［J］. 光谱学与光谱分析，2018，38（4）：1178-1183.

［14］　刘建卓，王学进，黄剑波，等. 三谱段电晕检测光学系统的设计［J］. 光学精密工程，2011，19（6）：1228-1234.

［15］　柳燕. 大气臭氧层、紫外辐射与人类健康［J］. 地球物理学进展，1998，13（3）：103-110.

［16］　柯熙政. 紫外光自组织网络理论［M］. 北京：科学出版社，2011：43-47.

［17］　Xu Z Y. Approximate Performance Analysis of Wireless Ultraviolet Links［C］. IEEE International Conference on Acoustics. IEEE，2007：577-580.

［18］　赵太飞，余叙叙，包鹤，等. 无线日盲紫外光测距定位方法［J］. 光学精密工程，2017，25（9）：2324-2332.

［19］　雷玉堂. 光电检测技术［M］. 北京：中国计量出版社，2009：61-68，283-300.

［20］　赵海霞. 基于TDOA和TOA的定位技术研究［D］. 西安：西安电子科技大学，2014：4-6.

［21］　冯永会，葛俊祥，李浩. 无线测向定位算法及实现系统［J］. 电子测量与仪器学报，2017，31（10）：1602-1607.

［22］　孙吉贵，刘杰，赵连宇. 聚类算法研究［J］. 软件学报，2008，19（1）：48-61.

［23］　赵丽. 全局K_均值聚类算法研究与改进［D］. 西安：西安电子科技大学，2013：14-16.

［24］　马立新. 紫外放电状态识别与故障预测方法［M］. 北京：中国电力出版社，2017：2-5.

［25］　Zhang Z，Zhang W，Zhang D，et al. Comparison of different characteristic parameters acquired by UV imager in detecting corona discharge［J］. IEEE Transactions on Dielec-trics & Electrical Insulation，2016，23（3）：1597-1604.

[26] 陈雁，叶建斌，谢剑翔. 紫外检测技术在电晕放电检测中的应用 [J]. 广东电力，2008，21 (9)：37-40.

[27] 黄成军，郁惟镛. 基于小波分解的自适应滤波算法在抑制局部放电窄带周期干扰中的应用 [J]. 中国电机工程学报，2003，23 (1)：107-111.

[28] 种俊龙. 电气设备紫外放电检测及其强度评估方法研究 [D]. 重庆：重庆大学，2016：40-41.

[29] 王胜辉，冯宏恩，律方成. 电晕放电紫外成像检测光子数的距离修正 [J]. 高电压技术，2015，41 (1)：194-201.

[30] Jang S R. ANFIS：adaptive-network-based fuzzy inference system [J]. IEEE Transactions on Systems，Man and Cybernetics，1993，23 (3)：665-685.

[31] 赵增华，石高涛，韩双立，等. 基于无线传感器网络的高压输电线路在线监测系统 [J]. 电力系统自动化，2009，33 (19)：80-84.

第**8**章
无线紫外光协作无人机

8.1 无线紫外光引导无人机定位方法

　　无人机是一种具有动力、由无线电遥控操作或依靠自身程序控制自主飞行的可携带多任务设备、执行多种任务的无人驾驶飞行器，其中无人直升机（UH）又具有垂直起降（Vertical Takeoff and Landing，VTOL）、空中悬停、低空贴地飞行等独特的优点。无人机在军用和民用领域都有极大的研究价值、不可估量的应用潜力以及不可替代的战略地位。近些年来，自主着陆引导工作始终是无人机研究的重点之一。在无人机低空飞行和着陆过程中，人为因素引起的无人机失事/故障占有很大的比例，因此无人机在低空飞行和着陆过程中，需要安全可靠的引导手段。在无人机协同作战和多任务协作中无人机编队的优势越来越明显，在无人机协同作战中，需要根据实时的任务分配来进行编队。因此，对无人机编队飞行安全问题的研究显得尤为必要，无人机在编队飞行过程中需要安全可靠的引导手段。

8.1.1 无线紫外光通信引导理论

　　在无人机低空飞行引导中，测距与定位是其中的关键技术，如何实现全天候的低空飞行引导，是亟待解决的问题。由于臭氧层对"日盲"波段（200～280nm）紫外光的吸收作用，使得"日盲"波段紫外光在近地面受到的背景干扰很小。紫外光在大气信道中进行传输时，散射作用较为剧烈，使得无线紫外光能够在非直视情况下通信，因此，无线"日盲"紫外光能够满足无人机低空飞行中全天候通信引导的需要。

　　采用无线紫外光通信技术作为无人机低空飞行中的安全引导具有以下优势：

　　① 抗干扰能力强。大气中的臭氧分子对太阳光中"日盲"波段（200～

280nm）紫外光有极强的吸收作用，低空空域此波段紫外光可以近似认为无背景干扰噪声，其他干扰源也很难实施远距离干扰。

② 全天候非直视散射通信。无线紫外光非直视散射通信无须跟踪瞄准系统，能够实现信息的可靠传输，保障无人机自主着陆和无人机编队飞行中的三维快速定位。

③ 便携式、隐秘通信能力强。微小型化的无线紫外光通信系统易于搭载到无人机平台上，无线紫外光源可窄波束、低功率发射，宽视场接收工作方式易于实现无人机群间的隐秘通信。

(1) 三维空间定位算法

常见的定位技术有：基于到达时间（Time of Arrival，TOA）的定位技术、基于到达时间差（Time Difference of Arrival，TDOA）的定位技术、基于信号到达角度（Angle-of-Arrival，AOA）的定位技术、基于接收信号强度指示（Received Signal Strength Indication，RSSI）的定位技术等，这些定位技术都是将其观测量，如 TOA、TDOA、AOA、RSSI 等转换为距离（存在误差时称为伪距），再根据具体的几何关系进行求解，所以都可以归为基于测距的定位机制。

① 四节点三维空间定位算法

以二维空间中的定位为例，采用三边测量法来进行定位。在二维空间中，如果确定了三个锚节点的位置坐标和未知节点到三个锚节点的距离，就可以确定未知节点的坐标[1]。

三边测量定位算法如图 8.1 所示，已知三个锚节点的坐标分别为 $A(x_1, y_1)$、$B(x_2, y_2)$、$C(x_3, y_3)$。未知节点到三个锚节点 A、B、C 的距离分别为 d_1、d_2、d_3，设未知节点坐标为 (x_m, y_m)，根据两点间距离公式，可得到式 (8.1)[1] 所示的方程组。

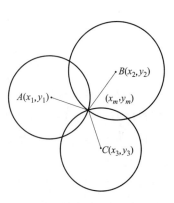

图 8.1 三边测量定位算法示意图

$$\begin{cases} d_1 = \sqrt{(x_m - x_1)^2 + (y_m - y_1)^2} \\ d_2 = \sqrt{(x_m - x_2)^2 + (y_m - y_2)^2} \\ d_3 = \sqrt{(x_m - x_3)^2 + (y_m - y_3)^2} \end{cases} \tag{8.1}$$

未知节点的坐标 (x_m, y_m) 为：

$$\begin{bmatrix} x_m \\ y_m \end{bmatrix} = \begin{bmatrix} 2(x_2 - x_1) & 2(y_2 - y_1) \\ 2(x_2 - x_3) & 2(y_2 - y_3) \end{bmatrix}^{-1} \begin{bmatrix} x_2^2 - x_1^2 + y_2^2 - y_1^2 + d_1^2 - d_2^2 \\ x_2^2 - x_3^2 + y_2^2 - y_3^2 + d_3^2 - d_2^2 \end{bmatrix} \tag{8.2}$$

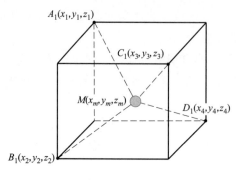

图 8.2　四节点三维空间定位示意图

同理，在三维空间定位中，只需要知道四个锚节点的坐标和未知节点到四个锚节点的距离信息，就能够求出未知节点的三维坐标。空间四节点三维空间定位算法示意图如图 8.2 所示[2]。

在图 8.2 中，已知四个锚节点的坐标分别为 A_1（x_1，y_1，z_1）、B_1（x_2，y_2，z_2）、C_1（x_3，y_3，z_3）、D_1（x_4，y_4，z_4）。未知节点 M 到四个锚节点 A_1、B_1、C_1、D_1 的距离分别为 d_1、d_2、d_3、d_4，设未知节点 M 的坐标为（x_m，y_m，z_m），则可以求得未知节点的坐标为：

$$
\begin{bmatrix} x_m \\ y_m \\ z_m \end{bmatrix} = \begin{bmatrix} 2(x_2-x_1) & 2(y_2-y_1) & 2(z_2-z_1) \\ 2(x_2-x_3) & 2(y_2-y_3) & 2(z_2-z_3) \\ 2(x_4-x_3) & 2(y_4-y_3) & 2(z_4-z_3) \end{bmatrix}^{-1}
$$

$$
\begin{bmatrix} x_2^2-x_1^2+y_2^2-y_1^2+z_2^2-z_1^2+d_1^2-d_2^2 \\ x_2^2-x_3^2+y_2^2-y_3^2+z_2^2-z_3^2+d_3^2-d_2^2 \\ x_4^2-x_3^2+y_4^2-y_3^2+z_4^2-z_3^2+d_3^2-d_4^2 \end{bmatrix} \tag{8.3}
$$

② 基于 AOA 的三维空间定位算法

将紫外 LED 组成半球形阵列结构，在半球形结构上将若干个 LED 按一定规则分布排列。每层每列均单独编号，每层为纬线，每列为经线，每条经线与其基准线有一个已知的固定夹角 α，每条纬线与其基准线有一个夹角 β，如图 8.3 所示。因此，位于纬线和经线交点的每一个 LED 均有一个独立的 ID 编号，此 ID 编号的前一位代表其经线号，后一位代表其纬线号，在每颗 LED 被点亮时，该 LED 即通过一定的编码方式发送包含有自身 ID 的信息。

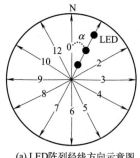

(a) LED阵列经线方向示意图

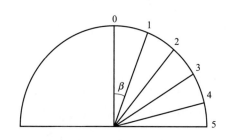

(b) LED阵列纬线方向示意图

图 8.3　无线紫外光半球形阵列结构

当无人机上挂载的接收端接收到 LED 所发送的紫外光信号时，即可以获得该 LED 编号，也就得到了两个角度 α 与 β，无人机与降落点的距离 r 可由式（8.4）求出，就能够得到无人机在以降落点为原点的直角坐标系中的三维位置坐标，如图 8.4 和图 8.5 所示。

$$r = f^{-1}(P_r) \tag{8.4}$$

式中，接收光功率 P_r 是关于自变量为传输距离 r 的函数。

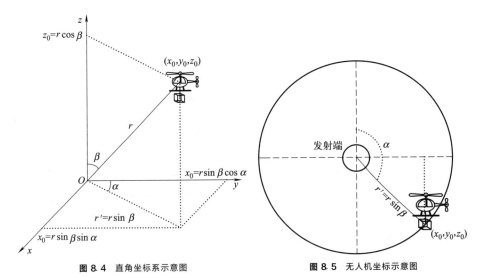

图 8.4　直角坐标系示意图　　　　图 8.5　无人机坐标示意图

无人机的位置与发射端的距离 r 在以发射端为原点的直角坐标系中的 xOy 平面内的投影为 $r' = r\sin\beta$，因此在 x 轴的投影为 $x = r\sin\beta\sin\alpha$，在 y 轴的投影为 $y = r\sin\beta\cos\alpha$，在 z 轴的投影为 $z = r\cos\beta$，这样就可以得到无人机的坐标 (x_0, y_0, z_0)。

因此，无人机相对于着陆点（0，0，0）的坐标为：

$$
\begin{aligned}
x_0 &= r\sin\beta\sin\alpha \\
y_0 &= r\sin\beta\cos\alpha \\
z_0 &= r\cos\beta
\end{aligned}
\tag{8.5}
$$

(2) 无线紫外光引导系统设计

① 无线紫外光源结构

无线紫外光通信光源结构如图 8.6 所示，将紫外 LED 组成半球形阵列结构，在半球形结构上将若干个 LED 按一定规则分布排列，实现空间中各个方向的信号发送。接收机在各个方向

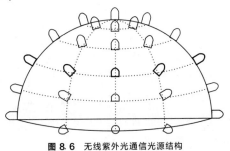

图 8.6　无线紫外光通信光源结构

都能够接收到较强的紫外光信号，从而实现可靠通信。

基于紫外光对空编码信标的无人机助降与飞行引导系统以近低空无人机助降与飞行引导为研究对象，以紫外光作为信号载体进行通信。利用半球形紫外LED阵列信标对它周围的空域进行编码，无人机挂载的接收设备在同一位置只能接收到一个行编码和一个列编码，通过该编码可以解算出无人机当前的位置。它适用于直升机/无人机自主着陆/着舰引导、无人机安全飞行引导等场景。

② 无线紫外光通信系统收发装置

无线紫外光通信系统的发射端如图 8.7 所示。

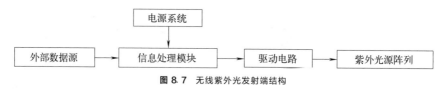

图 8.7 无线紫外光发射端结构

紫外光信号发射装置主要包括电源模块、信息处理模块、光源及驱动电路模块等。光源采用半球形 MIMO 结构，光源结构上安装有多个紫外 LED，用于实现各个方向的紫外光信号发送，从而实现通信覆盖的有效性，满足无人机低空助降引导和无人机编队间可靠通信的要求。

无线紫外光通信系统的接收端如图 8.8 所示。紫外光信号接收装置主要包括光电探测器模块、信息处理模块、电源系统等。光电探测器模块一般包括滤光片和光电倍增管（Photomultiplier Tube，PMT），滤光片的作用是滤除背景光的干扰，光电倍增管具有放大功能，能够实现光信号的有效接收。

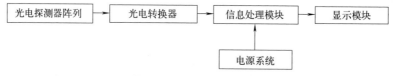

图 8.8 无线紫外光信号接收端

8.1.2　基于 RSSI 的无线紫外光测距算法

基于接收信号强度指示（Received Signal Strength Indicator，RSSI）的测距技术具有低成本和低复杂度等优点，被广泛应用于无线传感网络（Wireless Sensor Network，WSN）的定位技术中。在无人机低空飞行引导中，基于 RSSI 的无线紫外光测距方法可满足无人机自主着陆引导和编队飞行安全引导的需求。

(1) 无线紫外光 RSSI 测距算法

直视和非直视通信方式下的接收光功率 P_r 与通信距离 r 的关系如式（8.6）和式（8.11）所示，求其反函数就能够得到通信距离 r 与接收光功率 P_r 的关系，即可得到基于 RSSI 的无线紫外光测距方法。

① 直视通信方式下的 RSSI 测距算法

直视通信方式下无线紫外光通信链路的接收光功率的表达式[3] 为：

$$P_{r,LOS} = \frac{P_t A_r}{4\pi r^2} e^{-K_e r} \tag{8.6}$$

式（8.6）可变形为：

$$r^2 e^{K_e r} = \frac{P_t A_r}{4\pi P_{r,LOS}} \tag{8.7}$$

两边同时乘以 K_e^2，并对公式两边同时开根号，可得：

$$K_e r e^{\frac{1}{2}K_e r} = \sqrt{\frac{P_t A_r K_e^2}{4\pi P_{r,LOS}}} \tag{8.8}$$

将式（8.8）变形为函数 $f(w) = w\exp(w)$ 的形式，即：

$$\frac{1}{2}K_e r e^{\frac{1}{2}K_e r} = \frac{1}{2}\sqrt{\frac{P_t A_r K_e^2}{4\pi P_{r,LOS}}} \tag{8.9}$$

朗伯 W 函数（Lambert W Function），又称为"欧米茄函数"或"乘积对数函数（Product Log Function）"，是 $f(w) = w\exp(w)$ 的反函数，其中，$\exp(w)$ 是指数函数，w 是任意复数。根据朗伯 W lambertw 函数，可得直视情况下发射机到接收机之间的距离计算公式[2] 为：

$$r = \frac{2\text{lambertw}\left(\frac{1}{4}\sqrt{\frac{P_t A_r K_e^2}{\pi P_{r,LOS}}}\right)}{K_e} \tag{8.10}$$

由式（8.10）可知，在发射功率 P_t、大气消光系数 K_e 和接收孔径面积 A_r 等参数一定的情况下，只要测得接收端接收到的光功率 $P_{r,LOS}$，就能求出直视通信方式下发射机与接收机之间的距离 r。

② 非直视通信方式下的 RSSI 测距算法

非直视通信方式下无线紫外光通信链路的接收光功率的表达式为：

$$P_{r,NLOS} = \frac{P_t A_r K_s P_s \phi_2 \phi_1^2 \sin(\theta_1+\theta_2)}{32\pi^3 r\sin\theta_1\left(1-\cos\frac{\phi_1}{2}\right)} e^{-\frac{K_e r(\sin\theta_1+\sin\theta_2)}{\sin(\theta_1+\theta_2)}} \tag{8.11}$$

对式（8.11）进行变量代换，代换关系为：

$$\begin{cases} a = \dfrac{P_t A_r K_s P_s \phi_2 \phi_1^2 \sin(\theta_1+\theta_2)}{32\pi^3 \sin\theta_1\left(1-\cos\dfrac{\phi_1}{2}\right)} \\[4mm] z = \dfrac{K_e(\sin\theta_1+\sin\theta_2)}{\sin(\theta_1+\theta_2)} \end{cases} \tag{8.12}$$

将式（8.12）代入式（8.11）得：

$$P_r = \frac{a}{r}e^{-zr} \tag{8.13}$$

将式（8.13）变形为函数 $f(w) = w\exp(w)$ 的形式，即：

$$zre^{zr} = \frac{az}{P_r} \tag{8.14}$$

根据朗伯 W 函数，可得：

$$r = \frac{\text{lambertw}\left(\dfrac{az}{P_r}\right)}{z} \tag{8.15}$$

将式（8.12）中 a、z 的值代入式（8.15）可得非直视情况下发射机到接收机之间的距离[2]：

$$r = \frac{\text{lambertw}\left(\dfrac{P_t A_r K_s P_s \phi_2 \phi_1^2 K_e (\sin\theta_1 + \sin\theta_2)}{P_{r,\text{NLOS}} 32\pi^3 \sin\theta_1 \left(1 - \cos\dfrac{\phi_1}{2}\right)}\right)}{\dfrac{K_e(\sin\theta_1 + \sin\theta_2)}{\sin(\theta_1 + \theta_2)}} \tag{8.16}$$

由式（8.16）可知，在发射功率 P_t、接收机孔径面积 A_r、散射相函数 P_s、散射系数 K_s、大气消光系数 K_e、发射光束孔径角 ϕ_1、接收视场角 ϕ_2 等参数一定的情况下，只要测得接收端接收到的光功率 $P_{r,\text{NLOS}}$，就能求出非直视通信方式下发射机与接收机之间的距离 r。

③ 紫外光测距主要参数的计算方法

a. 消光系数的计算。

使用一个常用的模型来估算紫外光的大气 Mie 散射系数 K_{sM}，其表达式[4,5]为：

$$K_{sM} = \frac{3.91}{R_v} \times \left(\frac{\lambda_0}{\lambda}\right)^q \tag{8.17}$$

式中，R_v 表示能见度，km；λ 的单位是 nm；$\lambda_0 = 550\text{nm}$；q 为修正因子，不同气象学距离对应的修正因子见表 8.1。

▢ 表 8.1　不同气象学距离对应的修正因子 q

能见度 R_v	能见度等级	气象条件	q
$R_v > 50\text{km}$	9	非常晴朗	1.6
$6\text{km} < R_v \leqslant 50\text{km}$	6～8	晴朗	1.3
$1\text{km} < R_v \leqslant 6\text{km}$	4～6	霜	$0.16R_v + 0.34$
$500\text{m} < R_v \leqslant 1\text{km}$	3	薄雾	$R_v - 0.5$
$R_v \leqslant 500\text{m}$	<3	大雾	0

使用 Rayleigh 散射的经典计算公式来估计散射系数 K_{sR}，表达式[4] 为：

$$K_{sR} = 2.677 \times 10^{-17} \frac{P\gamma^4}{T} \tag{8.18}$$

式中，P 为大气压强；T 为热力学温度；γ 为波数，cm^{-1}，$\gamma = 2\pi/\lambda$。

大气信道对"日盲"紫外光总的散射作用是 Mie 散射作用和 Rayleigh 散射作用之和，即散射系数为：

$$K_s = K_{sM} + K_{sR} \tag{8.19}$$

消光系数 K_e 为大气吸收系数 K_a 和大气散射系数 K_s 之和，$K_e = K_a + K_s$。

b. 接收光功率的计算。

在进行基于 RSSI 的测距实验时，可使用"日盲"波段紫外激光器或紫外 LED 作为信号发射源，采用光电倍增管（PMT）作为光信号接收器件，通过测量 PMT 输出端电流的大小可以得到接收光功率的大小。PMT 输出信号为电流，输出电流表达式[6] 为：

$$I = \frac{N_r \eta_d \eta_f Ge}{t} \tag{8.20}$$

式中，N_r 为接收端接收到的光子数；η_d 为 PMT 的光电转换效率；η_f 为紫外滤光片的光透过率；G 为 PMT 的增益；e 为单个电子所带的电荷量（$e = 1.60 \times 10^{-19}C$）；$t$ 为时间。由式（8.20）可得入射光子的数量[6] 为：

$$N_r = \frac{It}{\eta_d \eta_f Ge} \tag{8.21}$$

单个光子的能量 $E = h\nu$，h 为普朗克常量（$h = 6.62 \times 10^{-34}Js$），$\nu$ 为频率（$\nu = \frac{c}{\lambda}$）。则接收光功率可表示为[6]：

$$P_r = \frac{EN_r}{t} = \frac{EI}{\eta_d \eta_f Ge} \tag{8.22}$$

由式（8.22）可知，只要测得 PMT 输出端电流就能计算出接收光功率。实验时，在输出端串联一个精密电阻 R，电流 I 可通过测量接收端电阻两端的电压 U 间接得到，则接收端输出电流为 $I = U/R$。

c. 测距误差的计算。

基于 RSSI（Received Signal Strength Indication）的无线紫外光测距算法主要是通过测量接收端接收信号的强度来进行测距。为了对无线紫外光测距算法的准确性进行评价，需要对它的测距误差进行定义，对于无线紫外光测距算法，测距误差可定义为距离测值与被测距离真值之差，假设距离实验测值为 d_{mea}，被测距离真值为 d_r，测距结果的绝对误差为 d_{err}，则有：

$$d_{err} - |d_{mea} - d_r| \qquad (8.23)$$

测距误差能够准确反映测距精度的高低，从而可以通过测距误差来判断测距结果的有效性。

(2) 无线紫外光测距硬件平台

基于 RSSI 的无线紫外光测距系统平台如图 8.9 所示[7]。

硬件平台选用的主要器件包括 R7154 型 PMT 光电倍增管和 UV-TOP 系列 LED。

本节采用单颗 LED 进行实验，LED 功耗为 150mW，输出光功率为 0.3mW，UVTOP255 型 LED 具体参数见表 8.2。

图 8.9　无线紫外光测距系统[7]

▣ 表 8.2　UVTOP255 型 LED 主要参数

参数	值	参数	值
峰值波长	255nm	最小光功率	0.18mW
典型光功率	0.30mW	镜头类型	HS
功耗	150mW	典型排放模式	6°

(3) RSSI 测距实验结果及分析

使用峰值波长为 255nm 的"日盲"紫外 LED 及 PMT（光电倍增管）作为收发器件，进行无线紫外光测距实验，测距信号采用 10kHz 的方波信号。分别在晴朗天气、雾霾天气（PM2.5 浓度 $454\mu g/m^3$）和重雾霾天气（PM2.5 浓度为 $500\mu g/m^3$）条件下进行无线紫外光 RSSI 测距实验，三种天气条件下的能见度分别为 5km、3km、2.5km，实验地点为室外空旷场地。在进行测距实验过程中，接收端没有加滤光片，实验时间选取在夜晚，以降低背景噪声干扰。当环境温度变化时，LED 的输出光功率特性和 PMT 的光电特性会有相应的变化，这些特性的变化规律可以通过器件的特性曲线得到。

晴朗天气和雾霾天气条件下的大气消光系数 K_e、大气吸收系数 K_a、Mie 散射系数 K_{sM} 和 Rayleigh 散射系数 K_{sR} 等参数的选取如表 8.3 所示。

▣ 表 8.3　实验参数设置

实验日期	实验温度 /℃	实验条件	PM2.5 /(μg/m³)	K_a/km^{-1}	K_{sM}/km^{-1}	K_{sR}/km^{-1}	K_e/km^{-1}
2017/01/11	2	晴朗天气	69	0.74	0.36	0.33	1.43

实验日期	实验温度/℃	实验条件	PM2.5/(μg/m³)	K_a/km⁻¹	K_{sM}/km⁻¹	K_{sR}/km⁻¹	K_e/km⁻¹
2017/01/03	4	雾霾天气	454	0.74	0.68	0.33	1.75
2017/01/04	3	重雾霾天气	500	0.74	0.85	0.33	1.92

在进行无线紫外光测距实验时，当输出端输出的电压幅值小于判决阈值时，接收端接收到的信号很微弱，几乎淹没在背景噪声中。为了保证测距结果的准确性，在进行实验结果处理时去除了输出电压幅值小于判决门限值的结果。

① LOS 通信方式下的测距结果

分别在晴朗天气和重雾霾天气（PM2.5 浓度为 $500\mu g/m^3$）条件下进行直视通信方式下的无线紫外光 RSSI 测距实验。

表 8.4 是直视通信方式下不同天气情况的无线紫外光测距实验误差。由测距误差结果可以看出，在直视通信方式下，无线紫外光 RSSI 测距算法的误差较小，在晴朗天气条件下，有效测距范围为 0～100m，在重雾霾天气（PM2.5 浓度为 $500\mu g/m^3$）条件下，有效测距范围为 0～100m，在直视通信方式下，测距精度小于 7m，精度较高。

⊡ 表 8.4 直视情况下不同天气测距误差

距离真值/m	晴朗天气测距误差/m	重雾霾天气测距误差/m
10	6.41	2.24
20	0.91	6.34
30	6.02	1.83
40	1.21	1.81
50	2.95	4.12
60	7.30	5.01
70	0.27	1.62
80	1.56	1.98
90	4.27	2.69
100	7.194	5.18

从表 8.4 和图 8.10 中的结果可知，在直视通信时，当通信距离为 0～100m 时，无线紫外光 RSSI 测距算法误差较小（小于 7m），测距精度较高，可应用于无人机助降引导和无人机编队网络中的节点定位。

图 8.11 是直视通信方式不同天气条件下的无线紫外光测距实验的路径损耗。由图中的曲线趋势可以看出，路径损耗随着通信距离的增大而增大。在重雾霾天气条件下，路径损耗相较于晴朗天气较大，可能是由于在雾霾天气条件下，气溶胶粒子浓度较大，多径散射作用使得紫外光信号能量产生剧烈衰减。

② NLOS 通信方式下的测距结果

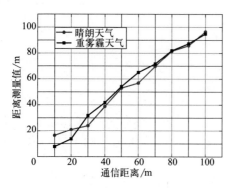

图 8.10 直视情况下不同天气测距结果

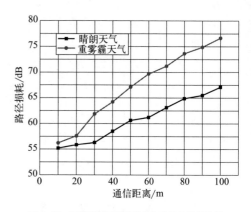

图 8.11 直视情况下无线紫外光传输的路径损耗

分别在晴朗天气、雾霾天气（PM2.5 浓度为 $454\mu g/m^3$）和重雾霾天气（PM2.5 浓度为 $500\mu g/m^3$）条件下进行非直视通信方式下的无线紫外光测距实验。

▢ 表 8.5　晴朗天气测距误差

单位：m

距离真值/m	仰角		
	$\theta_2 = 10°$	$\theta_2 = 20°$	$\theta_2 = 30°$
10	0.63	0.24	0.29
20	0.45	0.71	1.53
30	7.178	0.60	
40	1.17	1.50	
50	2.88		
60	7.174		

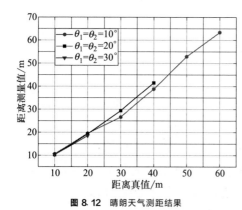

图 8.12　晴朗天气测距结果

表 8.5 是非直视通信方式晴朗天气条件下的无线紫外光测距实验误差结果。由表 8.5 中的结果可以看出，在非直视通信方式下，无线紫外光 RSSI 测距算法的误差较小（小于 5m），有效测距范围为 $0\sim60m$，测距误差均小于 5m。相比于直视通信方式，在保证一定测距精度的前提下，非直视通信方式下的有效测距范围明显降低，这是由于在非直视通信方式下，紫外光信号衰减较为剧烈，通信距离受到限制。

图 8.12 是非直视通信方式晴朗天气条件下的无线紫外光测距实验结果。由

图 8.12 可以看出，在发射仰角 θ_1 和接收仰角 θ_2 均为 10°时，有效测距范围为 0～60m；在发射仰角 θ_1 和接收仰角 θ_2 均为 20°时，有效测距范围降低到 0～40m；在发射仰角 θ_1 和接收仰角 θ_2 均为 30°时，有效测距范围降低到 0～20m。这是因为在非直视通信方式下，无线紫外光信号能量衰减更为剧烈，使得非直视通信方式时的有效测距范围明显降低。由实验结果可知，较低的发射仰角和接收仰角能够保证较远测距范围的需要，在实际的工程应用中，可根据需要选择合适的收发仰角。

图 8.13 是非直视通信方式晴朗天气条件下的无线紫外光测距实验的路径损耗。由图 8.13 可以看出，随着通信距离的增大，路径损耗增大，在收发仰角（$\theta_1=\theta_2$）从 10°增加到 30°的过程中，收发仰角每增加 10°，相同通信距离下的路径损耗增加 4dB 左右。

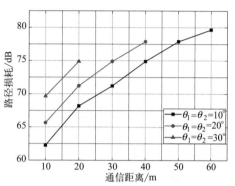

图 8.13 晴朗天气条件下的路径损耗

表 8.6 是非直视通信方式雾霾天气（PM2.5 浓度为 $454\mu g/m^3$）条件下的无线紫外光测距实验误差结果。由表 8.6 中的结果可以看出，在非直视通信方式下，无线紫外光 RSSI 测距算法的误差较小，有效测距范围为 0～60m。相比于直视通信方式，非直视通信方式下的有效测距范围明显降低，这是由于在非直视通信方式下，紫外光信号衰减较为剧烈，通信距离受到限制。

▱ 表 8.6　雾霾天气测距误差　　　　　　　　　　　　　　　　　　　　单位：m

距离真值/m	仰角		
	$\theta_1 = 10°$ $\theta_2 = 10°$	$\theta_1 = 20°$ $\theta_2 = 20°$	$\theta_1 = 30°$ $\theta_2 = 30°$
10	0.33	0.02	0.2
20	0.46	0.27	1.0
30	2.14	1.17	
40	2.06	1.01	
50	1.32		
60	6.29		

图 8.14 是非直视通信方式雾霾天气（PM2.5 浓度为 $454\mu g/m^3$）条件下的无线紫外光测距实验结果。由图 8.14 可以看出，在发射仰角 θ_1 和接收仰角 θ_2 均为 10°时，有效测距范围为 0～60m；在发射仰角 θ_1 和接收仰角 θ_2 均为 20°时，有效测距范围降低到 0～40m；在发射仰角 θ_1 和接收仰角 θ_2 均为 30°时，有效测

距范围降低到0～20m。这是因为在非直视通信方式下，无线紫外光信号能量衰减更为剧烈，使得非直视通信方式下的有效测距范围明显降低。由实验结果可知，较低的发射仰角和接收仰角能够保证较远测距范围的需要，在实际的工程应用中，可根据需求选择合适的收发仰角。

图8.15是非直视通信方式雾霾天气（PM2.5浓度为$454\mu g/m^3$）条件下的无线紫外光测距实验的路径损耗。由图8.15可以看出，随着通信距离的增大，路径损耗增大，在收发仰角（$\theta_1=\theta_2$）从10°增加到30°的过程中，通信距离相同时，收发仰角越大，路径损耗越大，收发仰角每增加10°，相同通信距离下的路径损耗增加4dB左右。

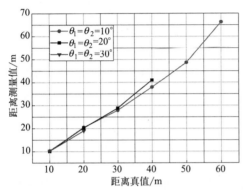

图8.14 雾霾天气测距结果　　　　图8.15 雾霾天气无线紫外光传输的路径损耗

表8.7是非直视通信方式重雾霾天气（PM2.5浓度为$500\mu g/m^3$）条件下的无线紫外光测距实验误差结果。由表8.7中的结果可以看出，在非直视通信方式下，无线紫外光RSSI测距算法的误差较小，有效测距范围为0～60m。相比于直视通信方式，在保证一定测距精度的前提下，非直视通信方式下的有效测距范围明显降低，这是由于在非直视通信方式下，紫外光信号衰减较为剧烈，通信距离受到限制。

⊡ 表8.7　重雾霾天气测距误差　　　　　　　　　　　　　　　　　　单位：m

距离真值/m	仰角		
	$\theta_1 = 10°$ $\theta_2 = 10°$	$\theta_1 = 20°$ $\theta_2 = 20°$	$\theta_1 = 30°$ $\theta_2 = 30°$
10	0.29	0.24	0.09
20	0.18	0.71	0.53
30	0.98	0.60	
40	0.35	1.50	
50	2.41		
60	5.02		

图 8.16 是非直视通信方式重雾霾天气（PM2.5 浓度为 $500 \mu g/m^3$）条件下的无线紫外光测距实验结果。由图 8.16 可以看出，在发射仰角 θ_1 和接收仰角 θ_2 均为 10°时，有效测距范围为 0～60m；在发射仰角 θ_1 和接收仰角 θ_2 均为 20°时，有效测距范围降低到 0～40m；在发射仰角 θ_1 和接收仰角 θ_2 均为 30°时，有效测距范围降低到 0～20m。这是因为在非直视通信方式下，无线紫外光信号能量衰减更为剧烈，使得非直视通信方式下的有效测距范围明显降低。由实验结果可知，较低的发射仰角和接收仰角能够保证较远测距范围的需要，在实际的工程应用中，可根据需求选择合适的收发仰角。

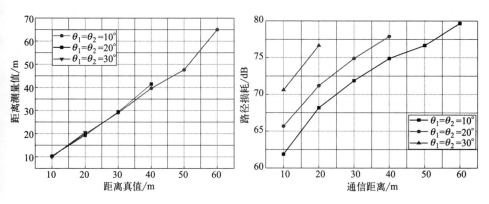

图 8.16　重雾霾天气测距结果　　　图 8.17　非直视场景重雾霾天气无线紫外光测距实验的路径损耗

图 8.17 是非直视通信方式重雾霾天气（PM2.5 浓度为 $500 \mu g/m^3$）条件下的无线紫外光测距实验的路径损耗。由图 8.17 可以看出，随着通信距离的增大，路径损耗增大，在收发仰角（$\theta_1 = \theta_2$）从 10°增加到 30°的过程中，通信距离相同时，收发仰角越大，路径损耗越大。

在无线紫外光测距实验中，无论是直视通信场景还是非直视通信场景都能够满足较低的测距误差。在直视通信场景中有效测距范围较大，为 0～100m；在非直视通信场景中，虽然也能够满足较低的测距误差，但是有效测距范围明显降低，在发送仰角和接收仰角较低（$\theta_1 = \theta_2 = 10°$）时，有效测距范围为 0～60m。总的来说，无线紫外光 RSSI 测距方法具有较高的测距精度，对于无人机自主着陆引导和无线紫外光 mesh 网络中的节点定位具有重要的意义。随着光学器件的发展，能够有效提高测距精度。

8.1.3　无线紫外光定位引导方法分析

（1）无人机自主着陆引导策略

为保证无人机安全稳定着陆，制定着陆策略是十分必要的，合理的着陆策略为无人机完成自主着陆提供了必要的保障。

① 无人机自主着陆引导

无人机着陆分为进场飞行、下滑飞行、降落等几个阶段。进场飞行是指无人机对准航路，进入下滑飞行的准备阶段，进场飞行之前无人机离开任务飞行阶段，降低高度并进入预定的起始下滑高度后转入平飞，待姿态、高度和速度稳定后便可以进行下滑轨迹捕获，进行下滑飞行。

无人机自主着陆引导示意图如图 8.18 所示。在无人机进入进场飞行阶段，机上无线紫外光接收设备启动并工作，搜索着陆场中的紫外合作目标，当捕获目标后，转入目标跟踪模式，测定目标方向和距离，同时不断解算跟踪误差，引导无人机飞向着陆点；在无人机距离着陆点距离足够近时，紫外通信链路建立，此时机载设备能够接收到无线紫外光信标发送的信息；利用基于 RSSI 的无线紫外光测距定位算法求解出距离、方位等着陆信息。着陆场上的紫外光发射机发射着陆场的姿态信息，机上紫外接收机接收到信息后传递给处理控制器进行解调等处理，机上处理控制器将着陆信息与无人机的速度、高度和姿态等信息融合，生成控制命令引导无人机降落。

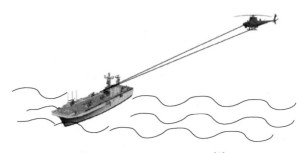

图 8.18　无人机自主着陆示意图 [8]

无人机自主着陆引导过程可以分为三个阶段：搜索、捕获、跟踪。当无人机收到进场命令后，紫外接收机搜索目标；当机载紫外接收机捕获到目标后，确定目标的方向，同时根据接收到的信号强度进行距离的估算，转入到目标跟踪模式，不断地解算方位误差，将误差信息传送至飞行控制器，机上飞行控制器根据惯性测量单元和紫外接收机提供的误差信息，修正无人机的飞行方向；当无人机飞临着陆点上空后，利用基于 AOA 的三维空间定位算法，求解出无人机相对于着陆点的姿态和位置。

无人机在降落过程中，将自己的速度和姿态等信息发送给舰载接收机，舰载无线紫外光发射机将甲板的位置及姿态等信息发送给无人机。无人机就能够在降落阶段不断调整自己的速度、姿态等参数，安全稳定地降落在着陆点。

最简单的着陆引导只需要考虑当前无人机所在点和目标点的信息。无人机在低空中飞行时，无人机当前点位置和目标点位置的连线指定了无人机飞行的航向，即目标航向，如果要使无人机朝向目标点位置飞行，必须引导无人机转弯，使无人机航向与目标航向一致。无人机当前航向与目标航向示意图如图 8.19 所示。无人机的航向角定义如图 8.20 所示，图中以正北方向作为基准方向。

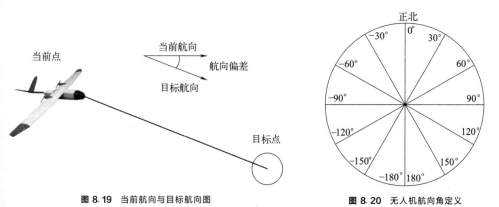

图 8.19 当前航向与目标航向图　　　　　　图 8.20 无人机航向角定义

记无人机相对于引导装置的相对经度为 C_{longi}，相对维度为 C_{latti}，单位为 (°)，引导装置的相对经度为 T_{longi}，相对维度为 T_{latti}，由平面几何的知识，计算反正切 $\arctan[(C_{longi}-T_{longi})/(C_{latti}-T_{latti})]$，就可以得到目标航向。目标航向的计算方法如图 8.21 所示。

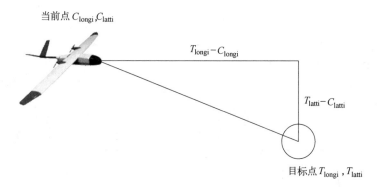

图 8.21 目标航向计算方法

得到了航向角偏差后，即为当前航向与目标航向的偏差角，当不需要压航线进行控制的时候，如临时改变航点时，就可以用航向角偏差作为 PID 控制的误差输入量，去计算应该给出的方向舵控制量（方向舵转弯时）或横滚坡度量（副翼转弯时）。无人机相对于着陆点的距离可以由式（8.25）求解出来，再结合航向角偏差，在降落过程中不断修正误差，就能够实现无人机降落过程中的精确引导。图 8.22 为无线紫外信标引导无人机自主着陆示意图。

② 有高度差的紫外光通信链路模型

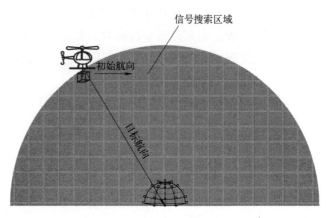

图 8.22　基于无线紫外信标的无人机自主着陆引导

在使用无线紫外光信标引导无人机自主着陆时，由于发送端和接收端不在同一水平面上，存在一定的高度差，因此，需要对现有的无线紫外光单次散射链路模型进行改变。无人机自主着陆引导时含高度差的紫外光非直视单次散射链路模型如图 8.23 所示。

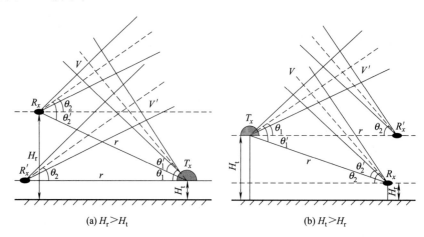

(a) $H_r > H_t$　　　　　　　　　　　　　(b) $H_t > H_r$

图 8.23　有高度差的紫外光非直视单次散射链路模型[9]

图 8.23（a）中，接收机 R_x 的高度为 H_r，发射机 T_x 的高度为 H_t，发射机仰角为 θ_1，接收机仰角为 θ_2，两者相距 r。此时，若利用式（8.11）来直接估算接收机 R_x 上的功率，由于发射机 T_x 和接收机 R_x 没有处在同一水平高度，它们之间的连线与水平面不平行，此时的发射仰角 θ_1 与接收仰角 θ_2 已经发生了变化，如图 8.23（a）所示，它们分别变成了 θ_1' 和 θ_2'。因此，接收功率的计算结果不属于 R_x，而是属于位于以 T_x 为圆心，r 为半径并与 T_x 等高的圆上一点，即图 8.23（a）中的 R_x'，称此时的接收光功率为 P_r'。R_x 的接收功率 P_r 中含有

的参数应与发射机 T_x 和接收机 R_x 之间的连线所在的平面为参考平面，发射仰角由 θ_1 减小到 θ_1'，变化量记为 $\Delta\theta_1$，接收仰角由 θ_2 增加到 θ_2'，变化量记为 $\Delta\theta_2$，则有 $\Delta\theta_1 = \Delta\theta_2$，发射端发散角与接收端视场角等其他参数保持不变。

如图 8.23（b）所示，发射机的高度 H_t 高于接收机的高度 H_r，发射仰角 θ_1 与接收仰角 θ_2 分别变成了 θ_1' 和 θ_2'。R_x 的接收功率 P_r 中含有的参数应与发射机 T_x 和接收机 R_x 之间的连线所在的平面为参考平面，发射仰角由 θ_1 增大到 θ_1'，变化量记为 $\Delta\theta_1$，接收仰角由 θ_2 减小到 θ_2'，变化量记为 $\Delta\theta_2$，则有 $\Delta\theta_1 = \Delta\theta_2$，发射端发散角与接收端视场角等其他参数保持不变。对比图 8.23（a）和图 8.23（b）可以看出，在有高度差的紫外光非直视单次散射链路模型中，无论是 $H_r > H_t$，还是 $H_t > H_r$，紫外光非直视单次散射链路的收发仰角都具有相同的形式。含高度差的紫外光非直视单次散射链路模型的角度关系[9] 为：

$$
\begin{cases}
\Delta\theta_1 = \arcsin \dfrac{H_t - H_r}{r} \\[2mm]
\Delta\theta_2 = \Delta\theta_1 \\[2mm]
\theta_1' = \theta_1 + \Delta\theta_1 = \theta + \arcsin \dfrac{H_t - H_r}{r} \\[2mm]
\theta_2' = \theta_2 - \Delta\theta_2 = \theta - \arcsin \dfrac{H_t - H_r}{r}
\end{cases}
\tag{8.24}
$$

对于 $H_r > H_t$ 和 $H_t > H_r$ 两种通信方式，发送仰角和接收仰角都满足式（8.24）中的角度关系。将式（8.24）代入式（8.11），可以得到有高度差的紫外光非直视单次散射链路的接收功率表达式，定义为：

$$
P_r' = \frac{P_t A_r K_s P_s \phi_2 \phi_1^2 \sin(\theta_1' + \theta_2')}{32\pi^3 r \sin\theta_1' \left(1 - \cos\dfrac{\phi_1}{2}\right)} e^{-\frac{K_e r(\sin\theta_1' + \sin\theta_2')}{\sin(\theta_1' + \theta_2')}}
\tag{8.25}
$$

由式（8.25）可得修正后的发射端与接收端的距离表达式为：

$$
r' = \frac{\mathrm{lambertw}\left(\dfrac{P_t A_r K_s P_s \phi_2 \phi_1^2 K_e (\sin\theta_1' + \sin\theta_2')}{P_r' 32\pi^3 \sin\theta_1' \left(1 - \cos\dfrac{\phi_1}{2}\right)}\right)}{\dfrac{K_e (\sin\theta_1' + \sin\theta_2')}{\sin(\theta_1' + \theta_2')}}
\tag{8.26}
$$

③ 有高度差的紫外光单次散射链路仿真

假定采用波长为 255nm 的"日盲"紫外光作为无人机自主着陆时的引导信号，对于接收端高于发射端的情况，在一定高度（$H_r = 0.1\mathrm{km}$，$H_t = 0\mathrm{km}$）情况下得到修正之后的接收光功率 P_r'，并与利用式（8.22）得到的 P_r 进行对比，结果如图 8.24 和图 8.25 所示。其他参数设定如下：散射系数 $K_s = K_{sM} + K_{sR} =$

$0.25+0.24=0.49\mathrm{km}^{-1}$，吸收系数 $K_\mathrm{a}=0.74\mathrm{km}^{-1}$，消光系数 $K_\mathrm{e}=K_\mathrm{a}+K_\mathrm{s}=$ $1.23\mathrm{km}^{-1}$。单颗 LED 发射功率 P_t 为 $0.3\mathrm{mW}$、接收孔径面积 $A_\mathrm{r}=1.92\mathrm{cm}^2$，发射端发散角 $\phi_1=6°$，接收视场角 $\phi_2=30°$，$r=0.2\mathrm{km}$。采用端窗型光电倍增管作为接收器件。

对比图 8.24 和图 8.25，当接收端高度高于发射端高度时（$H_\mathrm{r}=0.1\mathrm{km}$，$H_\mathrm{t}=0\mathrm{km}$），修正前算法［式（8.11）］与修正后算法［式（8.26）］存在明显的差异。当发射仰角固定在较大的角度时，发射仰角在从小变大的过程中，P_r 和 P_r' 之间的差异逐渐减小，这是由于当发射仰角 θ_1 和接收仰角 θ_2 都比较大时，变化量 $\Delta\theta_1$ 和 $\Delta\theta_2$ 对 θ_1 和 θ_2 的影响较小，因此总的接收功率变化不大。一般情况下，P_r' 大于 P_r，因此，在使用无线紫外光设备进行组网或引导无人机自主着陆时，应保证发射端和接收端的高度差尽量小，在通信时尽量使接收仰角较低，并适当增大发射仰角，以保证较高的接收功率。

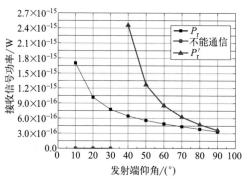

图 8.24 θ_2 固定为 $30°$ 时接收光功率比较图   图 8.25 θ_1 固定为 $60°$ 时接收光功率比较图

由图 8.24 可以看出，当 $H_\mathrm{r}>H_\mathrm{t}$ 时，$\theta_1-\Delta\theta_1<0$ 时，收发端在空中不存在公共散射体，所以无法通信。因此，在实际的应用中，应当根据发射机和接收机的高度信息，来确定合适的收发仰角，以避开无法形成公共散射体的仰角，从而保障通信的可靠性。

对于发射端高于接收端的情况，在一定高度（$H_\mathrm{t}=0.1\mathrm{km}$，$H_\mathrm{r}=0\mathrm{km}$）情况下得到修正之后的接收光功率 P_r'，并与利用式（8.11）得到的 P_r 进行对比，结果如图 8.26 和图 8.27 所示。其他参数设定如下：散射系数 $K_\mathrm{s}=K_\mathrm{sM}+K_\mathrm{sR}=0.25+0.24=0.49\mathrm{km}^{-1}$，吸收系数 $K_\mathrm{a}=0.74\mathrm{km}^{-1}$，消光系数 $K_\mathrm{e}=K_\mathrm{a}+K_\mathrm{s}=1.23\mathrm{km}^{-1}$。单颗 LED 发射功率 P_t 为 $0.3\mathrm{mW}$、接收孔径面积 $A_\mathrm{r}=1.92\mathrm{cm}^2$，发射端发散角 $\phi_1=6°$，接收视场角 $\phi_2=30°$，$r=0.2\mathrm{km}$。采用端窗型光电倍增管作为接收器件。

对比图 8.26 和图 8.27，当发射端高度高于接收端高度时（$H_t = 0.1\text{km}$，$H_r = 0\text{km}$），修正前算法［式（8.11）］与修正后算法［式（8.26）］存在明显的差异，当接收仰角固定在较大的角度时，发射仰角在从小变大的过程中，P_r 和 P_r' 之间的差异逐渐减小，这是由于当发射仰角 θ_1 和接收仰角 θ_2 都比较大时，变化量 $\Delta\theta_1$ 和 $\Delta\theta_2$ 对 θ_1 和 θ_2 的影响较小，因此总的接收功率变化不大。一般情况下，P_r 大于 P_r'，因此，在使用无线紫外光设备进行组网或引导无人机自主着陆时，应保证发射端和接收端的高度差尽量小，在通信时尽量使发射仰角较低，并适当增大接收仰角，以保证较高的接收功率。

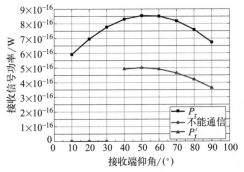

图 8.26　θ_1 固定为 30° 时接收光功率比较图　　图 8.27　θ_2 固定为 60° 时接收光功率比较图

由图 8.26 可以看出，当 $H_t > H_r$ 时，$\theta_2 - \Delta\theta_2 < 0$ 时，收发端在空中不存在公共散射体，所以无法通信。因此，在实际的应用中，应当根据发射机和接收机的高度信息，来确定合适的收发仰角，以避开无法形成公共散射体的仰角，从而保障通信的可靠性。

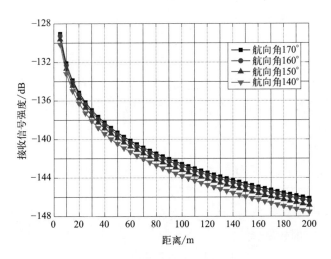

图 8.28　不同航向角降落时的接收信号强度

无线紫外光信标引导无人机以不同航向角降落时接收光功率与目标点距离的关系如图 8.28 所示。由图 8.28 可以看出，无人机沿不同航向角降落，当无人机距离着陆点距离较远时，接收信号强度较小，随着无人机不断地接近着陆点，机载无线紫外光接收机接收到的信号强度不断增大。采用基于 RSSI 的无线紫外光测距算法，就能够计算出无人机相对于着陆点的距离，结合无人机接收到无线紫外光信标发送的相对经度信息 C_{longi} 和相对维度信息 C_{latti}，就能够求解出无人机在着陆过程中的实时位置坐标，从而实现无人机自主着陆引导。

(2) 无人机编队中节点定位

无人机不仅在情报侦察、军事打击、信息对抗等军用领域大显身手，在航拍、航测、电力线巡检、森林防火、海洋监测、农业植保等民用领域的应用也日益广泛。多无人机协同编队飞行（Coordinated Formation Flight，CFF）即多架无人机为适应任务要求而进行某种队形排列和任务分配的组织模式，其相对单无人机在复杂环境适应性、载荷量、探测视野以及多任务执行等方面呈现出巨大优势。在一个无人机编队通信网络中，网络节点处于运动状态，因此，需要对网络中的各个节点进行定位，从而实现队形保持和防碰撞。多无人机协同编队中的队形保持和防碰撞是顺利完成各项任务的前提，因此，需要对无人机编队中的节点定位技术进行研究。使用无线紫外光测距定位算法可实现无人机编队网络中的节点定位。

① 无人机编队网络节点定位方法

无人机编队网络是典型的网格网，通过多跳可以实现网络中各个节点的信息通信。无线网格网络是一个无线多跳网络，是由 ad hoc 网络发展而来，是解决"最后一公里"问题的关键技术之一。对于一个无人机编队通信网络来说，采用 RSSI 测距定位算法能够解决无人机编队中的节点定位问题。

a. 无人机编队通信网络建立。

假设有 n 架无人机进行编队，n 架无人机分别被编号为 $\{1, 2, \cdots, n\}$。因此，无人机编队中所有可用的通信链路都可以用加权有向图来描述。我们进一步假设，每一架无人机可以占据编队空间 S 中的任意位置，使用扩展的加权有向图 $G=(V, E, W, P)$ 来描述在无人机编队中所有可能出现的通信链路。通信链路图 G 的定义如下：

$V=\{v_i\}$，$1 \leqslant i \leqslant n$ 是节点集，v_i 代表 UAV_i。

$E=\{e_{ij}\} \subset V \times V$，$1 \leqslant i, j \leqslant n$ 是边的集合，e_{ij} 表示 UAV_i 与 UAV_j 之间存在点到点的通信链路。UAV_i 可以给 UAV_j 发送消息，也就是说，UAV_i 可以作为 UAV_j 的领航者。

$W=\{w(e_{ij})\}$，$e_{ij} \in E$ 是边权重的集合，$w(e_{ij})$ 表示 e_{ij} 的通信代价，根

据通信距离来取值。

$P = \{p_i\}$，$1 \leqslant i \leqslant n$ 是无人机在编队构造中的位置集合，p_i 表示 UAV_i 在编队中的位置。

b. 无人机编队网络节点定位方法。

基于 RSSI 测距算法，可以实现无人机编队网络中的节点定位，无人机编队网络节点定位算法的实现主要有以下三种方法。

方法 1：未知节点只利用邻居锚节点进行定位，没有邻居锚节点的未知节点无法定位。

方法 2：未知节点一旦被定位，就可以充当锚节点。这时没有邻居锚节点的未知节点在等到自己的邻居未知节点定位之后就可以进行定位。

方法 3：有邻居锚节点的未知节点只利用邻居锚节点进行定位，没有邻居锚节点的未知节点才利用已经定位了的邻居未知节点进行定位。

② 二维无人机编队网络节点定位

在二维无人机编队网络中，假设每个无人机节点的通信距离为 d，假设无线紫外光通信的覆盖范围为一个圆，节点覆盖范围为以节点为圆心、以节点通信距离 d 为半径的圆形区域，在二维平面中，无人机节点通信覆盖范围如图 8.29 所示。

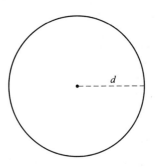

图 8.29　无人机节点通信覆盖范围

在网络节点定位算法中需要定义定位误差，可以用平均定位误差来衡量一个网络的定位精度，平均定位误差是指未知节点的估计位置到真实位置的欧式距离与有效通信半径的比值，定位误差为相对误差，无量纲。

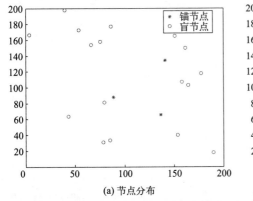

(a) 节点分布

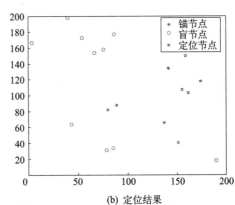

(b) 定位结果

图 8.30　采用方法 1 定位的结果

在大小为 200m×200m 的正方形区域内随机部署无人机节点，每个无人机节点的通信距离为 100m，在一个无人机编队通信网络中，为了完成通信网络的定位应至少选取三个无人机节点作为锚节点，选取无人机编队中的队首作为锚节点，假设无线紫外光 RSSI 测距算法的误差为 3m。对基于 RSSI 测距的无人机编队网络节点定位算法进行仿真。采用方法 1 实现无人机编队网络节点定位，结果如图 8.30 所示。采用方法 1 进行节点定位，在无人机编队网络中，未知节点的个数为 17 个，其中有 11 个节点无法完成定位，6 个节点能够实现定位，定位准确率为 35.3%，平均定位误差为 0.0248，网络的平均连通度为 9.4。

采用方法 2 实现无人机编队网络节点定位，结果如图 8.31 所示。采用方法 2 进行节点定位，在无人机编队网络中，未知节点的个数为 17 个，其中 17 个未知节点都能够实现定位，定位准确率为 100%，平均定位误差为 0.0684，网络的平均连通度为 8.7。

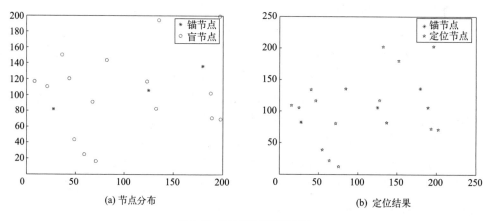

(a) 节点分布   (b) 定位结果

图 8.31 方法 2 节点定位的结果

采用方法 3 实现无人机编队网络节点定位，结果如图 8.32 所示。采用方法

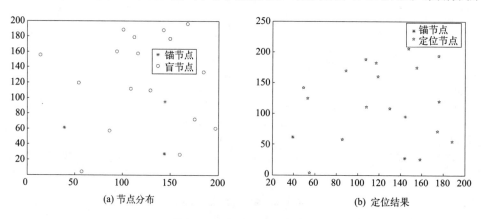

(a) 节点分布   (b) 定位结果

图 8.32 方法 3 节点定位的结果

3 进行节点定位，在无人机编队网络中，未知节点的个数为 17 个，其中 17 个未知节点都能够实现定位，定位准确率为 100%，平均定位误差为 0.0817，网络的平均连通度为 9.4。

在锚节点个数相同时（锚节点个数为 3），对不同节点数量的无人机编队网络进行节点定位仿真，对算法运行 1000 次的结果求平均值，得到平均定位误差、平均定位准确率和网络平均连通度，仿真结果如表 8.8 所示。

□ 表 8.8　节点数量不同时的二维定位结果

定位方法		节点个数					
		20	25	30	35	40	45
方法 1	平均定位误差	0.0477	0.0271	0.0348	0.0360	0.0846	0.0119
	平均连通度	10.6	12.08	13.4	16.97	16.75	22.53
	定位准确率	37.5%	52.4%	50%	16%	30.5%	36.6%
方法 2	平均定位误差	0.0771	0.0355	0.1521	0.0222	0.0915	0.0149
	平均连通度	9	13.52	15.07	16.91	18.2	23.29
	定位准确率	81.3%	100%	100%	100%	100%	100%
方法 3	平均定位误差	0.0241	0.2443	0.0142	0.023607	0.0118	0.0102
	平均连通度	8.4	11.28	14.6	16.23	16.25	21.1
	定位准确率	93.8%	100%	100%	100%	100%	100%

从表 8.8 中的结果可以看出，采用方法 1 进行节点定位时，无法完成网络中所有未知节点的定位，节点定位准确率较低，定位效果较差。采用方法 2 进行节点定位时，当区域中的节点数量为 20 时，部分未知节点无法定位，但节点定位准确率相比于方法 1 来说有所提高，当区域中的节点数量不小于 25 时，所有未知节点均能够实现定位，且随着节点数量的增大，网络的平均连通度增大，节点定位准确率能够达到 100%。采用方法 3 进行节点定位时，当区域中的节点数量为 20 时，部分未知节点无法定位，但节点定位准确率相比于方法 1 和方法 2 来说有所提高，当区域中的节点数量不小于 25 时，所有未知节点均能够实现定位，且随着节点数量的增大，网络的平均连通度增大，节点定位准确率均能够达到100%。在无人机节点数量相同时，方法 2 比方法 3 具有更高的平均连通度，但是平均定位误差比方法 3 大。

③ 三维无人机编队网络节点定位

在三维无人机编队网络中，可以采用虚拟分层的方法实现三维空间中的节点定位，虚拟分层是指在定位之前，对定位区域内的节点按虚拟楼层进行划分。

楼层参数代表三维坐标中的 z 轴坐标，将三维定位降至二维平面的定位算法，降低了计算复杂度。三维空间中的节点分布在不同的虚拟层，若直接按照节点之间的距离计算会造成很大的误差。为了提高节点定位精度，本节考虑将所有节点之间的距离在某一范围内的节点投影到中心节点所在的且与 xoy 平面平行的平面实现定位。三维空间虚拟分层如图 8.33 所示。

三维空间节点通信覆盖范围如图 8.34 所示。在三维空间中，节点覆盖范围为一个球形。在无人机编队通信网络中，采用球状无线紫外光发射端，接收器为全向接收结构，使得相邻节点的接收端在各个方向都能够接收到无线紫外光信号。

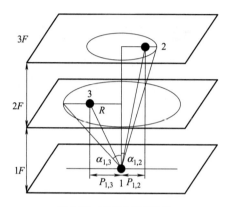

图 8.33　三维空间虚拟分层

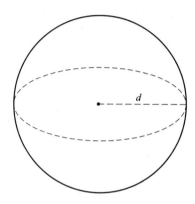

图 8.34　三维空间节点通信覆盖范围

对于一个三维无人机编队网络，单个节点的覆盖范围为球形，在 200m× 200m× 200m 的三维空间中随机部署 20 个无人机节点，节点通信距离设置为 200m，选取无人机编队中的队首作为锚节点，选取 4 个无人机节点作为锚节点，无线紫外光 RSSI 测距算法的误差设置为 3m，三维无人机编队网络节点定位仿真结果如图 8.35 所示。分析结果可得，未知节点定位准确率为 100%，平均定位误差为 0.2431。

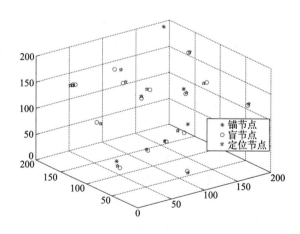

图 8.35　三维空间节点定位结果

对于三维无人机编队网络，在锚节点个数相同时，对不同节点数量的无人机编队网络进行节点定位仿真，对算法运行 1000 次的结果求平均值，得到平均定位误差和平均定位准确率，仿真结果如表 8.9 所示。

▱ 表 8.9 节点数量不同时的三维定位结果

节点个数	20	25	30	35	40	45
平均定位误差	0.2431	0.4001	0.9744	0.2	0.3444	0.2067
定位准确率	100%	95%	96%	100%	100%	100%

由表 8.9 中的结果可知，相比于二维网络中的节点定位，三维空间中的平均定位误差较大，可能是由于测距误差累计造成的，因此在实际的无人机编队网络节点定位中，应提高测距精度，从而提高无人机编队网络中节点定位的精度，保障无人机编队飞行的安全。

8.2 无线紫外光通信协作无人机编队控制方法

8.2.1 无人机编队控制理论

(1) 无人机编队技术

编队控制的具体含义为：当多架无人机组成编队联合飞行时，相互之间要保持固定的几何形态，同时又要满足任务需求和适应周边环境约束。无人机进入指定区域后，开始构成编队，编队集结完成后，最为核心的问题就是队形控制和保持。编队飞行的控制策略包括两方面，一方面是机间信息交互，另一方面是队形控制算法。

无人机间通过机间信息交互保持一定的编队形状。在信息交互的控制策略方面有集中式控制（Centralized Control）、分布式控制（Distributed Control）和分散式控制（Decentralized Control）三种控制方式[10]。每一种控制方式都有其优缺点。

① 集中式控制：指定编队中某一架无人机为控制中心，无人机间无信息传输，控制中心给其他无人机发送控制指令。集中式控制方式控制效果最好，但信息交互集中，一旦控制中心出现故障，整个编队将陷入瘫痪，且编队中无人机较多时，控制算法较为复杂。

② 分布式控制：每架无人机只需要与通信邻域内其他无人机交互自己的位置、速度、姿态等信息，减少了信息数据量和编队飞行的复杂度。相较于集中式控制方式，分布式控制方式具有更好的鲁棒性，但控制效果相对较差。

③ 分散式控制：无人机在编队飞行中不需要发送信息，每架无人机只需要

保持和编队中约定点的相对位置，并且彼此之间不存在信息交换。分散式控制方式数据量较少，结构简单，但控制效果最差。

无人机编队分布式控制效果虽然不及集中式，但其对通信要求较低，计算量小，算法更加简单，且具有较好的扩展性和容错性，适合于无人机因任务调度或故障，造成的某一无人机离队或者新无人机的加入。而分散式控制方式中，无人机之间没有信息交互，实时性较差。因此，本节主要研究分布式无人机编队的控制问题。

队形的具体控制算法方面，主要有：长机-僚机法[11]（Leader-Follower）、基于行为法[12]（Behavior-Based）、虚拟长机法[13]（Virtual Leader）、人工势场法[14]（Artificial Potential Field）。

① 长机-僚机法。指定编队中的某架无人机为长机，编队中的其他无人机为僚机，僚机保持与长机的相对位置不变。僚机通过跟踪长机的速度、高度和偏航角来达到保持队形的目的。长机-僚机法基于预设队形，原理简单，易于实现但是鲁棒性差。

② 基于行为法。在无人机编队控制时，首先分析出无人机的所有预期行为，针对每一种具体行为设计控制器，则最终控制协议由子协议融合而来。该方法灵活性好，鲁棒性强，但是实现队形保持算法较为复杂。

③ 虚拟长机法。编队中不用将某架无人机指定为长机，而是设定一个虚拟点为虚拟长机，编队中的所有无人机参照该虚拟长机运动。该方法可以任意设定编队队形，但是传输虚拟长机位置和速度对通信质量以及计算能力要求较高。

④ 人工势场法。利用运动空间中的障碍物和规定距离内的无人机产生斥力，目标点以及规定距离外的无人机产生引力，斥力和引力共同作用来控制无人机运动的方向和速度。人工势场法适合自由移动的无人机编队控制。

在实际应用中，各种控制算法常常结合在一起以实现高鲁棒性以及高安全性，除此之外，还必须考虑飞行过程中的机间通信丢包、通信时延、通信链路故障等因素。因此，本节主要研究基于无线紫外光隐秘通信的分布式无人机编队控制问题。

(2) 人工势场法与一致性理论

在无人机编队的蜂拥控制中，采用人工势场法来实现编队的防碰撞与队形保持，基于一致性算法来实现无人机的速度匹配。飞行过程中，无人机编队紫外光通信网络为编队的队形保持提供了可靠信息保障。

① 人工势场法

1985 年，Khatib 首次提出了人工势场法[15]，后来广泛应用于防碰撞控制算法中。无人机编队中采用人工势场法，两架无人机距离较远时产生吸引作用，两

机距离较近时产生排斥作用。可用势
函数来表示人工势场，势场的梯度作
用在无人机上表示为虚拟力，斥力和
引力的合力作为加速力，指引无人机
朝一定的方向运动。本节的编队控制
算法不考虑空域障碍物，因此，设定
斥力势主要实现无人机间防碰撞，设
定引力势来实现机间距离约束，在平

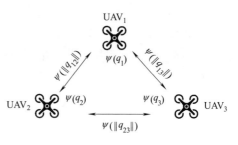

图 8.36 无人机间人工势场示意图

衡距离处人工势场达到最小值。编队中无人机间人工势场如图 8.36 所示。图中，
q_i 是 UAV_i 的空间位置，$\|\cdot\|$ 为 2-范数，$\|q_{ij}\|=\|q_j-q_i\|$ 表示 UAV_i 到
UAV_j 的距离。$\psi(q_i)$ 是无人机 UAV_i 与邻域内其他无人机 UAV_j 间所产生的
势场 $\psi(\|q_{ij}\|)$ 的总和，即 $\psi(q_i)=\sum\limits_{j\in N_i}a_{ij}\psi(\|q_{ij}\|)$。假设无人机间存在双向通
信，则 $\psi(\|q_{ij}\|)=\psi(\|q_{ji}\|)$，$\psi(q_i)$ 与 $\psi(\|q_{ij}\|)$ 在空域的各个位置都是可微的。

② 一致性理论

信息一致性（Information Consensus）控制策略应用于无人机编队控制中，
可协调单无人机行为使得编队整体状态达到一致。研究一致性理论常需要借助图
论知识，将机间相互通信的编队描述为一个网络图，其中，单架无人机代表图的
顶点，无人机间的通信链路描述为边，信息的重要程度用权重来表示。图论中的
邻接矩阵（Adjacency Matrix）、拉普拉斯矩阵（Laplacian Matrix）等对控制策
略的设计有着重要的作用。

无人机编队中，假设每架无人机仅能获得其邻域内无人机的状态信息。一致
性理论的本质就是通过控制局部信息来达到编队整体的一致[16]。在由 n 架无人
机组成的网络中，节点 i 的状态变量表示为 $x_i(t)$，则编队的一致性问题可表
示为[17]：

$$\dot{x}_i(t)=\sum_{j=1}^{n}a_{ij}(t)\big[x_j(t)-x_i(t)\big],\ i=1,2,\cdots,n \qquad (8.27)$$

式中，$a_{ij}(t)$ 表示 t 时刻 UAV_i 和 UAV_j 的邻接关系，随无人机的空间位置而
变化。

为了更好地理解一致性，给出其定义[17]：网络 G 中每一节点对 $(i,j)\in V$，
当 $t\geqslant t_0$ 时都有 $\|x_i(t)-x_j(t)\|=0$，则称网络 G 在 $t\geqslant t_0$ 时处于一致性状态。

常使用一阶微积分方程来表示线性系统的动力学方程，如 $\dot{x}_i(t)=u_i(t)$，
$x_i(t)\in R$ 表示无人机的物理状态，$u_i(t)$ 为 t 时刻的控制输入。则一致性理论
的实质就是设计一个 $u_i(t)$ 使得具有 n 个无人机的编队中各无人机的状态量

$x(t) = \{x_1(t), x_2(t), \cdots, x_n(t)\}$ 达到一个稳定的相同值。

Olfati-Saber 等人在文献 [18] 中指出，当多智能体系统的拓扑结构为一强连通的有向图时，则系统的状态渐近一致，并针对有无通信时延提出了两个一致性协议。

a. 固定或切换拓扑且无通信时延，有：

$$u_i(t) = \sum_{j \in N_i} a_{ij}(x_j - x_i) \tag{8.28}$$

b. 固定拓扑 $G = (V, E, A)$ 且通信时延 $\tau_{ij} > 0$，有：

$$u_i(t) = \sum_{j \in N_i} a_{ij}[x_j(t - \tau_{ij}) - x_i(t - \tau_{ij})] \tag{8.29}$$

Olfati-Saber 等人证明了上述两种协议可使系统达到一致性，并且直接影响了系统性能以及提高了算法的鲁棒性[18]。因此，将一致性理论应用于无人机编队控制，充分利用机间通信、结合人工势场法能够保证编队整体的安全飞行。

（3）多智能体系统控制算法

蜂拥是指由很多个体组成的系统在无全局控制的情况下，利用个体之间的局部信息交换，协调系统整体的全局行为[19]。多智能体蜂拥控制问题由 Reynolds 模型规则[20] 产生。

1986 年，Reynolds 提出了一个模拟群体行为的模型，该模型提出了多智能体蜂拥算法的三个基本规则：

① 避碰：智能体要避免与邻近智能体之间发生碰撞。

② 速度匹配：各智能体与邻域内的智能体速度保持一致。

③ 聚合：邻近智能体保持紧凑不能相距太远。

本节基于这三条规则来实现无人机的编队控制。假设无人机的通信邻域图如图 8.37 所示，其中，R 为无人机的最大通信距离，r 为无人机间安全距离。

① 避碰

避碰规则是使每个智能体与邻近智能体之间保持一定的安全距离来避免碰撞。如图 8.37 所示，每架无人机都能获

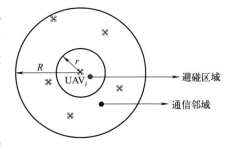

图 8.37 无人机 i 的通信邻域

得其通信覆盖范围内的无人机位置信息，任意两架无人机之间都存在一个排斥力，排斥力与机间距离成反比，在安全距离 r 处，排斥力无穷大。每架无人机所受到的排斥力是其通信邻域范围内其他无人机对它排斥力的累加。

② 速度匹配

避碰规则仅仅依赖于机间距离而不考虑无人机速度，速度匹配规则是对避碰规则的一个补充，共同作用使得编队中无人机不发生内部碰撞，保证编队安全飞行。实现速度匹配时，每架无人机需要获得其邻域内其他无人机的速度信息，调整自身速度使得速度大小和方向都和邻域内其他无人机速度的平均值保持一致。Reynolds 等人指出：如果一个智能体能很好地与邻居匹配速度，则它在短时间内不太可能会与任何一个邻居智能体发生碰撞。

③ 聚合

聚合规则使得无人机保持编队的紧凑。因为每架无人机都只能感知到其邻域内的信息，因此聚合意味着和邻域无人机聚集在一起，通过局部的改变来控制全局。在聚合规则下，无人机需要获得其邻域内其他无人机的位置信息，并对邻域内它机产生吸引力，使得编队保持一定的队形飞行。

Olfati-Saber[21] 提出了满足上述三条规则后达到一致的群体几何模型，称为 α-晶格。此时群体系统达到了一致状态，每个节点距其邻域内节点的距离都相等，这种几何关系的代数约束描述如下：

$$\|q_j - q_i\| = d, \quad \forall j \in N_i(q) \tag{8.30}$$

式中，q_i、q_j 分别为智能体 i、j 的位置；d 为期望距离。α-晶格结构的示意图如图 8.38 所示。

在多智能体系统控制领域，许多学者将人工势场法与一致性理论相结合来构造蜂拥控制算法。考虑 N 个智能体组成了一个群体系统在空间中运动，定义第 i 个智能体的动力学运动方程为：

$$\begin{cases} \dot{\boldsymbol{q}}_i = \boldsymbol{p}_i \\ \dot{\boldsymbol{p}}_i = \boldsymbol{u}_i \end{cases} \tag{8.31}$$

图 8.38 二维 α-晶格
结构示意图

式中，$\boldsymbol{q}_i$ 为智能体 i 的位置向量；$\boldsymbol{p}_i$ 为智能体 i 的速度向量；$\boldsymbol{u}_i$ 为智能体 i 的控制向量。则多智能体蜂拥控制问题的本质就是设计一个合适的控制输入 $\boldsymbol{u}_i$ 使得 N 个智能体的群体行为满足 Reynolds 三条规则。Olfati-Saber 提出以下蜂拥算法，对于智能体 i，其控制输入 $\boldsymbol{u}_i$ 满足：

$$\boldsymbol{u}_i = \boldsymbol{f}_i^{\mathrm{g}} + \boldsymbol{f}_i^{\mathrm{d}} \tag{8.32}$$

式中，$\boldsymbol{f}_i^{\mathrm{g}} = -\nabla_{q_i} V(q_{ij})$ 代表人工势函数 $V(q_{ij})$ 对位置 $\boldsymbol{q}_i$ 的梯度，主要实现避障和聚合两条规则；$\boldsymbol{f}_i^{\mathrm{d}}$ 是速度一致项，用来实现智能体间的速度匹配。

多智能体网络有固定拓扑和切换拓扑两种结构：固定拓扑结构指的是每个智能体邻域内的智能体都不随时间而变化[22]；切换拓扑结构指智能体邻域内个体

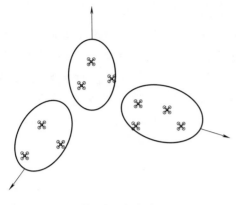

图 8.39 分裂现象

具有时变性[23]。无人机编队网络中由于无人机任务的调度和飞行环境的限制，对于某架无人机，其通信邻域具有时变性。Tanner 等人[24] 证明，具有固定拓扑结构的多智能体系统，如果拓扑结构是全连通的，则所有的智能体能实现蜂拥过程；具有切换拓扑结构的多智能体系统，如果在拓扑结构切换前后，多智能体系统图始终能够保持连通，则所有智能体能实现蜂拥过程。式（8.32）所示蜂拥算法针对切换拓扑结构可能会导致分裂现象，如图 8.39 所示。

针对分裂现象，Olfati-Saber 在式（8.32）算法的基础上增加了虚拟领导者位置和速度的反馈项 f_i^{r}，则智能体 i 的控制输入为：

$$u_i = f_i^{g} + f_i^{d} + f_i^{r} \tag{8.33}$$

其中，虚拟领导者的运动方程满足：

$$\begin{cases} \dot{q}_\gamma = p_\gamma \\ \dot{p}_\gamma = f_\gamma(q_\gamma, p_\gamma) \end{cases} \tag{8.34}$$

式中，q_γ、p_γ 是虚拟领导者的位置和速度向量。Olfati-Saber 证明了在此算法的控制作用下，即使因为初始值选取的原因产生了分裂现象也能最终实现 Reynolds 的三条准则，整体避免了分裂现象。

8.2.2　无人机编队飞行中无线紫外光网络连通特性

本节针对无人机的 RWP 和 CMBM 运动模型，推导出了 OOK 和 PPM 两种调制方式下机载紫外光网络 k-连通概率与无人机节点密度、紫外信号发射功率以及数据传输速率的关系表达式，并进行了数值仿真分析。最终给出了满足网络 2-连通时，系统参数选择的最佳方案。

（1）机载紫外光节点通信距离

为了更方便地研究机载紫外光通信网络，本节中假设机载通信均采用 NLOS（a）类工作模式，无人机间通信链路几何图如图 8.40 所示，点 A 和点 B 分别代表两架无人

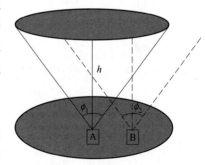

图 8.40　无人机间紫外光 NLOS（a）
通信链路几何图

机，机上装载着紫外光通信系统，发送仰角和接收仰角均为 90°，发射端 A 发射发散角为 ϕ_1 的紫外光束，其功率传输高度极限为 h，ϕ_2 为接收端 B 的接收视场角，其覆盖区域投影到地面则是一个半径为 $h\tan\left(\dfrac{\phi_1}{2}\right)$ 的圆形区域。

本节假定无人机在低空空域（<3km）执行任务，大气中的气体分子和气溶胶颗粒的散射和吸收作用使得紫外光信号严重衰减。Chen 等人在文献［25］中经过大量的实验测试，提出了紫外光通信的路径损耗模型，在近距离通信时，一般不考虑衰减因子对路径损耗的影响，则路径损耗简化表达式为：

$$L = \xi r^\alpha \tag{8.35}$$

式中，L 是路径损耗；r 是通信距离；ξ 为路径损耗因子；α 为路径损耗指数。α 和 ξ 的值与发散角 ϕ_1、发射仰角 θ_1、接收视场角 ϕ_2、接收仰角 θ_2 有关，当 $\theta_1 = \theta_2 = 90°$，$\phi_1 = 17°$，$\phi_2 = 30°$ 时，路径损耗参数 $\xi = 1.6 \times 10^9$，路径损耗指数 $\alpha = 1.23$。

网络节点通信范围取决于调制和编码方式，常用的调制方式有 OOK 和 PPM 两种调制[26]。忽略背景噪声，采用 OOK 和 PPM 调制方式的误码率为[27]：

$$\begin{cases} P_{e\text{-OOK}} = \dfrac{1}{2}\exp(-\lambda_s) \\[2mm] P_{e\text{-PPM}} = e^{-\lambda_s} - \dfrac{1}{K}e^{-\lambda_s} \end{cases} \tag{8.36}$$

其中，λ_s 为单个脉冲信号周期内接收端的光子到达率，可表示为[28]：

$$\begin{cases} \lambda_{s\text{-OOK}} = \dfrac{\eta P_t}{L R_b hc/\lambda} \\[3mm] \lambda_{s\text{-PPM}} = \dfrac{\eta P_t}{L R_s (hc/\lambda)} \end{cases} \tag{8.37}$$

式中，$r_i < d$；λ 为波长；ξ 为光电倍增管的响应性；η 为滤光片和光电探测器的量子效率；P_t 为发送功率；R_b 为通信速率；P_e 为误码率；c 是光速；h 是普朗克常量。将式（8.37）和式（8.35）代入式（8.36）可以反推出两种调制方式下节点覆盖范围为[28]：

$$\begin{cases} R_{\text{OOK}} = \alpha\sqrt{-\dfrac{\eta\lambda P_t}{hc\xi R_b \ln(2P_e)}} \\[4mm] R_{\text{PPM}} = \alpha\sqrt{-\dfrac{\eta\lambda P_t \log_2 M}{hc\xi R_b \ln\left(\dfrac{MP_e}{M-1}\right)}} \end{cases} \tag{8.38}$$

式中，M 为码长。

（2）无人机运动模型

移动模型定义了移动节点的运动轨迹，它反映了节点的速度变化和具体位置变化。节点位置的改变会导致网络拓扑变化，从而导致拓扑图中旧通信链路的断开以及新链路的创建。因此，移动模型对于动态网络性能的评价具有重要的意义。

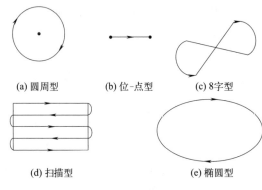

(a) 圆周型 (b) 位-点型 (c) 8字型

(d) 扫描型 (e) 椭圆型

图 8.41 Paparazzi 无人机运动模型

Paparazzi UAV 是一个开源的飞机软硬件平台，主要研究涉及自动驾驶系统、多旋翼无人机、固定翼无人机，直升机和混合动力飞机等。Paparazzi 专家提出无人机有五种运动模型[29]：圆周型，无人机绕着一个固定点盘旋；位-点型，无人机沿着一条直线前往目的地；"8"字型，无人机飞行轨迹为"8"形；扫描型，无人机采用往返方式对某一区域进行扫描；椭圆型，无人机运动轨迹为一椭圆。五种运动模型具体示意图如图 8.41 所示。

所有的运动状态有不同的出现概率，根据 Paparazzi 专家统计：圆周型、椭圆型和扫描型是无人机飞行期间采用最多的模式，8字型和位点型出现的情况则更少。本节则主要对无人机采用随机位点型（Random Way-Point，RWP）和圆周运动模型（Circle Movement Based Model，CMBM）时的机载紫外光网络特性进行研究。

① RWP 模型

RWP 模型是现有的移动模型中研究最多的一种。如图 8.42 所示，节点在区域 D 内独立运动，假设节点有一个初始位置 (x_0,y_0)、一个目的位置 (x_1,y_1) 和一个特定的速度 v，其中 (x_0,y_0)、(x_1,y_1) 的选取各自独立。节点到达目的位置 (x_1,y_1) 后，将被分配一个新的目的位置和新的速度继续运动，新目的位置点的选取在区域 D 内服从均匀分布，同样，新速度从速度分布中独立选取。在到达一个目的点后，可能会存在一个短暂的"思考时间"。本节考虑无人机节点运动区域为单位圆，"思考时间"值为0。讨论节点的分布问题，即求

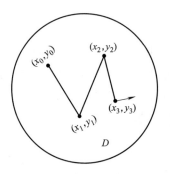

图 8.42 RWP 运动模型

概率密度函数 $f(\boldsymbol{r})$。因为单位圆中，概率密度函数只和距离 $r=|\boldsymbol{r}|$ 有关，具有对称性，因此我们可将 $f(\boldsymbol{r})$ 简化为 $f(|\boldsymbol{r}|)=f(r)$。

定义 $a_1=a_1(r, \phi)$ 为 ϕ 方向上节点距圆周边界的距离，$a_2(r,\phi)=a_1(r, \phi+\pi)$ 为反方向上节点距圆周边界的距离，示意图如图 8.43 所示，其中 r 为节点距原点距离。可以得出：

$$\begin{cases} a_1(r,\phi)=\sqrt{1-r^2\cos^2\phi}-r\sin\phi \\ a_2(r,\phi)=\sqrt{1-r^2\cos^2\phi}+r\sin\phi \end{cases}$$

$$(8.39)$$

因此，$a_1a_2=1-r^2$ 且 $(a_1+a_2)=2\sqrt{1-r^2\cos^2\phi}$。

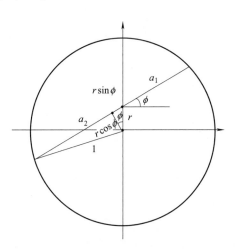

图 8.43 单位圆中 a_1，a_2 示意图

文献 [30] 推导出 RWP 运动模型下，节点的概率密度函数满足：

$$f(r)=\frac{h(r)}{\displaystyle\int_D h(r)\mathrm{d}^2r} \qquad (8.40)$$

其中，$h(r)=\displaystyle\int_0^\pi a_1 a_2(a_1+a_2)\mathrm{d}\phi$，则有：

$$h(r)=2(1-r^2)\int_0^\pi \sqrt{1-r^2\cos^2\phi}\,\mathrm{d}\phi \qquad (8.41)$$

这是第二类的椭圆积分，不能用基本函数来表达。但是，可以用一个封闭形式的归一化常数来估计：

$$C=\int_D h(r)\mathrm{d}^2r=2\pi\int_0^1 rh(r)\mathrm{d}r=\frac{128\pi}{45}=8.936 \qquad (8.42)$$

因此，概率密度函数可以简化为：

$$f(r)=\frac{h(r)}{C}=\frac{45(1-r^2)}{64\pi}\int_0^\pi \sqrt{1-r^2\cos^2\phi}\,\mathrm{d}\phi \qquad (8.43)$$

② CMBM 模型

无人机在执行巡逻或搜捕任务时，常需要盘旋在特定区域上空进行周期性的活动，王伟等人[31,32] 提出了适合于无人机实际运动的两种运动模型：圆周运动模型（Circle Movement Based Model，CMBM）和半随机圆周运动模型（Semi-Random Circular Movement，SRCM）。本节重点讨论 CMBM 运动模型下的无人机网络连通性。假定无人机具有自主导航系统可以规避障碍物，无人机飞行在固

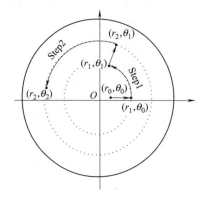

图 8.44 CMBM 模型示意图

定高度，不考虑起飞和着陆过程，CMBM 运动模型如图 8.44 所示。

文献［31］给出了定理：节点运动服从 CMBM 时，如果节点暂停时间为 0，速率为一正常数，那么它在单位圆区域内的渐近二维概率密度函数为：

$$f_{XY}(x,y) = \mu Z \{\pi(R^2 - Z^2) + 2[\pi - \arctan(y/x)]^2 (2Z + R^2 - Z^2)\}$$

(8.44)

式中，$Z = \sqrt{x^2 + y^2}$；$R = 1$；$x \neq 0$；μ 为正常数。转化为极坐标形式：

$$f(r,\theta) = \mu r [\pi(1 - r^2) + 2(\pi - \theta)^2 (2r + 1 - r^2)]$$

(8.45)

式中，μ 是个正常数；$|r| \leqslant 1$；(r,θ) 表示极坐标下的无人机位置。

（3）网络 k-连通概率的近似计算方法

① 基本概念

假设基于紫外光通信的无人机编队为二维平面同构网络，每架无人机有唯一的 ID 号，编队中各无人机在能耗、参数指标和配置等方面均相同，机载紫外光通信工作在 NLOS（a）类工作模式下，且发射机最大发射功率固定且相同，即无人机节点的最大通信距离相同。因此，无人机编队网络可以抽象为一个图 $G(V,E)$，其中 V 是顶点集，表示编队中的无人机节点，E 是边集，表示编队中无人机间的通信链路。设 u、v 是图 $G(V,E)$ 的两个顶点，若在 $G(V,E)$ 中存在一条 (u,v) 路径，即两顶点之间的欧式距离小于或等于节点最大通信距离，则称 u、v 两点连通，即 $e(u,v) \in E$。若图 $G(V,E)$ 中任意两个不同的顶点 u、v 都有一条 (u,v) 路径，则称图 $G(V,E)$ 是连通的。

连通性有点连通和边连通两种，无人机编队中，相比较无人机间通信链路的失效，无人机节点的故障对编队拓扑影响更大，因此本节主要研究网络的点连通性。图 G 的 k-点连通指的是，当去掉任意 $k-1$ 个顶点后，图 G 仍然是一个连通图，即若图 G 是 k-连通的，那么对于任意节点对，它们之间至少存在 k 条不相交的路径。$k = 1$ 时网络简单连通，$k \geqslant 2$ 时网络抗毁性好。

网络连通性是保证整个无人机编队节点能够收发信息的前提，无人机通信网络通常要求达到多连通，但是要维护 k-连通（$k \geqslant 3$）网络需要大量的资源，而 2-连通网络已经具有一定的容错能力。因此，本节分析了节点密度、发射功率以及通信速率对网络 k-连通特性的影响后，给出了配置 2-连通网络的最佳参数选择。

② k-连通概率计算

二维网络 k-连通的概率目前还没有精确的计算方式，文献中常用所有节点都有至少 k 个邻节点的概率来近似网络 k-连通的概率[33]。即对于具有 n 个节点的网络，当 $n \gg 1$ 且网络最小度为 k 的概率 $P(d_{\min} \geq k)$ 接近 1 时，P（G 为 k-连通）$= P(d_{\min} \geq k)$。Bettstetter 在文献［34］中给出了当节点均匀分布时网络最小度为 n_0 的概率计算公式：

$$P(d_{\min} \geq n_0) = \left[1 - \sum_{N=0}^{n_0-1} \frac{(\rho \pi r_0^2)^N}{N!} e^{-\rho \pi r_0^2}\right]^n \tag{8.46}$$

式中，$\rho = n/A$ 为节点密度，A 为节点活动区域面积（$A \gg \pi r_0^2$）；r_0 为节点通信半径。则忽略边缘效应时，网络 k-连通的概率为：

$$P（G 为 k\text{-}连通）= P(d_{\min} \geq k) = \left[1 - \sum_{N=0}^{k-1} \frac{(\rho \pi r_0^2)^N}{N!} e^{-\rho \pi r_0^2}\right]^n \tag{8.47}$$

为方便计算，本节考虑无人机节点运动在单位圆内，对于无人机节点 $i(r_i, \theta_i)$，采用无线紫外光 NLOS（a）类通信方式，其通信覆盖区域为以 $i(r_i, \theta_i)$ 为圆心，通信距离 d 为半径的圆形区域 $B_d(r_i, \theta_i)$，如图 8.45 所示。

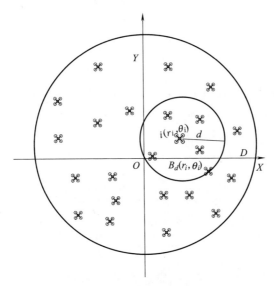

图 8.45　无人机飞行网络模型

首先，需要计算出其他任意一个节点落入无人机 i 通信覆盖范围 $B_d(r_i, \theta_i)$ 内的概率 $p(r_i, \theta_i, d)$。当无人机 $i(r_i, \theta_i)$ 距原点 O 的距离 r_i 大于其最大通信距离 d 时，即 $r_i \geq d$ 时的模型图如图 8.46 所示。

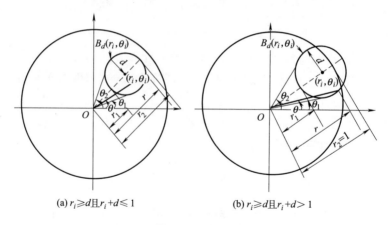

(a) $r_i \geqslant d$ 且 $r_i + d \leqslant 1$　　　　　　(b) $r_i \geqslant d$ 且 $r_i + d > 1$

图 8.46　网络模型

图 8.46（a）表示无人机的通信覆盖区域 $B_d(r_i, \theta_i)$ 在无人机运动区域 D 内，即 $r_i + d \leqslant 1$，则有：

$$
\begin{cases}
r_1 = r_i - d \\
r_2 = r_i + d \\
\theta_1 = \theta_i - \arccos \dfrac{r^2 + r_i^2 - d^2}{2rr_i} \\
\theta_2 = \theta_i + \arccos \dfrac{r^2 + r_i^2 - d^2}{2rr_i}
\end{cases}
\tag{8.48}
$$

当无人机的通信覆盖区域 $B_d(r_i, \theta_i)$ 有一部分在无人机运动区域 D 外时，即 $r_i + d > 1$，如图 8.46（b）所示，有：

$$
\begin{cases}
r_1 = r_i - d \\
r_2 = 1 \\
\theta_1 = \theta_i - \arccos \dfrac{r^2 + r_i^2 - d^2}{2rr_i} \\
\theta_2 = \theta_i + \arccos \dfrac{r^2 + r_i^2 - d^2}{2rr_i}
\end{cases}
\tag{8.49}
$$

当 $r_i < d$，如图 8.47 所示，即原点 O 在无人机 $i(r_i, \theta_i)$ 的通信覆盖区域 $B_d(r_i, \theta_i)$ 内。

图 8.47（a）表示无人机 $i(r_i, \theta_i)$ 的通信覆盖区域 $B_d(r_i, \theta_i)$ 在无人机运动区域 D 内，且其他任意无人机都运动区域 $B_d(r_i, \theta_i)$ 内，即 $r \in (0, d - r_i)$，有：

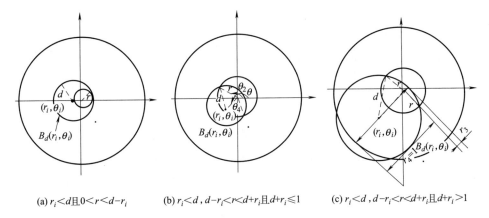

(a) $r_i < d$ 且 $0 < r < d - r_i$　　　　(b) $r_i < d$, $d - r_i < r < d + r_i$ 且 $d + r_i \leqslant 1$　　　　(c) $r_i < d$, $d - r_i < r < d + r_i$ 且 $d + r_i > 1$

图 8.47　网络模型

$$\begin{cases} r_1 = 0 \\ r_2 = d - r_i \\ \theta_1 = 0 \\ \theta_2 = 2\pi \end{cases} \tag{8.50}$$

图 8.47（b）表示无人机 $i(r_i, \theta_i)$ 的通信覆盖区域 $B_d(r_i, \theta_i)$ 在运动区域 D 内，且其他无人机可能运动到区域 $B_d(r_i, \theta_i)$ 外，即 $r \in (d - r_i, d + r_i)$ 且 $d + r_i \leqslant 1$，有：

$$\begin{cases} r_3 = d - r_i \\ r_4 = r_i + d \\ \theta_3 = \theta_i - \arccos \dfrac{r^2 + r_i^2 - d^2}{2rr_i} \\ \theta_4 = \theta_i + \arccos \dfrac{r^2 + r_i^2 - d^2}{2rr_i} \end{cases} \tag{8.51}$$

图 8.47（c）表示当无人机的通信覆盖区域 $B_d(r_i, \theta_i)$ 有一部分在无人机运动区域 D 外，即 $r \in (d - r_i, d + r_i)$ 且 $d + r_i > 1$，有：

$$\begin{cases} r_3 = d - r_i \\ r_4 = 1 \\ \theta_3 = \theta_i - \arccos \dfrac{r^2 + r_i^2 - d^2}{2rr_i} \\ \theta_4 = \theta_i + \arccos \dfrac{r^2 + r_i^2 - d^2}{2rr_i} \end{cases} \tag{8.52}$$

因此，概率 $p(r_i,\theta_i,d)$ 的表达式为：

$$p(r_i,\theta_i,d)=\begin{cases}\int_{r_1}^{r_2}\mathrm{d}r\int_{\theta_1}^{\theta_2}f(r,\theta)r\mathrm{d}\theta, & r_i\geqslant d\\[2mm]\int_{r_1}^{r_2}\mathrm{d}r\int_{\theta_1}^{\theta_2}f(r,\theta)r\mathrm{d}\theta+\int_{r_3}^{r_4}\mathrm{d}r\int_{\theta_3}^{\theta_4}f(r,\theta)r\mathrm{d}\theta, & r_i<d\end{cases}$$

$$(8.53)$$

任意一个节点落在无人机 i 通信区域 $B_d(r_i,\theta_i)$ 外的概率是 $1-p(r_i,\theta_i,d)$，因为所有的无人机运动独立，则区域 $B_d(r_i,\theta_i)$ 中无人机节点个数服从二项分布 $Bin[n-1,p(r_i,\theta_i,d)]$，因此一个给定无人机节点有 k 个邻居节点的概率为：

$$P_k(r,\theta_i,d)=\binom{n-1}{k}p(r,\theta_i,d)^k[1-p(r,\theta_i,d)]^{n-1-k} \qquad (8.54)$$

则该节点至少有 k 个邻居节点的概率为：

$$P_{\geqslant k}(r_i,\theta_i,d)=1-\sum_{i=0}^{k-1}\binom{n-1}{i}p(r,\theta_i,d)^i[1-p(r,\theta_i,d)]^{n-1-i}$$

$$(8.55)$$

因此，在单位圆区域内，任意一个无人机节点有至少 k 个邻居节点的概率为：

$$Q_{n,\geqslant k}(d)=\iint_D f(r,\theta)p_{\geqslant k}(r_i,\theta_i,d)r\mathrm{d}r\mathrm{d}\theta \qquad (8.56)$$

结合文献［35］中网络 k-连通的概率计算公式，则在单位圆中，当节点概率密度函数为 $f(r,\theta)$ 时，网络 k-连通的表达式如下：

$$\begin{aligned}P(d_{\min}>k)&=P\{n\text{ 个节点为 }k\text{-连通}\}\\&\approx[Q_{n,\geqslant k}(d)]^n\\&=\left[\iint_D f(r,\theta)p_{\geqslant k}(r_i,\theta_i,d)r\mathrm{d}r\mathrm{d}\theta\right]^n\\&=\left(\int_0^{2\pi}\mathrm{d}\theta\int_0^1 f(r,\theta)\left\{1-\sum_{i=0}^{k-1}\binom{n-1}{i}p(r,\theta_i,d)^i\right.\right.\\&\quad\left.\left.\times[1-p(r,\theta_i,d)]^{n-1-i}\right\}r\mathrm{d}r\right)^n\end{aligned}$$

$$(8.57)$$

其中，当节点运动服从 RWP 模型时，$f(r)$ 表达式如式（8.43）所示，当节点运动服从 CMBM 模型时，$f(r,\theta)$ 表达式如式（8.45）所示。

（4）无人机编队飞行中无线紫外光网络连通特性结果与讨论

由于机载紫外光网络的连通性概率计算公式中存在四重积分，难以直接计算积分结果，本节在 MATLAB 环境中利用数值积分方法来获得计算理论值。仿真中采用的紫外光源为紫外激光器，功率可达 2W，无人机运动区域是半径为 1km 的单位圆，具体仿真参数如表 8.10 所示。

◻ 表 8.10 网络模型参数

参数名称	具体数值	参数名称	具体数值
波长 λ	250nm	发射仰角	90°
发射端功率 P_t	2W	接收仰角	90°
路径损耗参数 ξ	1.6×10^9	发散角	17°
路径损耗指数 α	1.23	接收视场角	30°
数据传输速率 R_b	10Kbps	滤光片和光电探测器的量子效率 η	0.045
误码率 P_e	10^{-3}	PPM 信号长度 M	4

① RWP 模型的仿真结果与性能分析

本节仿真分析当无人机节点按照 RWP 模型运动时，网络连通特性与网络参数的关系。

首先仿真分析了节点密度对网络连通性的影响，结果如图 8.48 所示。其中，紫外激光器发射功率 $P_t = 2W$，数据传输速率 $R_b = 10$Kbps。

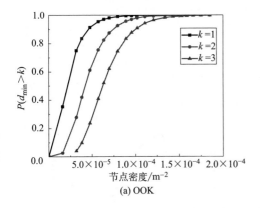
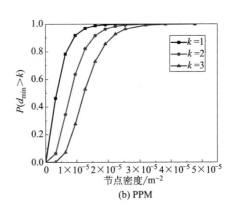

(a) OOK　　　　　　　　　　(b) PPM

图 8.48　网络连通性与节点密度的关系

仿真结果表明，采用 OOK 和 PPM 调制时，网络的 k-连通特性都随节点密度的增加而增大；当连通概率一定时，为了得到更大的 k 值，则需要部署更多的节点。由于无人机网络的抗毁性要求其满足 2-连通，图 8.48（a）表明采用 OOK 调制方式，当节点密度 $\rho = 1.2096 \times 10^{-4}$ 时，网络 2-连通的概率达到了 99%，换句话说，在半径为 1km 的圆形区域中，至少部署 380 个无人机节点才可保证无人机网络的 2-连通。图 8.48（b）表明当采用 PPM 调制方式时，至少部署 80 个无人机节点才可保证无人机网络的 2-连通。

紫外光源发射功率对网络连通性的影响如图 8.49 所示。在两种调制方式下，

节点个数 $n=500$，数据传输速率 $R_b=10\text{Kbps}$，其他参数如表 8.10 所示。仿真结果表明，发射功率越大，单节点通信距离越远，网络的 k-连通性能越好。图 8.49（a）表明采用 OOK 调制方式，紫外光源发射功率大于 1.8W 时，无人机网络可达近似 2-连通。对比图 8.49（a）和图 8.49（b），采用 PPM 调制，网络 2-连通概率达到 99% 时所需的发射功率要更小于 OOK 调制。

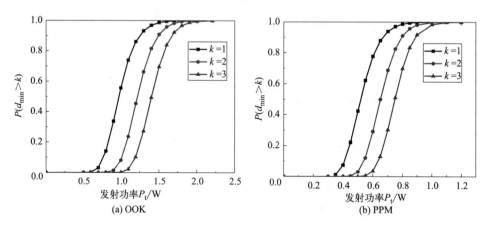

图 8.49　网络连通性与发射功率的关系

图 8.50 仿真了网络连通性与数据传输速率的关系，仿真参数选取中节点个数取 $n=500$，发射功率 $P_t=2\text{W}$。结果表明，k-连通概率随着数据速率的增加而减小，两种调制方式有相同的变化趋势。为了得到 2-连通网络，OOK 调制下的数据速率应小于 10Kbps，PPM 调制下应小于 20Kbps。

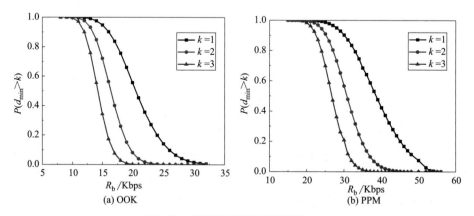

图 8.50　网络连通性与数据传输速率的关系

② CMBM 模型的仿真结果与性能分析

本节分析当无人机节点按照 CMBM 模型运动时，网络连通特性与网络参数的关系。参数的选取见表 8.10。分别对比图 8.48 和图 8.51、图 8.49 和图 8.52、

图 8.50 和图 8.53，结果表明，两种运动模型下，网络连通特性有着相似的变化趋势，即网络连通概率都随着节点密度和发射功率的增大而增大，随着数据传输速率的增大而减小。

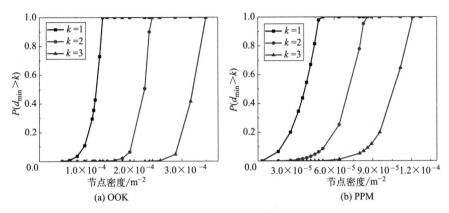

图 8.51 网络连通性与节点密度的关系

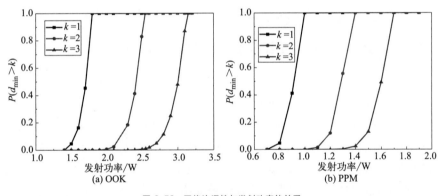

图 8.52 网络连通性与发射功率的关系

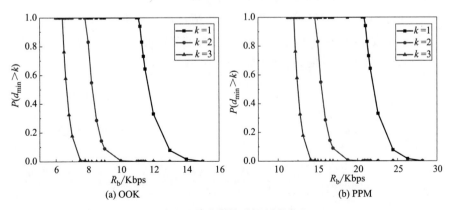

图 8.53 网络连通性与数据速率的关系

对比 RWP 模型，无人机按照 CMBM 模型需要更高的节点密度和发射功率。Vavoulas 等人研究了节点均匀分布时的紫外光网络连通性，本节对均匀分布节点、RWP 模型运动节点和 CMBM 模型运动节点三种情况下的连通性进行了对比分析，分析结果如表 8.11 所示，各参数为网络 2-连通概率达到 99％以上时的参数值。

◨ **表 8.11　三种节点分布下的 2-连通特性**

运动模型调制方式	均匀分布		RWP		CMBM	
	OOK	PPM	OOK	PPM	OOK	PPM
$P_t=2W$, $R_b=10Kbps$ 节点个数 n	130	50	380	80	730	270
$n=500$, $R_b=10Kbps$ 发射功率 P_t/W	0.95	0.5	1.8	1.0	2.6	1.4
$P_t=2W$, $n=500$ 数据传输速 $R_b/Kbps$	21	40	10	20	8	15

表 8.11 中的数值结果显示，移动性降低了网络的连通概率；三种模型中无人机节点按照 CMBM 模型运动时，满足网络 2-连通所需的节点密度、发射功率均高于 RWP 运动模型和静止的均匀分布模型，数据传输速率同时也小于其他两种模型；静态的均匀分布模型最易达到网络 2-连通；RWP 运动模型性能介于两者之间。

8.2.3　基于无线紫外光通信的无人机编队控制方法

实际应用中，无人机常需要自主形成编队并保持队形飞行至目的地，本节借鉴多智能体系统中的蜂拥控制理论来解决无人机编队的自组织问题。本节设计编队控制算法中由 8.2.2 节构建的连通网络保证了编队中的无人机个体速度匹配，利用人工势场法和一致性理论保证编队队形固定，无线紫外光通信邻域划分策略避免了机间碰撞。分别仿真了具有单虚拟长机的 50 架无人机和具有两个虚拟长机的 10 架无人机自主飞行过程，仿真结果证明了本节算法的高效性。

（1）具有单个虚拟长机的无人机编队控制

本节考虑将人工势场法与一致性理论相结合，充分利用机间通信在保证无人机状态同步的基础上避免无人机间发生碰撞，无人机编队控制系统结构框图如图 8.54 所示。在无人机编队飞行中，编队控制算法综合本机 UAV_i 和邻域中其

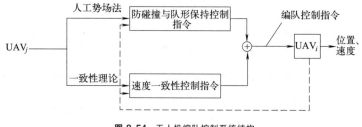

图 8.54　无人机编队控制系统结构

他无人机 UAV_j（$j=1$，2，$\cdots$，n）的位置、速度等信息，经过人工势场法以及一致性控制理论的计算，产生控制指令，作用于 UAV_i。在无人机避碰的同时使各机的目标和状态达到协同一致，并完成队形保持。

① 算法描述

Olfati-Saber 算法中势函数项定义两个智能体之间的距离范围为 $0\leqslant\|\boldsymbol{q}_{ij}\|\leqslant R$，图 8.55 为人工势函数与智能体距离的关系图[36]。

从图 8.55 可以看出，当两智能体间距离为 0 时，人工势函数为一确定值，且未设定安全距离，则若将该人工势函数运用在无人机编队控制算法中，当无人机相互靠近时分离作用较弱，不能快速有效解决

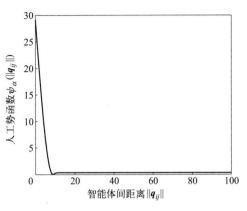

图 8.55　人工势函数[36]

机间避碰问题。本节针对编队中无人机间的防碰撞问题，对经典无人机编队控制算法的人工势场函数项进行了改进。考虑无人机编队机间人工势场示意图如图 8.56 所示，$\psi(\boldsymbol{q}_i)$ 由斥力势 $\psi^{\mathrm{r}}(\boldsymbol{q}_i)$ 和引力势 $\psi^{\mathrm{a}}(\boldsymbol{q}_i)$ 共同构成：

$$\psi(\boldsymbol{q}_i)=\psi^{\mathrm{r}}(\boldsymbol{q}_i)+\psi^{\mathrm{a}}(\boldsymbol{q}_i)=\sum_{j\in N_i}a_{ij}\psi^{\mathrm{r}}_{ij}(\|\boldsymbol{q}_{ij}\|)+\sum_{j\in N_i}a_{ij}\psi^{\mathrm{a}}_{ij}(\|\boldsymbol{q}_{ij}\|)$$

$$(8.58)$$

式中，$\psi^{\mathrm{r}}_{ij}(\|\boldsymbol{q}_{ij}\|)$ 与 $\psi^{\mathrm{a}}_{ij}(\|\boldsymbol{q}_{ij}\|)$ 分别为 UAV_j 与 UAV_i 之间的斥力势和引力势。

本节改进的势函数满足：ψ 在区间 $D=(\|\boldsymbol{q}_{ij}\|_{\min}，\|\boldsymbol{q}_{ij}\|_{\max}]$ 上非负光滑可导；当 $\|\boldsymbol{q}_j-\boldsymbol{q}_i\|\rightarrow\|\boldsymbol{q}_{ij}\|_{\min}$ 时，ψ 达到最大值，保障了无人机间的安全距离；ψ 在 UAV_i 和 UAV_j 之间的距离 $\|\boldsymbol{q}_{ji}\|$ 为某一个期望值时达到最小，表示斥力势与引力势达到了平衡，定义此时的机间距离为 d，$\|\boldsymbol{q}_{ji}\|$ 大于平衡距离 d 时引力势保证队形紧凑，小于 d 时斥力势实现机间避碰。定义

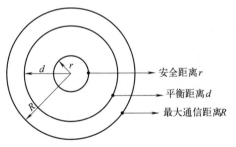

图 8.56　无人机通信邻域划分图

安全距离 r
平衡距离 d
最大通信距离 R

$\|\boldsymbol{q}_{ij}\|_{\min}=r$ 为机间安全距离，$\|\boldsymbol{q}_{ij}\|_{\max}=R$ 为通信最大距离，则无人机通信邻域划分示意图如图 8.56 所示。

为了构建满足上述条件的人工势函数，设计如下的斥力势和引力势，采用广

义 Morse 函数[37] 构建无人机间斥力势：

$$\psi^{\mathrm{r}}(\|\boldsymbol{q}_{ij}\|)=\begin{cases} a_{ij}\,\dfrac{b}{\mathrm{e}^{\frac{\|\boldsymbol{q}_{ij}\|}{c}}-\mathrm{e}^{\frac{\|\boldsymbol{q}_{ij}\|_{\min}}{c}}}, & \|\boldsymbol{q}_{ij}\|\in D \\[2mm] 0, & \|\boldsymbol{q}_{ij}\|\notin D \end{cases} \tag{8.59}$$

式中，b 体现了斥力势的幅值；c 决定着变化速度，且均为常数，可自由调节。飞行过程中为了避免无人机距离过近导致发生碰撞问题，定义无人机间避碰安全距离 $\|\boldsymbol{q}_{ij}\|_{\min}=r>0$，当 $\|\boldsymbol{q}_{ij}\|<r$ 时，UAV_i 和 UAV_j 发生碰撞；当机间距离趋于 r 时，斥力为正无穷，即 $\lim\limits_{\|\boldsymbol{q}_{ij}\|\to r}\psi^{\mathrm{r}}(\|\boldsymbol{q}_{ij}\|)=+\infty$；$R$ 为通信最大距离，这里也代表人工势场的最大作用距离。所以势函数作用区间为 $D=(\|\boldsymbol{q}_{ij}\|_{\min},\|\boldsymbol{q}_{ij}\|_{\max}]=(r,R]$。

定义无人机间引力势为：

$$\psi^{\mathrm{a}}(\|\boldsymbol{q}_{ij}\|)=\begin{cases} a_{ij}\times\dfrac{1}{2}k_{ij}\|\boldsymbol{q}_{ij}\|^2, & \|\boldsymbol{q}_{ij}\|\in D \\[2mm] 0, & \|\boldsymbol{q}_{ij}\|\notin D \end{cases} \tag{8.60}$$

其中，k_{ij} 是一个正常数，体现了引力势的幅值。

则无人机 i 总势能的表达式为：

$$\begin{aligned} V(\boldsymbol{q}_i)&=\sum_{j\in N_i(t)}\psi(\|\boldsymbol{q}_{ij}\|)=\sum_{j\in N_i(t)}\psi^{\mathrm{r}}(\|\boldsymbol{q}_{ij}\|)+\sum_{j\in N_i(t)}\psi^{\mathrm{a}}(\|\boldsymbol{q}_{ij}\|) \\ &=\begin{cases}\displaystyle\sum_{j\in N_i(t)}a_{ij}\,\frac{b}{\mathrm{e}^{\frac{\|\boldsymbol{q}_{ij}\|}{c}}-\mathrm{e}^{\frac{r}{c}}}+\sum_{j\in N_i(t)}a_{ij}\times\frac{1}{2}k_{ij}\|\boldsymbol{q}_{ij}\|^2, & \|\boldsymbol{q}_{ij}\|\in D \\[2mm] 0, & \|\boldsymbol{q}_{ij}\|\notin D\end{cases}\end{aligned} \tag{8.61}$$

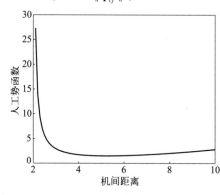

图 8.57 改进后的人工势函数

图 8.57 为人工势函数 $\psi(\|\boldsymbol{q}_{ij}\|)$ 与机间距离 $\|\boldsymbol{q}_{ij}\|$ 的对应关系，其中 $k_{ij}=0.05$，$b=1$，$c=1$，$a_{ij}=1$，$\|\boldsymbol{q}_{ij}\|_{\min}=2$，$\|\boldsymbol{q}_{ij}\|_{\max}=10$。。

由图 8.57 可知，当 $\|\boldsymbol{q}_{ij}\|=5$ 时，斥力势和引力势达到了平衡，无人机间势力场为最小值，则机间平衡距离 $d=5$。2 为机间避碰安全距离，当机间距离趋于 2 时，斥力势为无穷大，避免了无人机相撞的可能性；$2<\|\boldsymbol{q}_{ij}\|\leqslant5$ 时，两架无人机间距离较小，斥力势起主要作用来避免碰撞；$5<\|\boldsymbol{q}_{ij}\|\leqslant10$ 时无人机间距离较大，引力势起避免编队分离的作用；$\|\boldsymbol{q}_{ij}\|>10$ 时，无人机间人工势

场失效。定义人工势场的梯度为：

$$\begin{cases} \nabla \psi^{\mathrm{a}}(\|\boldsymbol{q}_{ij}\|) = \dfrac{\partial \psi^{\mathrm{a}}(\|\boldsymbol{q}_{ij}\|)}{\partial(\|\boldsymbol{q}_{ij}\|)} \nabla \boldsymbol{q}_{ij} \\[4mm] \nabla \psi^{\mathrm{r}}(\|\boldsymbol{q}_{ij}\|) = \dfrac{\partial \psi^{\mathrm{r}}(\|\boldsymbol{q}_{ij}\|)}{\partial(\|\boldsymbol{q}_{ij}\|)} \nabla \boldsymbol{q}_{ij} \end{cases} \tag{8.62}$$

其中，$\nabla \boldsymbol{q}_{ij} = \dfrac{\boldsymbol{q}_i - \boldsymbol{q}_j}{\|\boldsymbol{q}_{ij}\|}$。

则无人机 i 总势能的求导表达式为：

$$\nabla_{q_i} V(\boldsymbol{q}_i) = \sum_{j \in N_i(t)} \nabla_{q_i} \psi(\|\boldsymbol{q}_{ij}\|)$$

$$= \sum_{j \in N_i(t)} a_{ij} \left[-k_{ij}\|\boldsymbol{q}_{ij}\| + \frac{b}{c} \frac{1}{\left(\mathrm{e}^{\frac{\|\boldsymbol{q}_{ij}\|}{c}} - \mathrm{e}^{\frac{r}{c}} \right)^2} \mathrm{e}^{\frac{\|\boldsymbol{q}_{ij}\|}{c}} \right] \frac{\boldsymbol{q}_i - \boldsymbol{q}_j}{\|\boldsymbol{q}_{ij}\|} \tag{8.63}$$

在平衡点处，势函数最小，则其求导值为 0，则当机间期望距离 d 为一固定值时，k_{ij}、b、c 满足下面关系式：

$$k_{ij} = \frac{1}{d} \times \frac{b}{c} \times \frac{1}{(\mathrm{e}^{\frac{d}{c}} - \mathrm{e}^{\frac{r}{c}})^2} \mathrm{e}^{\frac{d}{c}} \tag{8.64}$$

本节针对虚拟长机速度随时间变化时，利用改进的人工势场函数代替 Olfati-Saber 协议中的势场项，控制协议改进为：

$$\boldsymbol{u}_i = \sum_{j \in N_i} \nabla_{q_i} \psi(\|\boldsymbol{q}_{ij}\|) + \sum_{j \in N_i} a_{ij}(\boldsymbol{q})(\boldsymbol{p}_j - \boldsymbol{p}_i) - c_1(\boldsymbol{q}_i - \boldsymbol{q}_r)$$

$$- c_2(\boldsymbol{p}_i - \boldsymbol{p}_r) + f_\gamma(\boldsymbol{q}_\gamma, \boldsymbol{p}_\gamma) \tag{8.65}$$

式中，$\boldsymbol{q}_\gamma$、$\boldsymbol{p}_\gamma$、$f_\gamma(\boldsymbol{q}_\gamma, \boldsymbol{p}_\gamma)$ 是指虚拟长机的位置向量、速度向量以及加速度向量。

② 算法分析

定义无人机编队总的能量为机间总的势能和单个无人机与虚拟长机间相对动能和势能之和：

$$Q = \frac{1}{2} \sum_{i=1}^{N} [U_i + (\boldsymbol{p}_i - \boldsymbol{p}_\gamma)^{\mathrm{T}}(\boldsymbol{p}_i - \boldsymbol{p}_\gamma)] \tag{8.66}$$

式中，$U_i = \displaystyle\sum_{j=1, j \neq i}^{N} \psi(\|\boldsymbol{q}_{ij}\|) + c_1(\boldsymbol{q}_i - \boldsymbol{q}_\gamma)^{\mathrm{T}}(\boldsymbol{q}_i - \boldsymbol{q}_\gamma)$。

无人机的位置和速度与虚拟长机的位置和速度之差记为 $\widetilde{\boldsymbol{q}}_i = \boldsymbol{q}_i - \boldsymbol{q}_\gamma$ 和 $\widetilde{\boldsymbol{p}}_i = \boldsymbol{p}_i - \boldsymbol{p}_\gamma$，则

$$\begin{cases} \dot{\widetilde{\boldsymbol{q}}}_i = \widetilde{\boldsymbol{p}}_i \\[2mm] \dot{\widetilde{\boldsymbol{p}}}_i = \dot{\boldsymbol{p}}_i = \boldsymbol{u}_i - f_\gamma(\boldsymbol{q}_\gamma, \boldsymbol{p}_\gamma), \quad i = 1, 2, \cdots, N \end{cases} \tag{8.67}$$

将式（8.67）代入式（8.65）和式（8.66）得到：

$$u_i = \sum_{j \in N_i} \nabla_{\tilde{q}_i} \psi(\|\tilde{\boldsymbol{q}}_{ij}\|) + \sum_{j \in N_i} a_{ij}(\boldsymbol{q})(\tilde{\boldsymbol{p}}_j - \tilde{\boldsymbol{p}}_i) - c_1 \tilde{\boldsymbol{q}}_i - c_2 \tilde{\boldsymbol{p}}_i + f_\gamma(\tilde{\boldsymbol{q}}_\gamma, \tilde{\boldsymbol{p}}_\gamma)$$

$$(8.68)$$

$$Q = \frac{1}{2} \sum_{i=1}^N (U_i + \tilde{\boldsymbol{p}}_i^T \tilde{\boldsymbol{p}}_i) \tag{8.69}$$

其中，$U_i = \sum_{j=1, j \neq i}^N \psi(\|\tilde{\boldsymbol{q}}_{ij}\|) + c_1 \tilde{\boldsymbol{q}}_i^T \tilde{\boldsymbol{q}}_i$。

则由式（8.61）的定义公式可知：

$$\frac{\partial \psi(\|\tilde{\boldsymbol{q}}_{ij}\|)}{\partial \tilde{\boldsymbol{q}}_{ij}} = \frac{\partial \psi(\|\tilde{\boldsymbol{q}}_{ij}\|)}{\partial \tilde{\boldsymbol{q}}_i} = -\frac{\partial \psi(\|\tilde{\boldsymbol{q}}_{ij}\|)}{\partial \tilde{\boldsymbol{q}}_j} \tag{8.70}$$

U_i 对 t 求导有：

$$\frac{1}{2} \sum_{i=1}^N \dot{U}_i = \sum_{i=1}^N \left(\tilde{\boldsymbol{p}}_i^T \nabla_{\tilde{q}_i} \sum_{j=1, j \neq i}^N \psi(\|\tilde{\boldsymbol{q}}_{ij}\|) + c_1 \tilde{\boldsymbol{p}}_i^T \tilde{\boldsymbol{q}}_i \right) \tag{8.71}$$

由于图的 Laplacian 矩阵[38] 具有以下性质：

$$\boldsymbol{z}^T \hat{\boldsymbol{L}}(t) \boldsymbol{z} = \frac{1}{2} \sum_{(i,j) \in E} a_{ij}(t) \|\boldsymbol{z}_j - \boldsymbol{z}_i\|^2 \tag{8.72}$$

其中，$\boldsymbol{z} = col(z_1, z_2, \cdots, z_N)$；$\hat{\boldsymbol{L}}(t) = \boldsymbol{L}(t) \otimes \boldsymbol{I}_n$；$\boldsymbol{I}_n$ 是 n 维的单位矩阵；$\otimes$ 是直积运算符。

则有：

$$\dot{Q} = \frac{1}{2} \sum_{i=1}^N \dot{U}_i + \sum_{i=1}^N \tilde{\boldsymbol{p}}_i^T \dot{\tilde{\boldsymbol{p}}}_i = -\tilde{\boldsymbol{p}}^T [(\boldsymbol{L}(t) + c_2 \boldsymbol{I}_N) \otimes \boldsymbol{I}_n] \tilde{\boldsymbol{p}} \tag{8.73}$$

因为 $\boldsymbol{L}(\tilde{q})$ 是半正定矩阵，所以 $\dot{Q} \leqslant 0$，则结合文献［39］的推导过程，可以得出以下结论：对于一个具有 N 架无人机的编队系统，无人机的运动方程满足式（8.31），其控制输入为式（8.65），假设编队的初始能量 $Q_0 = [q(0),\ p(0)]$ 是一个有限值，则编队控制过程满足：

a. 从初始时刻开始，任意一个无人机距虚拟长机之间的距离不会超 $\sqrt{2Q_0/c_1}$。

b. 所有无人机的速度都会渐近收敛于虚拟长机的速度 p_γ。

c. 如果编队系统的初始能量 Q_0 小于 $\psi(\|q_{ij}\|_{\min})$，则能保证所有无人机不发生碰撞。

③ 仿真结果及分析

基于式（8.64）控制协议，本节在 MATLAB 中对 50 架无人机编队自主飞行过程中的编队集结和队形保持过程进行仿真，用符号"＋"来表示虚拟长机，用符号"o"来表示 50 架跟随者无人机，算法迭代次数 Iterations＝3000，$k_{ij} =$

0.05，$b=1$，$c=1$，引导反馈项系数 $c_1=0.01$，$c_2=0.15$，以上参数的选取依据文献 [39] 和 [40]。定义机载紫外光通信半径 $R=10$，机间安全距离 $r=2$，则无人机间期望距离 $d=5$。无人机编队控制过程如图 8.58 所示。

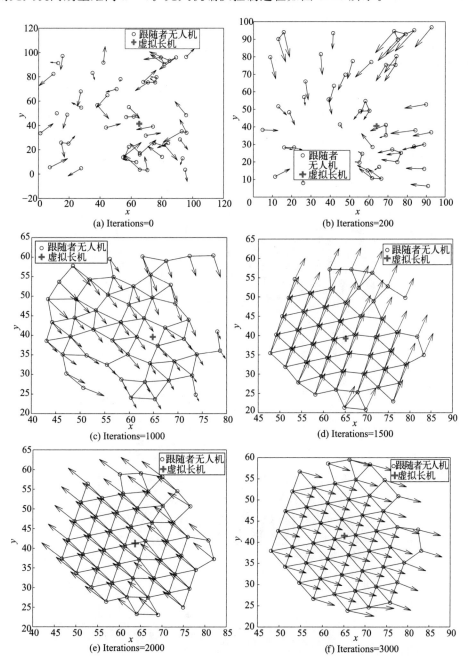

图 8.58 50架无人机编队自主飞行过程

图 8.58 为 50 架无人机编队蜂拥过程中 6 个时间点的编队拓扑图，各无人机的初始位置和初始速度随机产生，保证了初始无人机网络是完全断开的。由飞行效果图整体变化可以看出，随着时间的增长，编队中无人机间的链路数逐渐增多，增加了整个编队的鲁棒性。图 8.58（e）表示在迭代次数 Iterations＝2000 左右真正的无人机编队开始形成，图 8.58（e）～（f）说明无人机编队形成后一直保持着这种结构飞行。

无人机速度变化过程如图 8.59 所示，虚拟长机的加速度项 $\boldsymbol{f}_\gamma = [\cos(q_{rx})$，$\cos(q_{ry})]^{\mathrm{T}}$。图 8.59（a）为 x 方向上的速度，图 8.59（b）为 y 方向上的速度。从结果图可以看出，迭代次数 Iterations＞2000 以后，各无人机都可以和各自追踪的虚拟长机速度保持一致，观察图 8.58，也正是在 Iterations＝2000 左右，无

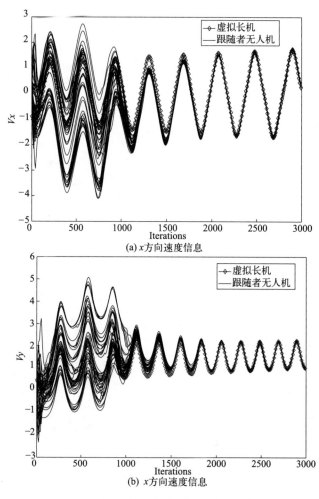

(a) x 方向速度信息

(b) x 方向速度信息

图 8.59 50 架无人机速度状态信息

人机编队群体拓扑开始形成。

以上仿真结果图说明式（8.65）所示控制协议可保证无人机编队完成集结并保持固定队形完成飞行。

（2）具有多个虚拟长机的无人机编队控制

无人机由于任务调度存在着需要追踪多个目标的情况，其实质是解决多任务分组问题，但是由于无人机编队拓扑快速变化，仅靠拓扑约束很难实现分组，因此本节考虑利用多个虚拟长机的引导来实现无人机编队的多任务分配。只考虑单个虚拟长机时，每架无人机在式（8.65）所示编队控制算法的作用下，可实现Reynolds 三规则。然而，多任务分组时，每架无人机不但可能受到不同虚拟长机的影响，而且无人机之间还有相互作用，因此单个长机情况下的编队控制算法不能直接用来解决多虚拟长机的情况。

① 算法描述

考虑含有 N 架无人机，$M(1 \leqslant M \leqslant N)$ 架虚拟长机的无人机编队系统满足下面的运动方程：

$$\begin{cases} \dot{\boldsymbol{q}}_{\gamma_i} = \boldsymbol{p}_{\gamma_i} \\ \dot{\boldsymbol{p}}_{\gamma_i} = \boldsymbol{f}_{\gamma_i}(\boldsymbol{q}_{\gamma_i}, \boldsymbol{p}_{\gamma_i}) \end{cases} \tag{8.74}$$

式中，$\gamma_i \in \{1, 2, \cdots, M\}$，$i = 1, 2, \cdots, N$；$\boldsymbol{q}_{\gamma_i}$、$\boldsymbol{p}_{\gamma_i}$、$\boldsymbol{f}_{\gamma_i}(\boldsymbol{q}_{\gamma_i}, \boldsymbol{p}_{\gamma_i})$ 是指被无人机 i 所跟踪的虚拟长机的位置向量、速度向量以及加速度向量。

假设每架无人机只能感知到自己邻域内无人机的状态，无人机 i 不仅能将自己的状态信息传给邻域内无人机，还能将其跟踪的虚拟长机的信息传递给它们。因此，无人机编队多任务分组的目的就是设计一个合适的控制输入 u_i，使得每架无人机速度能够跟踪到其虚拟长机的速度，并且无人机与邻域内无人机保持一个期望的距离，保证在拓扑调整过程中，无人机间不发生碰撞。

考虑无人机编队具有无向图结构，基于式（8.61）所述的人工势函数对文献[39] 中的蜂拥控制协议进行了改进：

$$\boldsymbol{u}_i = \sum_{j \in N_i} \nabla_{q_i} \psi(\| \boldsymbol{q}_{ij} - \boldsymbol{q}_{\gamma_{ij}} \|) + \sum_{j \in N_i} a_{ij}(t)(\boldsymbol{p}_{ij} - \boldsymbol{p}_{\gamma_{ij}}) - $$
$$c_1(\boldsymbol{q}_i - \boldsymbol{q}_{\gamma_i}) - c_2(\boldsymbol{p}_i - \boldsymbol{p}_{\gamma_i}) + \boldsymbol{f}_{\gamma_i}(\boldsymbol{q}_{\gamma_i}, \boldsymbol{p}_{\gamma_i}) \tag{8.75}$$

式中，$\boldsymbol{q}_{ij} = \boldsymbol{q}_i - \boldsymbol{q}_j$，$\boldsymbol{q}_{\gamma_{ij}} = \boldsymbol{q}_{\gamma_i} - \boldsymbol{q}_{\gamma_j}$，$c_1$、$c_2$ 都为正常数，表示虚拟长机引导反馈项的系数。

② 算法分析

考虑一个有 N 架无人机的编队系统，系统中心的位置和速度记为：

$$\bar{\boldsymbol{q}} = \frac{\sum\limits_{i=1}^{N} \boldsymbol{q}_i}{N}, \quad \bar{\boldsymbol{p}} = \frac{\sum\limits_{i=1}^{N} \boldsymbol{p}_i}{N} \tag{8.76}$$

M 个虚拟长机中心的位置和速度定义为：

$$\overline{\boldsymbol{q}}_\gamma = \frac{\sum\limits_{i=1}^{N} \boldsymbol{q}_{\gamma_i}}{N}, \quad \overline{\boldsymbol{p}}_\gamma = \frac{\sum\limits_{i=1}^{N} \boldsymbol{p}_{\gamma_i}}{N}, \quad \gamma_i \in \{1,2,\cdots,M\} \tag{8.77}$$

定义无人机编队总的能量为机间总的势能和单个无人机所跟踪虚拟长机间相对动能和势能之和：

$$Q(\boldsymbol{q},\boldsymbol{p}) = \frac{1}{2}\sum_{i=1}^{N}\left[U_i(\boldsymbol{q}) + (\boldsymbol{p}_i - \boldsymbol{p}_{\gamma_i})^{\mathrm{T}}(\boldsymbol{p}_i - \boldsymbol{p}_{\gamma_i})\right] \tag{8.78}$$

其中

$$\begin{cases} U_i(\boldsymbol{q}) = V_i(\boldsymbol{q}) + c_1(\boldsymbol{q}_i - \boldsymbol{q}_{\gamma_i})^{\mathrm{T}}(\boldsymbol{q}_i - \boldsymbol{q}_{\gamma_i}) \\ V_i(\boldsymbol{q}) = \sum\limits_{j=1,j\neq i}^{N} \psi(\|\boldsymbol{q}_{ij} - \boldsymbol{q}_{\gamma_{ij}}\|) \end{cases} \tag{8.79}$$

无人机的位置和速度与所跟踪虚拟长机的位置和速度之差记为 $\widetilde{\boldsymbol{q}}_i = \boldsymbol{q}_i - \boldsymbol{q}_{\gamma_i}$，$\widetilde{\boldsymbol{p}}_i = \boldsymbol{p}_i - \boldsymbol{p}_{\gamma_i}$，则

$$\begin{cases} \dot{\widetilde{\boldsymbol{q}}}_i = \widetilde{\boldsymbol{p}}_i \\ \dot{\widetilde{\boldsymbol{p}}}_i = \dot{\boldsymbol{p}}_i = \boldsymbol{u}_i - f_{\gamma_i}(\boldsymbol{q}_{\gamma_i},\boldsymbol{p}_{\gamma_i}), \quad i=1,2,\cdots,N \end{cases} \tag{8.80}$$

将式（8.80）代入式（8.75）和式（8.78）得到：

$$\boldsymbol{u}_i = \sum_{j\in N_i}\nabla_{\widetilde{q}_{ij}}\psi(\|\widetilde{\boldsymbol{q}}_{ij}\|) + \sum_{j\in N_i}a_{ij}(\boldsymbol{q})(\widetilde{\boldsymbol{p}}_j - \widetilde{\boldsymbol{p}}_i) - c_1\widetilde{\boldsymbol{q}}_i - c_2\widetilde{\boldsymbol{p}}_i - f_{\gamma_i}(\boldsymbol{q}_{\gamma_i},\boldsymbol{p}_{\gamma_i}) \tag{8.81}$$

$$Q = \frac{1}{2}\sum_{i=1}^{N}(U_i + \widetilde{\boldsymbol{p}}_i^{\mathrm{T}}\widetilde{\boldsymbol{p}}_i) \tag{8.82}$$

其中，$U_i = \sum\limits_{j=1,\,j\neq i}^{N}\psi(\|\widetilde{\boldsymbol{q}}_{ij}\|) + c_1\widetilde{\boldsymbol{q}}_i^{\mathrm{T}}\boldsymbol{q}_i$。

U_i 对 t 求导有：

$$\frac{1}{2}\sum_{i=1}^{N}\dot{U}_i = \sum_{i=1}^{N}\left(\widetilde{\boldsymbol{p}}_i^{\mathrm{T}}\nabla_{\widetilde{q}_i}\sum_{j=1,j\neq i}^{N}\psi(\|\widetilde{\boldsymbol{q}}_{ij}\|) + c_1\widetilde{\boldsymbol{p}}_i^{\mathrm{T}}\widetilde{\boldsymbol{q}}_i\right) \tag{8.83}$$

则有：

$$\dot{Q} = \frac{1}{2}\sum_{i=1}^{N}\dot{U}_i + \sum_{i=1}^{N}\widetilde{\boldsymbol{p}}_i^{\mathrm{T}}\dot{\widetilde{\boldsymbol{p}}}_i = -\widetilde{\boldsymbol{p}}^{\mathrm{T}}[(L(\widetilde{\boldsymbol{q}}) + c_2\boldsymbol{I}_N)\otimes\boldsymbol{I}_n]\widetilde{\boldsymbol{p}} \tag{8.84}$$

假设编队初始能量 $Q_0 = [q(0),p(0),q_\gamma(0),p_\gamma(0)]$ 是一个有限值，其控制输入为式（8.74），则编队控制过程满足文献［39］所得结论：

a. 从初始时刻开始，任意一个无人机距虚拟长机之间的距离不会超过 $\sqrt{2Q_0/c_1}$。

b. 所有无人机的速度将会渐近收敛于各自跟踪的虚拟长机的速度 p_{γ_i}。

c. 几乎所有编队分组稳定时的队形都会局部最小化编队的总势能。

d. 如果编队系统的初始能量 Q_0 小于 $\min\limits_{i,j\in\{1,2,\cdots,N\}}\psi(\|\boldsymbol{q}_{\gamma_{ij}}\|)$，则能保证所有无人机不发生碰撞。

③ 仿真结果及分析

基于式（8.75）编队控制输入，本节在 MATLAB 中对 10 架无人机跟踪两个虚拟长机的自组织现象进行仿真，用符号"＋"来表示虚拟长机 1，用符号"◇"来表示虚拟长机 2，用符号"o"来表示 10 架跟随者无人机，其中编号 $i=1，2，3，4，5$ 的无人机跟踪虚拟长机 1，编号 $i=6，7，8，9，10$ 的无人机跟踪虚拟长机 2。算法迭代次数 Iterations$=500$，$k_{ij}=0.05$，$b=1$，$c=1$，机载紫外光通信半径 $R=10$，无人机间期望距离 $d=5$，机间安全距离 $r=2$，引导反馈项系数 c_1、c_2 都取 0.5，两个虚拟长机的加速度项都取 $\boldsymbol{f}_{\gamma_i}=[\cos(q_{\gamma_i x}),\cos(q_{\gamma_i y})]^{\mathrm{T}}$，无人机跟踪虚拟长机飞行过程如图 8.60 所示。

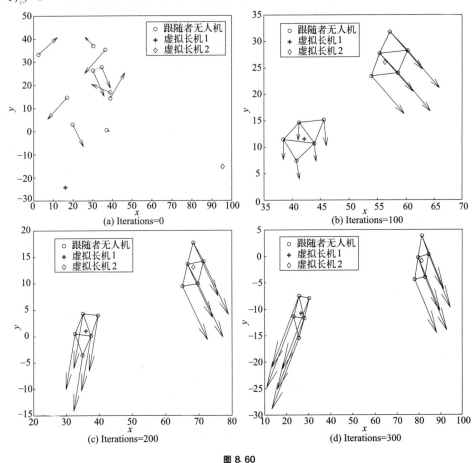

图 8.60

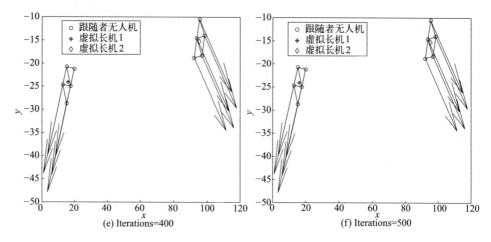

图 8.60 无人机编队分组飞行过程

图 8.60 为无人机编队蜂拥过程中 6 个时间点的网络拓扑图,图 8.60(a)~(f)说明 10 架无人机自组织分为两组,每组内无人机实现了避碰且以固定队形完成了飞行。由图 8.60(a)可以看出,起始时刻无人机位置和速度都随机分布,保证了初始无人机网络是完全断开的,图 8.60(c)表示算法迭代 200 次后真正的无人机编队开始形成,图 8.60(c)~(f)说明无人机编队形成后一直保持着这种结构飞行。

无人机编队中各无人机的速度变化如图 8.61,其中,"╂"表示虚拟长机 1 的速度,"◇"表示虚拟长机 2 的速度,其余线条为 10 架跟随者无人机速度。

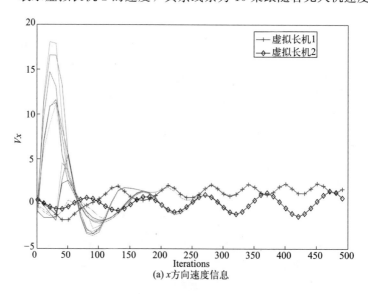

(a) x 方向速度信息

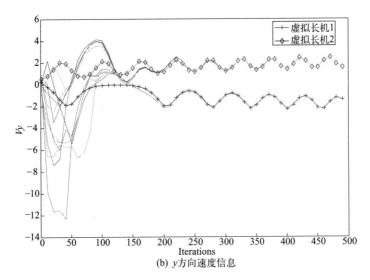

图 8.61 无人机速度状态信息

图 8.61 (a) 为 10 架无人机与两个虚拟长机在 x 方向上的速度，图 8.61 (b) 为 10 架无人机与两个虚拟长机在 y 方向上的速度。从图 8.61 可以看出，迭代次数 Iterations ＜200 时，无人机与虚拟长机之间的速度存在较明显的差异；迭代次数 Iterations ＞200 后，各无人机都可以和各自追踪的虚拟长机速度保持一致。观察图 8.60，也正是在迭代次数 Iterations ＝200 时，无人机编队群体拓扑开始形成。

参 考 文 献

[1]　柯熙政. 紫外光自组织网络理论 [M]. 北京：科学出版社，2011：45-103.
[2]　赵太飞，余叙叙，包鹤，等. 无线日盲紫外光测距定位方法 [J]. 光学精密工程，2017，25（9）：2324-2332.
[3]　Xu Z. Approximate performance analysis of wireless ultraviolet links [C]. Proceedings of IEEE，Acoustics，Speech and Signal Processing，2007（3）：577-580.
[4]　唐义，倪国强，蓝天，等. "日盲"紫外光通信系统传输距离的仿真计算 [J]. 光学技术，2007，33（1）：27-30.
[5]　陈君洪，杨小丽. 非视线"日盲"紫外通信的大气因素研究 [J]. 激光杂志，2008，29（4）：38-39.
[6]　赵太飞，刘一杰，王秀峰. 直升机降落引导中无线紫外光通信性能分析 [J]. 激光与光电子学进展，2016，53（6）：93-99.
[7]　赵太飞，余叙叙，包鹤，等. 无线日盲紫外光测距定位方法 [J]. 光学精密工程，2017，25（9）：2324- 2332.
[8]　周子为，段海滨，范彦铭. 仿雁群行为机制的多无人机紧密编队 [J]. 中国科学，2017，47（3）：230- 238.
[9]　柯熙政. 紫外光自组织网络理论 [M]. 北京：科学出版社，2011：45-103.

[10] Jasiunas M，Kearne D，Bowyer R. Connectivity，Resource Integration，and High Performance Reconfigurable Computing for Autonomous UAVs [C]. 2005 IEEE Aerospace Conference，2005，3（3）：1-8.

[11] 邓婉，王新民，王晓燕，等. 无人机编队队形保持变换控制器设计 [J]. 计算机仿真，2011，28（10）：73-77.

[12] Joongbo S，Chaeik A，Youdan K. Controller Design for UAV Formation Flight Using Consensus based Decentralized Approach [J]. Aiaa Journal，2009，12（3）：1-11.

[13] Lechevin N，Rabbath C A，Earon E. Towards Decentralized Fault Detection in UAV Formations [C]. 2007 American Control Conference，2007，18（2）：5759-5764.

[14] Bennet D J，Macinnes C R，Suzuki M，et al. Autonomous Three-Dimensional Formation Flight for a Swarm of Unmanned Aerial Vehicles [J]. Journal of Guidance Control & Dynamics，2011，34（6）：1899-1908.

[15] Khatib O. A unified approach for motion and force control of robot manipulators：The operational space formulation [J]. IEEE Journal on Robotics & Automation，1987，3（1）：43-53.

[16] Duan H，Luo Q，Shi Y，et al. Hybrid Particle Swarm Optimization and Genetic Algorithm for Multi-UAV Formation Reconfiguration [J]. IEEE Computational Intelligence Magazine，2013，8（3）：16-27.

[17] 吴正平，关治洪，吴先用. 基于一致性理论的多机器人系统队形控制 [J]. 控制与决策，2007，22（11）：1241-1244.

[18] Olfati-Saber R. A Unified Analytical Look at Reynolds Flocking Rules [R]. USA：California Institute of Technology，2003.

[19] 杨树勋，于洁，陶庆荣. 关于 flocking 的综述 [J]. 自动化技术与应用，2007，26（9）：10-11.

[20] Reynolds C W. Flocks，herds and schools：A distributed behavioral model [C]. Conference on Computer Graphics and Interactive Techniques. Computer Graphics，1987，21（4）：25-34.

[21] Olfati-Saber R. Flocking for multi-agent dynamic systems：algorithms and theory [J]. IEEE Transactions on Automatic Control，2006，51（3）：401-420.

[22] Ren W，Beard R W. Consensus seeking in multiagent systems under dynamically changing interaction topologies [J]. IEEE Transactions on Automatic Control，2005，50（5）：655-661.

[23] Yu H，Wang Y J. Stable Flocking Motion of Mobile Agents Following a Leader in Fixed and Switching Networks [J]. International Journal of Automation & Computing，2006，3（1）：8-16.

[24] Tanner H G，Jadbabaie A，Pappas G J. Flocking in Fixed and Switching Networks [J]. IEEE Transactions on Automatic Control，2007，52（5）：863-868.

[25] Chen G，Abougalala F，Xu Z，et al. Experimental evaluation of LED-based solar blind NLOS communication links [J]. Optics Express，2008，16（19）：59-68.

[26] 王勇，景艳玲. 紫外光通信中调制技术研究 [J]. 激光杂志，2014，35（3）：37-38.

[27] Chen G，Xu Z，Ding H，et al. Path loss modeling and performance trade-off study for short-range non-line-of-sight ultraviolet communications [J]. Optics Express，2009，17（5）：3929-3940.

[28] He Q，Sadler B M，Xu Z. Modulation and coding tradeoffs for non-line-of-sight ultraviolet communications [J]. Proc. SPIE，2009，7464（1）：1-12.

[29] Bouachir O，Abrassart A，Garcia F，et al. A mobility model for UAV ad hoc network

[C]. 2014 International Conference on Unmanned Aircraft Systems (ICUAS). IEEE, 2014 (5): 383-388.

[30] Hyyti E, Lassila P, Virtamo J. Spatial Node Distribution of the Random Waypoint Mobility Model with Applications [J]. IEEE Transactions on Mobile Computing, 2006, 5 (6): 680-694.

[31] 王伟, 蔡皖东, 王备战, 等. 基于圆周运动的自组网移动模型研究 [J]. 计算机研究与发展, 2007, 44 (6): 932-938.

[32] Wang W, Guan X, Wang B, et al. A novel mobility model based on semi-random circular movement in mobile ad hoc networks [J]. Information Sciences, 2010, 180 (3): 399-413.

[33] Penrose M D. On k-connectivity for a geometric random graph [J]. Random Structures & Algorithms, 2015, 15 (2): 145-164.

[34] Bettstetter C. On the minimum node degree and connectivity of a wireless multihop network [C]. International Symposium on Mobile Ad Hoc Networking and Computing, 2002, 6 (2): 80-91.

[35] Bettstetter C. On the Connectivity of Ad Hoc Networks [J]. Computer Journal, 2004, 47 (4): 432-447.

[36] Reif J H, Wang H. Social potential fields: A distributed behavioral control for autonomous robots [C]. The Workshop on Algorithmic Foundations of Robotics, 1995, 27 (3): 331-345.

[37] D'Orsogna M R, Chuang Y L, Bertozzi A L, et al. Self-propelled particles with soft-core interactions: patterns, stability, and collapse [J]. Physical Review Letters, 2006, 96 (10): 1-4.

[38] Olfati-Saber R, Murray R M. Consensus problems in networks of agents with switching topology and time-delays [J]. IEEE Transactions on Automatic Control, 2004, 49 (9): 1520-1533.

[39] Su H, Wang X, Lin Z. Flocking of Multi-Agents with a Virtual Leader [J]. IEEE Transactions on Automatic Control, 2009, 54 (2): 293-307.

[40] 朱旭. 基于信息一致性的多无人机编队控制方法研究 [D]. 西安: 西北工业大学, 2014.